U0169634

高等职业教育人工智能技术服务专业系列教材

人工智能应用技术基础

主　编　刘　鹏　孙元强

副主编　孙锋申　王莲莲　滕丽丽

西安电子科技大学出版社

内 容 简 介

　　本书内容包含人工智能新技术、大数据、机器学习、深度学习、知识图谱、AI 图像技术、自然语言处理、智慧物联、数字工厂、智能机器人、智慧城市。本书案例丰富、结构清晰、通俗易懂，是一本比较全面、系统地介绍人工智能基础技术的书籍。

　　本书可作为应用型本科、高职院校的人工智能应用技术通识课教材，也可作为人工智能爱好者、从业者的辅助读物。

图书在版编目(CIP)数据

人工智能应用技术基础　　/　刘鹏，孙元强主编.
—西安：西安电子科技大学出版社，2020.3(2021.1 重印)
ISBN 978–7–5606–5570–3

Ⅰ. ① 人…　Ⅱ. ① 刘…　② 孙…　Ⅲ. ① 人工智能—高等学校—教材　　Ⅳ. ① TP18

中国版本图书馆 CIP 数据核字(2019)第 278871 号

策划编辑　刘小莉
责任编辑　刘小莉　阎　彬
出版发行　西安电子科技大学出版社(西安市太白南路 2 号)
电　　话　(029)88242885　88201467　　　邮　编　710071
网　　址　www.xduph.com　　　　　　　电子邮箱　xdupfxb001@163.com
经　　销　新华书店
印刷单位　陕西天意印务有限责任公司
版　　次　2020 年 3 月第 1 版　　2021 年 1 月第 3 次印刷
开　　本　787 毫米×1092 毫米　1/16　印　张　15
字　　数　350 千字
印　　数　8001～11 000 册
定　　价　38.00 元
ISBN 978–7–5606–5570–3 / TP

XDUP 5872001–3
如有印装问题可调换

《人工智能应用技术基础》编委会名单

前　言

人工智能发展日新月异，许多人工智能产品已经融入到人们的日常生活、工作和学习中。为全面体现当今人工智能技术成就，经过专家、高校教师、企业三方共同努力，编写了这本适用于应用型本科、高职院校的人工智能应用技术通识课教材。本书尽可能少地使用数学、物理等知识介绍当代人工智能涉及的基础技术，以最大限度满足不同层次读者的需求，为广大人工智能学习者、爱好者、从业者提供参考。

本书共 11 章，第 1～7 章介绍人工智能基础技术知识，第 8～11 章介绍人工智能专题技术和综合应用。本书兼顾硬件设备与通识知识之间的均衡，第 8 章智慧物联、第 9 章数字工厂、第 10 章智能机器人和其他章节中关于硬件设备的知识已超过全书内容的三分之一。

本书除第 1 章外，每章的编写体例均一致，即由应用场景导入、章节主要内容、应用案例、习题等构成，其中应用案例可作为阅读材料使用。

本书采用模块化结构安排内容，老师可根据具体需要选择如下：(1) 偏重人工智能基础知识的，可只讲授第 1～7 章；(2) 课时不足的，可只讲授每章的前两节；(3) 偏重人文的，可不讲本书硬件设备的部分；(4) 偏重专题的，可根据需要选择传感器、导航与定位、路径优化、机器人视觉、智能控制和人机接口等内容。

本书配有试题库，授课教师可通过"智慧职教"平台进行在线考试。

本书是名校、名企产教融合的结晶，由山东大学闪亮人工智能研究院协调组织，知名高等院校教师组建团队，人工智能著名企业华为、海康威视、科大讯飞、旷视、北斗天地、智诺科技、河钢数字技术等提供人工智能应用案例，校企双方对教材的各个方面，从篇章架构、语言表述到企业案例的融合，均进行了充分的推敲和研讨。本书由刘鹏、孙元强任主编，孙锋申、王莲莲、滕丽丽任副主编，各参编院校教师参与了编写工作，编写分工如下：第 1 章由姜猛、李静、邢燕编写，第 2 章由王海波、杨娜娜编写，第 3 章由孙锋申、周佩编写，第 4 章由黄志艳、张青、王霞编写，第 5 章由孙月兴、刘海林编写，第 6 章由李静、刘健、张骁编写，第 7 章由路景、贺建才、刘云编写，第 8 章由王莲莲、陈福彩、尹晓翠编写，第 9 章由滕丽丽、潘晖编写，第 10 章由程兴奇、王妍编写，第 11 章由鞠杰芳、陈登峰编写。

感谢西安电子科技大学出版社的大力支持，责任编辑刘小莉认真负责、全面规划、释难解困，提升了全书的质量，在此一并表示感谢。

本书参考了国内外最新的人工智能文献，也参阅了网上许多有价值的材料，限于篇幅未能逐一列举，在此谨表谢意。囿于编者水平，书中疏漏难免，敬请专家和读者批评指正。

编　者

2019 年 6 月

目　　录

第一章　人工智能新技术 1

1.1　从简单机器到通用图灵机 1

1.1.1　参数固定的简单机器 1

1.1.2　参数可调的机器 1

1.1.3　通用图灵机 2

1.2　人工智能 AI 简史 3

1.2.1　机器与智能(1956 年之前) 3

1.2.2　人工智能形成和发展

(1956 年至 20 世纪末) 4

1.2.3　人工智能+时代(进入 21 世纪) 6

1.3　人工智能与自然智能 7

1.3.1　器类与人类 7

1.3.2　器类的未来 7

习题 8

第二章　大数据 9

2.1　大数据应用场景——空气环境监测 9

2.2　大数据概述 10

2.2.1　大数据产生的背景 10

2.2.2　大数据的概念 11

2.2.3　大数据关键技术 12

2.3　商业大数据 17

2.3.1　商业大数据来源 17

2.3.2　商业大数据分析 17

2.4　工业大数据 19

2.4.1　工业大数据内涵 19

2.4.2　工业大数据发展现状 20

2.4.3　工业大数据的关键技术 21

2.5　应用案例 23

2.5.1　H3C 大数据系统在高校大学生

管理中的应用 23

2.5.2　西北某大学大数据分析系统

建设案例 24

习题 25

第三章　机器学习 26

3.1　机器学习应用场景——鸢尾花分类 26

3.2　数据驱动 AI 27

3.2.1　传感器和海量数据 27

3.2.2　什么是机器学习 28

3.2.3　机器学习算法 28

3.2.4　机器学习数据处理流程 29

3.3　K 近邻(KNN) 30

3.3.1　KNN 简介 30

3.3.2　KNN 算法三要素 31

3.3.3　KNN 算法流程 32

3.3.4　KNN 示例 32

3.3.5　KNN 的优缺点 33

3.4　K-Means 聚类 34

3.4.1　K-Means 聚类简介 34

3.4.2　K-Means 算法流程 34

3.4.3　K-Means 聚类示例 36

3.4.4　层次聚类 37

3.4.5　影响 K-Means 聚类算法的

主要因素 38

3.4.6　K-Means 聚类优缺点 39

3.4.7　KNN 与 K-Means 的比较 39

3.5　应用案例 40

3.5.1　KNN 分类应用场景 40

3.5.2　K-Means 聚类应用场景 40

习题 41

第四章　深度学习 42

4.1　深度学习应用场景——人脸识别 43

4.2　由生物神经元到 M-P 模型 44

4.2.1　神经元模型 44

4.2.2　感知机 46

4.2.3　多层感知机 47

4.2.4　反向传播算法 49

4.3　卷积神经网络 49

4.3.1 卷积层 50
4.3.2 ReLU 非线性激活层 53
4.3.3 池化层 54
4.3.4 全连接层 55
4.3.5 softmax 归一化指数层 ... 55
4.3.6 AlexNet 网络架构 56
4.4 循环神经网络 57
4.5 应用案例——图像风格迁移 ... 58
习题 59

第五章 知识图谱 60
5.1 知识图谱场景应用
——"姚明"知识图谱展示 60
5.2 智能搜索 61
5.2.1 状态空间搜索 62
5.2.2 盲目搜索策略 64
5.2.3 启发式搜索策略 66
5.3 知识图谱技术 66
5.3.1 资源描述框架 68
5.3.2 知识图谱的架构 69
5.3.3 图数据库 70
5.4 知识图谱应用案例 72
习题 72

第六章 AI 图像技术 73
6.1 图像技术应用场景——视课
智慧课堂系统 73
6.2 计算机视觉 75
6.2.1 计算机视觉概述 75
6.2.2 计算机视觉处理 76
6.3 图像处理 80
6.3.1 图像数字化 80
6.3.2 颜色空间 85
6.3.3 图像类型和图像格式 87
6.4 数字媒体 89
6.4.1 数字音频 89
6.4.2 数字视频 92
6.4.3 影视制作 94
6.5 应用案例——智能人员通行管理 97

习题 100

第七章 自然语言处理 101
7.1 自然语言处理应用场景
——自然语言处理实例 101
7.2 自然语言处理基本功能模块 ... 101
7.2.1 词汇自动处理 101
7.2.2 句法自动处理 102
7.2.3 语义自动处理 104
7.3 文本处理 105
7.3.1 文本特征 105
7.3.2 文档相似性 108
7.4 机器翻译 109
7.4.1 基于规则的机器翻译 109
7.4.2 基于统计的机器翻译 110
7.4.3 神经网络机器翻译 111
7.5 语音识别 112
7.5.1 感知声音 112
7.5.2 理解声音 113
7.5.3 识别语音 116
7.6 应用案例——讯飞翻译机 2.0 ... 117
习题 119

第八章 智慧物联 120
8.1 智慧物联应用场景——基于 RFID 的
车辆管理系统 120
8.2 智慧物联感知技术 121
8.2.1 传感器技术 121
8.2.2 RFID 系统 124
8.2.3 条形码技术 128
8.3 智慧物联通信技术 132
8.3.1 无线传感网络技术 132
8.3.2 移动通信技术 139
8.4 智慧安防控制系统 144
8.4.1 智慧安防控制系统的组成 ... 144
8.4.2 家用型监控系统 146
8.4.3 大型商用监控系统 147
8.5 应用案例——智慧交通 149
习题 152

第九章 数字工厂 153
9.1 数字工厂应用场景——流程数字化 ... 153
9.2 产品设计 153
9.2.1 自顶向下的设计方法简介 153
9.2.2 设计工具介绍 155
9.2.3 产线设计流程 159
9.2.4 有限元分析 163
9.3 工厂仿真 165
9.3.1 工厂仿真与数字化工厂的概述 ... 165
9.3.2 现代工厂仿真软件介绍 167
9.3.3 工厂生产系统仿真过程 170
9.4 VR/AR 的应用 175
9.5 数字化工厂案例 177
9.5.1 数字化工厂概览 177
9.5.2 数字化工厂内物流 179
9.5.3 模块化设计 181
9.5.4 两化融合——纵横集成 181
9.5.5 智能数据采集与分析 182
9.5.6 移动终端用户应用 183
习题 183

第十章 智能机器人 184
10.1 智能机器人应用场景——多种焊接
工艺融于一体的智能机器人 184
10.2 常见机器人 185
10.2.1 智能机器人定义 185
10.2.2 智能机器人的组成 186
10.2.3 智能机器人分类 187
10.2.4 智能机器人的未来发展 191
10.3 导航与定位 192
10.3.1 理论基础 193
10.3.2 主要技术 194
10.3.3 视觉导航技术 196

10.4 智能机器人操作系统 197
10.4.1 操作系统发展史 197
10.4.2 常见的机器人操作系统 199
10.4.3 ROS 操作系统概述 200
10.4.4 智能机器人操作系统的未来 ... 201
10.5 应用案例 202
10.5.1 智能机器人法律场景应用 202
10.5.2 智能机器人场馆导览应用 202
10.5.3 智能机器人酒店行业应用 202
习题 203

第十一章 智慧城市 204
11.1 智慧城市应用场景
——综治大数据 204
11.2 智慧城市发展 205
11.2.1 智慧城市的背景 205
11.2.2 智慧城市的政策 206
11.2.3 智慧城市总体架构 207
11.3 智慧城市建设 208
11.3.1 地面防控网络建设 209
11.3.2 空中防控网络建设 210
11.3.3 静态防控网络建设 212
11.3.4 动态防控网络建设 215
11.3.5 物联防控网络建设 216
11.3.6 视频云存储 218
11.4 新型智慧社区 219
11.4.1 智慧社区的背景 219
11.4.2 什么是智慧社区 220
11.4.3 智慧社区大脑 222
11.4.4 智慧社区可视化展示 222
习题 229

参考文献 230

第一章　人工智能新技术

1.1　从简单机器到通用图灵机

1.1.1　参数固定的简单机器

数千年来，人类广泛制造和使用机器促进生产力的发展。例如一个简单的杠杆，可用岩石和一定长度的木棒来构造，也可利用倾斜平面来构造。这类机器都能够帮助人类完成有用的工作，但它们并没有学习能力，因为它们都被自身的构建方式所限制，一旦构建，如果没有人类干预，它们就不能适应不断变化的需求。如图 1-1 显示了早期不具备学习能力的简单机器。

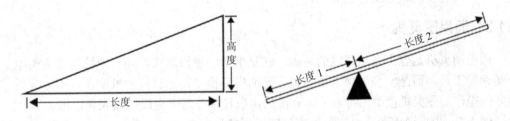

图 1-1　不具备学习能力的简单机器

图 1-1 所示的机器都能完成有用的工作，增强人类的能力。知识同化在它们的参数当中，也就是每个部件的尺寸。倾斜平面的功能由其长度和高度决定，杠杆的功能由长度和高度决定。这些尺寸参数，本质上仍然是依附于设计者所拥有的知识水平进行建构的。

1.1.2　参数可调的机器

机器学习涉及在机器运行时不可以改变的参数。在图 1-1 中，体现了知识是通过参数的设计植入机器中的。在某种意义上，参数体现了设计者的想法，因此，知识是参数固定化的表现形式。

今天，许多机器都能够适应负载的移动或改变，现代起重机就是适应负载变化的一个例子。如图 1-2 所示的起重机吊臂由基本臂和以基本臂作为中心线的二节臂、三节臂等组成，二节臂插装在基本臂内，三节臂插装在二节臂内，依此类推。各节臂之间的相对运动是互相关联的，只要确定基本臂的结构尺寸，其他各节臂的结构尺寸就可以由该尺寸和滑块尺寸计算得到。整个吊臂参数由基本臂参数和滑块参数确定。由于滑块是可驱动的，因此，起重机的吊臂长度可以根据操作者的需要而改变。

图 1-2　吊臂起重机

以电梯为例，按电梯的楼层就是为电梯输入参数，电梯到达指定的楼层自动开门，这是一个参数可变的机器运行的案例。

1.1.3　通用图灵机

通用图灵机是整个人工智能的基础，它是机器的逻辑形式，是一种抽象设备模型，它不是计算工具，而是一台呈现人类思维活动的机器模型，而这样的机器在活动之前只有人类才能操作。图灵机模型的特点是将有限的离散设备作用于无限的输入和输出。

例 1.1　根据通用图灵机工作原理处理下面符号序列指令，按 ASCII 码输出：

＋＋＋＋＋＋＋＋＋＋[>＋＋＋＋＋＋＋＋＋＋<－]>＋＋＋＋·＋·

7 条指令如下所示：

＋表示使当前数据单元的值增 1。

－表示使当前数据单元的值减 1。

>表示下一个单元作为当前数据单元。

<表示上一个单元作为当前数据单元。

[表示如果当前数据单元的值为 0，则下一条指令在对应的]后；否则，执行下一条指令。

]表示如果当前数据单元的值不为 0，则下一条指令在对应的[后；否则，执行下一条指令。

·表示把当前数据单元的值作为字符输出。

解　数据单元 A 和数据单元 B 置于一条无限长的纸带里，依次接收指令，数据单元 A、B 初始值都是 0，如图 1-3 所示。

(1) 指令从头开始依次输入数据单元 A，每执行一次指令"＋"，数据单元 A 存储的值增 1，等待下一条指令，则图 1-3 中第一个指令">"处，数据单元 A 的值为 10，数据单元 B 的值为 0。

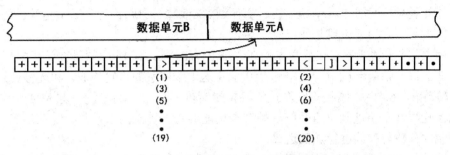

图 1-3 通用图灵机的工作原理

(2) 执行完指令"＞"后，下一条指令"＋"输入数据单元 B，每执行一次指令"＋"，数据单元 B 存储的值增 1，等待下一条指令，则图 1-3 中指令"＜"处数据单元 B 的值为 10，数据单元 A 的值为 10。

(3) 执行完指令"＜"后，下一条指令"－"输入数据单元 A，数据单元 A 的值减 1，接着执行指令"]"，再执行指令"]"后的指令"＞"，图 1-3 中第二个"＞"处数据单元 B 的值为 10，数据单元 A 的值为 9。

(4) 执行完第二个指令"＞"后，下一条指令"＋"输入数据单元 B，则图 1-3 中第二个"＜"处数据单元 B 的值为 20，数据单元 A 的值为 9。

图 1-3 中若数据单元 B 的值为 100，数据单元 A 的值为 1，则执行下一条指令"－"；若数据单元 A 的值为 0，则执行下一条指令"]"后，再执行"＞"，下一条指令"＋"输入数据单元 B，数据单元 B 的值为 104，执行指令"·"，根据 ASCII 码输出"h"，数据单元 B 继续执行指令"＋"，再执行指令"·"，输出"i"。

最终，上面程序按 ASCII 码输出：hi。

1.2 人工智能 AI 简史

1.2.1 机器与智能(1956 年之前)

围绕着机器和智能，人类经历了较长时间的哲学思考、数学抽象和工程突破。

哲学上，古希腊哲学家亚里士多德(Aristotle)提出了形式逻辑的主要定律，系统论述了演绎推理的基本原则。

中世纪英国哲学家培根(F.Bacon)开创了归纳推理方法，他认为：思维就是一个民族的习惯。

霍布斯说："思维就像数学中的加法和减法一样，是可以计算的。"

数学上，英国逻辑学家布尔(G.Boole)创立了布尔代数，将数学运算归结为逻辑推理，首次用符号语言描述了思维活动的基本推理准则。

19 世纪末期，德国数学家弗雷格(G.Frege)提出用机械推理的思想表示符号系统，开创了现代数理逻辑。

1936 年，一位才华横溢的英国年轻人图灵(Turing)提出一种理想的计算机数学模型，即通用 Turing 机。同年，美国数学家丘奇(A. Church)运用 λ 演算(读作 Lambda 演算)清晰地定义了可计算函数。通用 Turing 机、可计算函数、λ 演算、递归论等本质上是等价的。至此，人工智能大厦坚实的理论奠基业已竣工。

工程上，法国物理学家和数学家帕斯卡(B.Pascal，1623—1662)设计制造了机械计算器，也称帕斯卡机。帕斯卡机由一连串标有 0 至 9 这十个数字的机轮构成，机轮彼此连接，当一个机轮旋转 360°时，紧挨着它左边的机轮就旋转 1/10 周，这就是"进位 1"，帕斯卡用机轮和齿轮实现了十进制位值系统。帕斯卡机能够对十进制的整数进行加减运算，也可以对十进制的分数与整数进行加法运算。

德国数学家和哲学家莱布尼茨(G.W.Leibniz)在帕斯卡机基础上制成了能进行乘法运算的机器，莱布尼茨把乘法机械地表示成一系列加法，两个数相乘的过程是通过旋转曲柄的把手完成的。他还提出了逻辑机的设计思想，即通过符号体系、推理对象的特征进行"推理计算"，这种思想蕴含了人工智能 AI 的萌芽。

1937 年，年轻的美国硕士生香农(C.Shannon)，这位 20 世纪最伟大的科学家之一，撰文"A Symbolic Analysis of Relay and Switching Circuits"(继电器和开关电路的符号分析)，香农在这篇文章中论述，开关电路和逻辑具有共同的本质，并将开关的连接方式写成了逻辑表达式。这样，布尔将数学问题归结为逻辑问题，香农将逻辑问题归结为电气开关连接，于是，人们可以设计专门的电子机械，用来计算任何可计算的数学函数。

1943 年，美国神经心理学家麦卡洛克(W.Maculloch)和数学家皮茨(W.Pitts)撰文"A Logical Calculus of the Ideas Immanent in Nervous Activity"(神经活动内在概念的逻辑演算)，证明了一定类型的神经网络原则上能够计算一定类型的逻辑函数。

1946 年，在美国制造出了世界上第一台电子数字计算机 ENIAC。

1.2.2　人工智能形成和发展(1956 年至 20 世纪末)

在人工智能汹涌的波涛中，交织着两股不竭的思想源泉：符号主义和联结主义。在两者此起彼伏的竞相发展过程中，行为主义独辟蹊径，争得了一席之地，也形成了一股新力量。

1950 年，图灵发表"Computing Machinery and Intelligence"，文中提出了著名的图灵测试(Turing Test)。

1956 年 8 月，在美国汉诺斯小镇宁静的达特茅斯(Dartmouth)学院中，麦卡锡(J.McCarthy)、明斯基、香农、纽厄尔(A.Newell)、西蒙(H.Simon，诺贝经济学奖得主)等科学家集聚一堂，讨论会的主题是：用机器来模仿人类学习以及其他方面的智能。经麦卡锡提议，会上正式决定使用"人工智能"(Artificial Intelligence，AI)，从此，人工智能作为一门学科正式诞生。

1. 符号主义

符号主义的领军人物就是被尊称为"人工智能之父"的麦卡锡，麦卡锡等学者认为逻辑推理是计算机智能化的必由之路，他们的主要成果有：

(1) 自动定理证明。1956 年，Newell 和 Simon 等人编制的"Logic Theorist"程序证明了名著《数学原理》第二章中的 38 条定理，继之于 1963 年证明了该章中的全部 52 条定理。1958 年，美籍数理逻辑学家王浩在 IBM704 计算机上证明了《数学原理》中有关命题演算的全部 220 条定理。1965 年，Robinson 提出消解法，掀起了研究计算机定理证明的又一次高潮。

(2) 棋类博弈。1956 年，Samuel 研制了跳棋程序，能从棋谱中学习，也能从实践中总结经验提高棋艺，1959 年跳棋程序击败了 Samuel 本人。1997 年，IBM 公司制造的计算机 "Deep Blue"(深蓝)击败了国际象棋大师卡斯帕罗夫，这是人工智能研究史上的标志性成就。

(3) 专家系统和知识工程。专家系统是一种基于一组特定规则来回答特定领域问题的程序系统。在"专家系统之父"费根鲍姆(E.Feigenbaum)主持下，首个成功的化学专家系统 DENDRAL 于 1968 年问世并投入实际应用，它能够根据质谱仪的试验数据分析推断出未知化合物的分子结构，其分析能力已经接近甚至超过了有些化学专家的水平。此后，开发的医疗专家系统 MYCIN、专家系统 XCON 纷纷投入使用，价值巨大。专家系统成为软件产业的新分支——知识产业，费根鲍姆将这个新领域提炼为知识工程。1977 年，他在第五届国际人工智能大会上正式提出知识工程，推动以知识工程为基础的智能系统的研究与建造，成为人工智能研究中最有成就的分支之一。

(4) 编程语言。1959 年，麦卡锡发明了表处理语言 LISP(List Processing)，成为人工智能程序设计的主要通用编程语言。1962 年，法国的 A.Colmerauer 发明了另一种高效率逻辑型语言 PROLOG(Programming in Logic)，这是一种基于规则的语言，把程序写为提供对象关系的规则。LISP、PROLOG 是逻辑型编程语言，当今，Python 成为人工智能第三代语言。

(5) 第五代计算机。日本通商产业省在 1982 年开启"第五代计算机"大型研究计划，选用 PROLOG 语言，意欲抢占计算机和人工智能前沿领域，但该项目未能达到预期目标。

2. 联结主义

联结主义以麦卡洛克和皮茨为代表旗手，打造人工神经网络，不断创新突破，扎实推进，现已成为人工智能主阵地。

1949 年，心理学家 D.Hebb 提出了突触联系效率可变的假设，如果两个神经元同时被激发，它们之间的联系就会强化，这种假设就是调整权值。

1951 年，明斯基(M.Minsky)建立了世界上第一个神经网络机器 SNARC(Stochastic Neural Analog Reinforcement Calculator)。明斯基用 40 个神经元组成的小网络模拟了神经信号的传递。

1958 年，计算机科学家罗森布拉特(F.Rosenblatt)提出了感知机(Perception)，首次将神经网络研究付诸工程实现。罗森布拉特引入了用于训练神经网络解决模式识别问题的学习规则，证明了只要求解问题的权值存在，那么其学习规则通常会收敛到正确的网络权值上，整个学习过程简单且自动。

1982 年，霍普菲尔德(J.Hopfield)提出一种全互联型人工神经网络，引入能量函数，给出了网络稳定性判断依据。

1986 年，D.Rumelhart，G.Hinton(辛顿)和 R.Williams 联合发表论文 "Learning Representations by Back-Propagating errors"(通过误差反向传播学习表示)，他们研制出具有误差反向传播功能的多层前馈网络，即 BP 网络。误差反向传播的算法是误差逐层往回传递，以修正层与层之间的权值和阈值。通过实验展示，反向传播算法实现了在神经网络的隐藏层中学习对输入数据的有效表达。

3. 行为主义

行为主义不仅仅是在符号主义、联结主义跌入低谷时趁机冒出来的，它同样有深厚的工程背景和广泛的现实基础。上溯至图灵加入的英国比例俱乐部，其成员设计制作了携带简单传感器和马达的机器人"乌龟"，可以完成相当复杂的行为。1952 年，香农制作展示的会走迷宫的机器老鼠就有能力运用试错法解决问题，可以从经验中学习。

1991 年，在悉尼举行的国际人工智能联合大会上，麻省理工学院的 Brooks 获得了专门授予青年人工智能学者的计算机和思维奖，Brooks 主张"无表示的智能"，只看行为，不看思维。他采用"感知—动作"模式，设计制作了一个六足智能机器人，可以在船体表面爬行并清除牡蛎。

与此同时，Stewart Wilson 发表论文"The Animat Path to AI"(人工动物：实现人工智能的必由之路)，首次提出"animat"(人工动物)概念，animat 可以指机器人，也可以指虚拟仿真技术。

1975 年，霍兰德出版论著"Adaptation in Natural and Artificial Systems"(自然系统和人工系统中的适应)，遗传算法后来居上，广泛应用于诸多科学领域，开创了进化计算的先河。

1.2.3 人工智能+时代(进入 21 世纪)

进入 21 世纪，人工智能历经 50 年探索发展，基本形成如图 1-4 所示的格局。

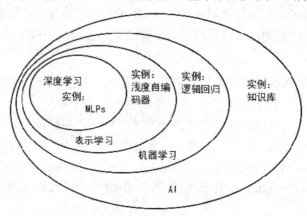

图 1-4 人工智能知识格局

人工智能所涉及的数据、通信和计算三部分内容到了 21 世纪都发生了翻天覆地的变化。在数据领域，人类进入了大数据时代，文本、图像、视频、语音等不同类型数据迅猛发展；在通信领域，互联网和智能终端彻底改变了人们的生活方式；在计算领域，计算方式发展至云计算，各种算法和数学模型应运而生，计算能力指数式增长，我国"神威·太湖之光"浮点运算速度为每秒 9.3 亿亿次，这一切预示着人工智能即将迎来产业应用新时代。

在 2012 年全球范围的图像识别算法竞赛 ILSVRC(也称为 Image Net)中，加拿大多伦多大学参赛团队首次使用深度神经网络，将图片分类的错误率降低了 10%，3 年后，机器图片识别的正确率超过了人类，进入了产业化的应用。各产业开始竞相追逐深度学习。

我国科大讯飞公司语音识别技术一直遥遥领先，产品高端，遍及全球。

2016 年，谷歌(Google)通过深度学习训练的 AlphaGo 程序以 4 比 1 战胜了曾经的围棋世界冠军李世石，1 年后，在中国乌镇围棋峰会上，升级版的 AlphaGo 与排名世界第一的围棋世界冠军柯洁对战，以 3 比 0 的总比分完胜。2018 年，Google 又推出 AlphaStar。

人工智能+时代到来了！

1.3　人工智能与自然智能

自然与人为是我们文化中基本的哲学论题，甚至专门有"伪"字表示人为。任何现象可分为自然与人为两个方面，自然意味着发生在自然界中的现象，人为意味着由人类制造的现象。人工智能是人为的智能，也是自然智能的对立面。

1.3.1　器类与人类

宇宙演化史上有两大标志性事件：一是出现了人类，二是出现了器类，我们正处在器类的前夜。

我国月球探测工程首席科学家欧阳自远说："地球是人类的摇篮，但终有一天，人类会离开她的摇篮"。徜徉于宇宙中的人类，有一个完整的生存生态，器类会是人类在宇宙中亲密无间的伴侣。

那么，什么是器类呢？哲学家福柯说："眼睛注定是要看的，并且只是看；耳朵注定是要听的，并且只是听；话语注定是要说的，并且只是说"。接下来就是，大脑注定是要思维的，并且只是思维。人的看、听、说都有自然局限性，可见光的范围在 400～760 nm 之间，听域的范围在 20 Hz～20 kHz 之间，话语的音调及语速也有其合理的范围。今天，科技已经突破了这种自然的局限性，机器"看、听、说"的能力大大提升。类似地，人的思维同样有自然的局限性，人工智能就是解除人类思维的这种自然局限性，提升思维能力，这正符合科技发展的规律，所有这些提升思维能力的智能机器，构成了器类。人工智能不是人类的附属物，也不是宇宙的怪物，只是在智能的某些表现上器类优于人类。器类脱胎于人类的怀抱，它将与人类一样，诞生、成长、发展、壮大，没有完整生态的智能器类，就不会有徜徉漫步宇宙的人类，这是必然，也是人类的福祉。

1.3.2　器类的未来

随着人工智能科技的发展，出现了越来越多的智能器件，它们的广泛应用会对人类社会及我们的星球产生深刻的道德、心理、社会和法律经济的影响。从某种意义上来说，人工智能简化了下一阶段的技术发展，同时由于人工智能可以独立地进行感知、决策和行动，这成为我们的技术和技术图景中的一个巨大质变。和所有的颠覆性技术一样，人工智能技术可能存在大量的正面和负面结果；和所有其他的颠覆性技术不一样的是，人工智能技术快速地渗透到社会大众生活的诸多领域，人们对这个巨大质变表示惊叹的同时，也增加了些许困惑甚至恐惧。人能相信机器人吗？机器人愿意做正确的事情吗？人类和器类能和平共处吗？器类的未来怎样托付起我们人类的明天呢？科幻小说家 Isaac Asimov 是思考这些问题的早期思想家之一，他的机器人三法则是我们理解这些问题的一个很好的基础，其内容是：

(1) 机器人不得伤害人类，或因不作为使人类受到伤害；

(2) 除非违背第一法则，机器人必须服从人类的命令；

(3) 在不违背第一和第二法则的前提下，机器人必须保护自己。

Asimov 认为，首先，每个机器人都必须遵循这些法则，机器人制造商必须依法确保这一点。其次，机器人应该始终遵循三法则的优先次序。这些问题，Asimov 早在 1950 年就提出来了。许多旧的社会框架正在被打破，再也无法适应这个新世界。作为人工智能新科技的拥趸，我们应该重视新技术带来的后果，这也是我们共同的责任。

展望未来，人类和器类相互促进、共同发展。人工智能不是自然智能的终点，而是宇宙器类的起点，自然智能已使人类处于地球生态的顶峰，人工智能将助力人类攀登宇宙生态的险峰。

习　题

1. 说一说人工智能的发展历史。

2. 想一想你身边的人工智能产品有哪些？

3. 人工智能和自然智能的区别在哪里？

第二章 大 数 据

随着信息技术产业的快速发展，大数据技术已打开行业大门。本章从大数据概述、商业大数据、工业大数据及其大数据在企业中的应用等方面进行介绍。

2.1 大数据应用场景——空气环境监测

在环境保护中，用好大数据是一门必修课。其中，环境监测是与大数据关系最为密切的环节，这也是大数据技术在环保领域应用的起点。通过广泛采集大气数据、气象数据、水质数据等各种环保数据，建立诸多的"千里眼"和"顺风耳"，才能在环境保护中切实地"用数据说话"。

例如，PM2.5 云监测平台建设了多个无人值守的 PM2.5 监测站，运用光散射法，通过自带 GPS 定位功能的物联网节点电路板，每 15 秒采集一次 PM2.5 数据，自动上传到云端，动态跟踪、定位环境污染源及其污染过程，同时通过 PM2.5 监测云平台网页与相应的 APP来查看空气情况，便于精细化监测和实时预警，如图 2-1 所示。

图 2-1 PM2.5 云监测平台

众所周知，环境污染治理面临排放负荷大、复合型大气污染等突出问题。为了定性、定量地监测分析多种污染物因子，需要应用大量的监测设备与感知终端，但是随着部署规模的不断扩张，监测成本将会急剧攀升，必然成为限制应用的一大瓶颈。

　　对此，六因子环境监测仪应用精度相对较高的传感器采集数据，可同时监测 PM10、PM2.5、CO、NO$_2$、O$_3$、SO$_2$、温度、湿度等空气质量参数，通过 NB-IoT/eMTC/GPRS 传送到大数据云平台进行实时入库、分析和处理，准确呈现整个区域的空气污染状况，并进行污染过程动态跟踪。

　　此外，气体光谱分析仪可同时监测 BTX、乙苯、苯酚、甲醛、O$_3$、SO$_2$、HF、HCl 等多种因子，并利用差分吸收光谱技术，通过测量光吸收强度计算出污染气体浓度，实现对污染气体的实时在线监测，精度可达 ppb 级，适合大规模网格化部署。

　　对于环境监测而言，监管对象种类多，难以快速监管与执法，为了获得准确的大气、水体等污染物来源数据与信息，专业人员往往需要亲自前往现场进行采样和实验分析，实验跨度较长。实验后还需要跟进质量控制与数据审核等一系列后续工作，整个过程程序繁琐、周期长，现场执法困难，在等待实验结果的同时，很有可能贻误了最佳的治理时机。

　　为此，云创大数据通过与俄罗斯专业团队合作，整合纳米新材料技术、物联传感网络技术与大数据处理平台技术，利用纳米复合薄膜新材料技术研制高灵敏的纳米传感器，打造小型化多功能水体、气体检测仪，只需将其置于监测环境几分钟，就能快速捕捉污染因子，对特定气体、液体进行监测、识别及度量，如图 2-2 所示。

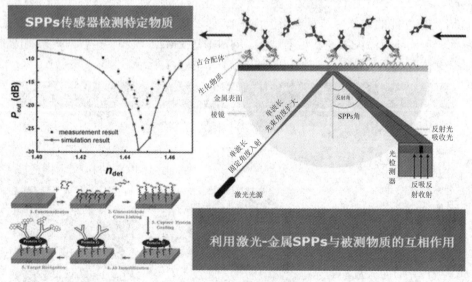

图 2-2　高精度纳米传感器

2.2　大数据概述

2.2.1　大数据产生的背景

　　世界正处于一个信息爆炸的时代，Internet 的出现缩短了人与人、人与世界之间的距离，整个世界连成一个"地球村"。人们通过网络可以无障碍交流、交换信息和协同工作。与此同时，借助 Internet 的高速发展、数据库技术的成熟和普及、高内存高性能的存储设备和存储介质的出现，人类在日常学习、生活、工作中产生的数据量正以指数形式增长，呈现爆炸状态，如图 2-3 所示。"大数据问题"(Big Data Problem)就是在这样的背景下产生的，成为科研学术界和相关产业界的热门话题，吸引着越来越多的科学家研究大数据相关的问题。

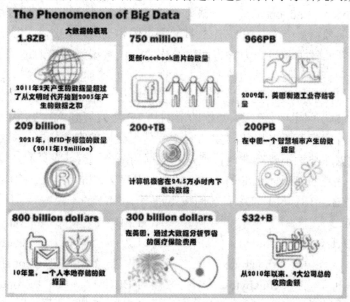

图 2-3　大数据的表现

著名期刊《Nature》和《Science》针对大数据分别出版了专刊"BigData"和"Dealing with Data"，从互联网技术、互联网经济学、超级计算、环境科学、生物医药等多个方面讨论了大数据处理面临的各种问题。处于发展中国家前列的中国，大数据的应用处于起步阶段。在工信部发布的物联网"十二五"规划中，把信息处理技术作为 4 项关键技术创新工程之一提出，其中包括了海量数据存储、数据挖掘、图像视频智能分析，这都是大数据的重要组成部分。2012 年 8 月，中国科学院启动了"面向感知中国的新一代信息技术研究"战略性先导科技专项，其任务之一就是研制用于大数据采集、存储、处理、分析和挖掘的未来数据系统；同时，中国计算机学会成立了大数据专家委员会；为探讨中国大数据的发展战略，中科院计算机研究所举办了以"网络数据科学与工程——一门新兴的交叉学科"为主题的会议，与国内外知名专家学者一起为中国大数据发展战略建言献计；2013 年，科技部正式启动 863 项目"面向大数据的先进存储结构及关键技术"，启动 5 个大数据课题。

由此可见，大数据的发展已经得到了广泛关注，发展趋势势不可挡。如何将巨大的原始数据进行有效的利用和分析，使之转变成可以被利用的知识和价值，解决日常生活和工作中的难题，已成为国内外共同关注的重要课题，同时也是大数据最重要的研发意义所在。

2.2.2　大数据的概念

大数据是一个抽象的概念，除了在量上非常庞大，还有其他一些特点，这些特点决定了它是海量数据还是非常大的数据。目前，大数据的重要性已经是公认的，但是人们对于大数据的定义却各执己见。一般来说，大数据意味着通过传统的软件或者硬件无法在有限时间内获得有意义的数据集，而在经过大数据技术处理后就可以快速获取有意义数据。由于企业、研究学者、数据分析师和技术从业者关注的重点有所区别，以下的定义能帮助我们更好地深入理解大数据在社会、经济和技术方面的内涵。

2010 年，Apache Hadoop 定义大数据为"通过传统的计算机在可接受的范围内不能捕获、管理和处理的数据集合"。2011 年 5 月，麦肯锡咨询公司在这个定义基础之上，宣称大数据能够在创新、竞争和生产力等方面大有作为。大数据意味着通过传统的数据库软件不能获得、存储和管理如此大量的数据集。这个定义包含两个内涵：第一，符合大数据的标准的原型随着时间的推移和技术的进步正在发生变化。第二，符合大数据的标准的原型因不同的应用而彼此不同。目前，大数据的范围从 TB 级发展到 PB 级。从麦肯锡咨询公司对大数据的定义，我们可以看出数据集的容量不是大数据的唯一标准。持续增加的数据规模和通过传统数据库技术不能有效地管理是大数据的两个关键特征。

数据基本单位是 bit(Binary Digit)，由小到大的顺序为：bit、Byte、KB、MB、GB、TB、PB、EB、ZB、YB、BB、NB、DB。它们按照进率 1024(2 的十次方)来计算：

1 Byte = 8 bit		$1\ EB = 2^{60}$	Exabytes
1 KB = 2^{10}(Bytes)	Kilobyte	$1\ ZB = 2^{70}$	Zettabyte
1 MB = 2^{20}	Megabyte	$1\ YB = 2^{80}$	Yottabyte
1 GB = 2^{30}	Gigabyte	$1\ BB = 2^{90}$	Brontobyte
1 TB = 2^{40}	Terabyte	$1\ NB = 2^{100}$	Nonabytes
1 PB = 2^{50}	Petabytes	$1\ DB = 2^{110}$	Doggabytes

大数据的 4V 特性：体量大(Volume)、样式多(Variety)、价值密度低(Value)、处理速度快(Velocity)。

体量大(Volume)：大数据的起始计量单位至少是 P(1000 个 T)、E(100 万个 T)或 Z(10 亿个 T)，采集、存储、计算的数据量都非常大，比结构化数据增长快 10 倍到 50 倍，是传统数据仓库的 10 倍到 50 倍。

样式多(Variety)：大数据的异构和多样性使大数据的数据类型繁多，主要以非结构化数据为主，包括网络日志、音频、视频、图片、地理位置信息等，这些多类型的数据对数据的处理能力提出了更高的要求。

价值密度低(Value)：数据价值密度相对较低，通过深度复杂分析(机器学习、深度学习)对大量的不相关信息进行未来趋势与模式的预测分析。

处理速度快(Velocity)：这是大数据区分于传统数据挖掘的最显著特征。通过实时分析而非批量式分析的方式对数据进行输入、处理和丢弃。处理速度快，立竿见影而非事后见效。

2.2.3　大数据关键技术

大数据主要有三个重要的新兴工具，即 MapReduce，ApacheSpark 和 Storm。大多数批处理工具基于 ApacheHadoop 基础设施，如 Mahout。流数据应用程序主要用于实际时间分析。大规模流媒体平台是 Strom 和 Splunk。交互式分析过程允许用户可以直接进行实时交互以进行自己的分析。

在大数据处理流程中，最核心的部分就是对于数据信息的分析处理，所以其中所运用到的处理技术也就至关重要。云计算是大数据处理的基础，也是大数据分析的支撑技术。分布式文件系统为整个大数据提供了底层的数据贮存支撑架构，为了方便数据管理，在分布式文件系统的基础上建立分布式数据库，提高数据访问速度。在一个开源的数据实现平台上利用各种大数据分析技术可以对不同种类、不同需求的数据进行分析整理得出有益信息，最终利用各种可视化技术形象地显示给数据用户，满足用户的各种需求。

1. 云计算

　　Google 作为大数据应用最为广泛的互联网公司之一，2006 年率先提出云计算的概念。云计算是一种大规模的分布式模型，通过网络将抽象的、可伸缩的、便于管理的数据、服务、存储方式等传递给终端用户。根据维基百科的说法，狭义云计算是指 IT 基础设施的交付和使用模式，是指通过网络以按照需求量的方式和易扩展的方式获得所需的资源；广义云计算是指服务的交付和使用模式，是指通过网络以按照需求量和易扩展的方式获得所需的服务。目前，云计算可以认为是包含 3 个层次的内容：基础设施即服务(iaas)、平台即服务(pass)和软件即服务(saas)，如图 2-4 所示。国内的阿里云与国外已经非常成熟的 Amazon、intel 和 IBM 都是云计算的忠实开发者和使用者。

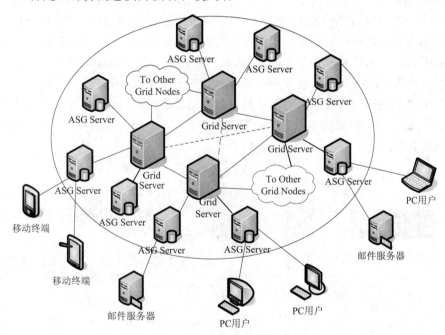

图 2-4　云计算的层次结构

美国 NIST 提出云计算的五大特点：

(1) 按需的自助服务；

(2) 无处不在的网络访问；

(3) 资源池；

(4) 快速而灵活；

(5) 计算付费服务。

2．MapReduce 技术

MapReduce 技术如图 2-5 所示，Google 公司于 2004 年提出，作为一种典型的数据批处理技术被广泛地应用于数据挖掘、数据分析、机器学习等领域，并且 MapReduce 因为它并行式数据处理的方式已经成为大数据处理的关键技术。

图 2-5　MapReduce 技术

MapReduce 的核心思想在于"分而治之"，也就是说，首先将数据源分为若干部分，每个部分对应一个初始的键—值(Key/Value)对，并分别给不同的 Map 任务区处理，这时的 Map 对初始的键—值对进行处理，产生一系列中间结果键—值对，MapReduce 的中间过程 shuffle 将所有具有相同 Key 值的 value 值组成一个集合传递给 reduce 环节。Value 接收这些中间结果，并将相同的 Value 值合并，形成最终的较小 Value 值的集合，如图 2-6 所示。MapReduce 系统的提出简化了数据的计算过程，避免了数据传输过程中大量的通信开销，使得 MapReduce 可以运用到多种实际问题的解决方案里，公布之后获得了极大的关注，在各个领域均有广泛的应用。

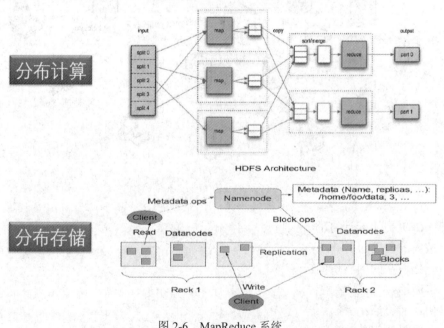

图 2-6　MapReduce 系统

3．分布式文件系统(HDFS)

在 Google 之前，没有哪一个公司需要处理数量如此多、种类如此繁杂的数据，因此，Google 公司结合自己的实际应用情况，自行开发了一种分布式文件系统 GFS，如图 2-7 所示。

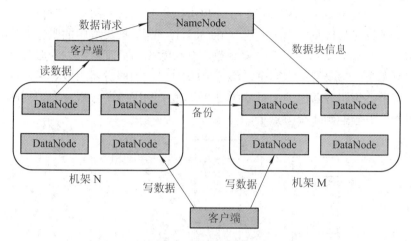

图 2-7　分布式文件系统

开源实现平台 Hadoop。大数据时代对于数据分析、管理都提出了不同程度的新要求，许多传统的数据分析技术和数据库技术已经不足以满足现代数据应用的需求。为了给大数据处理分析提供一个性能更高、可靠性更好的平台，Dougcutting 模仿 GFS 为 MapReduce 开发了一个云计算开源平台 Hadoop，用 Java 编写，可移植性强。现在 Hadoop 已经发展为一个包括分布式文件系统、分布式数据库以及数据分析处理 MapReduce 等功能模块在内的完整生态系统(Ecosystem)，现已经发展成为目前最流行的大数据处理平台。

4．大数据存储

为了方便对后续内容的理解，我们需要了解集群的概念，以及集群与分布式系统的关系。那么首先什么是集群？有一种常见的方法可以大幅度提高服务器的安全性，这就是集群。集群(Cluster)技术是指一组相互独立的计算机,利用高速通信网络组成一个计算机系统，每个集群节点(集群中的每台计算机)都是运行其自己进程的一个独立服务器。这些进程可以彼此通信，对网络客户机来说就像是形成了一个单一的系统，协同起来向用户提供应用程序、系统资源和数据，并以单一系统的模式加以管理。一个客户端(Client)与集群相互作用时，集群像是一个独立的服务器。

计算机集群技术的出发点是为了提供更高的可用性、可管理性、可伸缩性的计算机系统。一个集群包含多台拥有共享数据存储空间的服务器，各服务器通过内部局域网相互通信。当一个节点发生故障时，它所运行的应用程序将由其他节点自动接管。在大多数模式下，集群中所有的节点拥有一个共同的名称，集群内的任一节点上运行的服务都可被所有的网络客户使用。

分布式系统与集群有怎样的关系？分布式系统和集群从表面上看是很类似的，都是将多台机器通过网络连接，解决某个问题或提供某个服务。从广义上说，集群是分布式系统的一种类型，即基于 P2P 架构的分布式系统。

下面举例说明分布式系统比较常见的两种数据分布方式：哈希方式和一致性哈希方式。

1) 哈希方式

哈希方式是最常见的数据分布方式，其方法是按照数据的某一特征计算哈希值，并将哈希值与机器中的机器建立映射关系，从而将不同哈希值的数据分布到不同的机器上。所谓数据特征可以是 Key-value 系统中的 Key，也可以是其他与应用业务逻辑相关的值。例如，一种常见的哈希方式是按数据属于的用户 ID 计算哈希值，把集群中的服务器按 0 到机器数减 1 进行编号，再用哈希值除以服务器个数，其余数作为处理该数据的服务器编号。工程中，往往需要考虑服务器的副本冗余，将每台(比如 2 台)服务器组成一组，用哈希值除以总的组数，其余数为服务器组的编号。图 2-8 给出了利用哈希方式分布数据的一个例子，将数据按照哈希值分配到 4 个节点上。

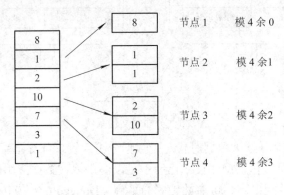

图 2-8　哈希方式分布数据

可以将哈希方式想象为一个哈希表，每台(组)机器就是一个哈希表中的桶，数据根据哈希值分布到各个桶面上。只要哈希函数散列特性较好，哈希方式可以较为均匀地将数据分布到集群中去。哈希方式需要记录的元信息也非常简单，任何时候任何节点只需要知道哈希函数的计算方式及模的服务器总数就可以计算出处理具体数据的机器是哪台。

2) 一致性哈希方式

一致性哈希(Consistent Hashing)方式也是一种比较广泛使用的数据分布方式。一致性哈希方式最初在 P2P 网络中作为分布式哈希表(DHT)的常用数据分布算法，一致性哈希的基本方式是使用一个哈希函数计算数据或数据特征的哈希值，使得哈希函数的输出值域为一个封闭的环，也就是说哈希函数的输出最大值是最小值的前序，将节点随机分布到这个环上，每个节点负责处理从自己开始顺时针至下一个节点的全部哈希值域上的数据。

某个一致性哈希函数值域为[0,10)，系统有 3 个节点 A、B、C，这 3 个节点处于一致性哈希的位置分别为 1、4、9，则节点 A 负责的值域范围为[1，4)，节点 B 负责的范围为[4，9)，节点 C 负责的范围为[9，10)和[0，1)。若某数据的哈希值为 3，则该数据应由节点 A 负责处理。图 2-9 给出了这个例子的示意图。

哈希分布数据的方式在集群扩容时非常复杂，往往需要倍增节点个数，与之相比一致性哈希的优点在于可以任意动态添加、删除节点，每次添加、删除一个节点仅影响一致性哈希环上相邻的节点。

比如，假设需要在上图中增加一个新节点 D，为 D 分配的哈希位置为 3，则首先将节点 A 中[3，4)的数据从节点 A 复制到节点 D，然后加入节点 D 即可。

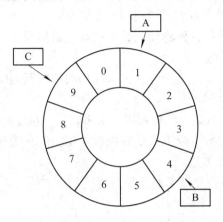

图 2-9　一致性哈希

2.3　商业大数据

2.3.1　商业大数据来源

市场调研中经常需要各种数据证明观点，或者从大数据中发现规律，目前常用的数据源如表 2-1 所示。

表 2-1　数据来源

来源分类	数据信息类型	数 据 归 属
行政记录数据	个人信息记录数据	公安、卫生、教育、人力资源和社会保障等部门
	单位信息记录数据	质检、工商、税务、民政和编办等管理部门
	自然和资源记录数据	国土资源、环境保护、气象、地震、海洋、测绘等部门
	其他管理记录数据	知识产权、海关、出入境管理及资质评定等部门
商业记录数据	电子商务交易数据	各网上商城、网站
	生产经营管理数据	国民经济各个行业的企业
	信息咨询报告数据	专业数据库公司、咨询机构
互联网(包括搜索引擎)数据	社交网数据	国内各社交网站注册的博客、微博、微信等，国外专门社交网，如 Facebook、Twitter 等
	媒体数据	新闻媒体、广播电台、电视台和出版社等
	搜索引擎数据	百度和谷歌等

2.3.2　商业大数据分析

1. 数据分析

数据分析是指数据收集、处理并获取数据信息的过程。通过数据分析，人们可以从杂乱无章的数据当中获取有用的信息，从而找出研究对象的内在规律，对今后的工作提供指导性参考，并有利于人们做出科学准确的判断，进一步提高生产率。从整体上看，大数据分析包括 5 个阶段，每个阶段都有该阶段对应的方法。

(1) 数据获取及储存：从各种感知工具中获取的数据通常与空间时间相关，需要及时分析处理数据并过滤无用数据。

(2) 数据信息抽取及无用信息的清洗：从异构的数据源当中抽取有用的信息，然后转化为统一的结构化数据格式。

(3) 数据整合及表示：将数据结构和语义关系转换为机器能够读取理解的格式。

(4) 数据模型的建立和结果分析：从数据中挖掘出潜在的规律及信息知识，需要相应的数据挖掘算法或知识发现方法。

(5) 结果阐释：运用可视化技术对结果进行展示，方便用户更加清楚直观地理解。

2. 活动步骤

要想通过数据分析从庞杂的海量数据中获得需要的信息，必须经过以下活动步骤，具体说明如下。

(1) 识别目标需求。首先必须明确数据分析的目标需求，从而为数据的收集和分析提供清晰的方向，该步骤是数据分析有效性的首要条件。

(2) 采集数据。目标需求明确之后，运用合适的方法收集尽可能多的相关数据，从而为数据分析过程的顺利进行打下基础。常用的数据采集方法包括系统日志采集方法，这是目前广泛使用的一种数据采集方法，例如，Web 服务器通常要在访问日志文件中记录用户的鼠标点击、键盘输入、访问的网页等相关属性。利用传感器采集数据，传感器类型丰富，包括声音、震动、温度、湿度、电流、压力、光学、距离等类型。基于 Web 爬虫的数据采集，Web 爬虫是网站应用的主要数据采集方式。

(3) 数据预处理。通过多种方式采集的数据通常是杂乱无章、高度冗余并且有一定缺失的。如果直接对此类数据进行分析，不仅会耗费大量时间精力，而且分析得到的结果也不准确。因此，需要对数据进行必要的预处理。常用的数据预处理方法包括数据集成、数据清洗、数据去冗余。数据集成技术在逻辑和物理上把来自不同数据源的数据进行集中合并，给用户提供一个统一的视图。数据清洗是指在集成的数据中发现不完整、不准确或不合理的数据，然后对这些数据进行修补或删除来提高数据质量的过程，另外，数据的格式、合理性、完整性及极限值等的检查都应在数据清洗过程中完成。数据清洗可以保证数据的一致性，提高了数据分析的效率性和准确性。数据冗余是指数据的重复或过剩，在很多的数据集中数据冗余是一种十分常见的问题。数据冗余无疑增加了数据传输开销，浪费存储空间，并降低了数据的一致性和可靠性。因此，许多研究学者提出了减少数据冗余的机制，如冗余检测和数据融合技术。这些方法能够应用于不同的数据集和数据环境，提升系统性能，不过在一定程度上也增加了额外的计算负担，因此需要综合考虑数据冗余消除带来的好处和增加的计算负担，以便找到一个折中的方法。

(4) 数据挖掘。数据挖掘的目的是在现有数据基础之上利用各类有效的算法挖掘出数据中隐含的有价值信息，从而达到分析推理和预测的效果，实现预定的高层次数据分析需求。常用的数据挖掘算法有用于聚类的 K-Means 算法、用于分类的朴素贝叶斯网络、用于统计学习的支持向量机以及其他一些人工智能算法，如遗传算法、粒子群算法、人工神经网络和模糊算法等。目前，大数据分析的核心是数据挖掘，各类数据挖掘算法能够根据数据的类型和格式，科学地分析数据自身的特点，快速地分析和处理数据。

3. 分析数据

在完成对数据的各类处理之后，接下来最重要的任务就是根据既定的目标需求对数据处理结果进行分析，目前，大数据的分析主要依靠 4 项技术：统计分析、数据挖掘、机器学习和可视化分析。

(1) 统计分析。统计分析基于统计理论，属于应用数学的一个分支。在统计理论中随机性和不确定性由概率理论建模。统计分析技术可以分为描述性统计和推断性统计。描述性统计是对数据集进行摘要或描述，而推断性统计能够对过程进行推断。更多的多元统计分析包括回归、因子分析、聚类和判别分析等。数据关联分析是一种简单、实用的分析技术，就是发现存在于大量数据集中的关联性或相关性，从而描述了一个事物中的某些属性同时出现的规律和模式。例如，Apriori 算法是挖掘产生布尔关联规则所需频繁项集的基本算法，也是最著名的关联规则挖掘算法之一，使用一种称作逐层搜索的迭代方法。

(2) 数据挖掘。数据挖掘可以认为是发现大数据集中数据模式的一种计算过程。许多数据挖掘算法已经在机器学习、人工智能、模式识别、统计和数据库领域得到了应用。例如，贝叶斯分类器根据目标对象的先验概率和条件概率推断出它的概率，算法根据目标概率值进行分类。通过分类算法，可以清楚地看到目标对象所从属的类别，有助于分析人员正确对待不同类型的对象。此外，其他一些先进技术如人工神经网络、粒子群算法和遗传算法也被用于不同应用的数据挖掘，有时候，几乎可以认为很多方法间的界线逐渐淡化，例如数据挖掘、机器学习、模式识别，甚至视觉信息处理、媒体信息处理等，数据挖掘只是作为一个通称。

(3) 机器学习。机器学习是一门研究机器获取新知识和新技能，并识别现有知识的学问，其理论主要是设计和分析一些让计算机可以自动"学习"的算法，机器学习算法从数据中自动分析获得规律，并利用规律对未知数据进行预测。在大数据时代，人们迫切希望在由普通机器组成的大规模集群上实现高性能的以机器学习算法为核心的数据分析，为实际业务提供服务和指导，进而实现数据的最终变现。

(4) 可视化分析。可视化分析与信息绘图学和信息可视化相关。数据可视化的目标是以图形方式清晰有效地展示信息，从而便于解释数据之间的特征和属性情况。一般来说，图表和地图可以帮助人们快速理解信息。当数据量增大到大数据的级别，传统的电子表格等技术已无法处理海量数据。大数据的可视化已成为一个活跃的研究领域，因为它能够辅助算法设计和软件开发。

2.4　工业大数据

2.4.1　工业大数据内涵

工业大数据是指在工业领域中，围绕典型智能制造模式，从客户需求到销售、订单、计划、研发、设计、工艺、制造、采购、供应、库存、发货和交付、售后服务、运维、报废或回收再制造等整个产品全生命周期各个环节所产生的各类数据及相关技术和应用的总称。工业大数据以产品数据为核心，极大延展了传统工业数据范围，同时还包括工业大数据的相关技术和应用。

工业大数据具备双重属性：价值属性和产权属性。一方面，通过工业大数据分析等关键技术能够实现设计、工艺、生产、管理、服务等各个环节智能化水平的提升，满足用户定制化需求，提高生产效率并降低生产成本，为企业创造可量化的价值；另一方面，这些数据具有明确的权属关系和资产价值，企业能够决定数据的具体使用方式和边界，数据产权属性明显。工业大数据的价值属性实质上是基于工业大数据采集、存储、分析等关键技术，对工业生产、运维、服务过程中数据实现价值的提升或变现；工业大数据的产权属性则偏重于通过管理机制和管理方法帮助工业企业明晰数据资产目录与数据资源分布，确定所有权边界，为其价值的深入挖掘提供支撑。

2.4.2　工业大数据发展现状

1. 国际工业大数据战略

工业是国民经济的基础和支柱，也是一国经济实力和竞争力的重要标志。随着云计算、大数据和物联网等新兴技术的发展，全球掀起了以制造业转型升级为首要任务的新一轮工业变革，主要的工业发达体开始制定工业再发展战略。

2014 年，美国白宫总统行政办公室发布《2014 年全球大数据白皮书》，文中指出，美国大型企业在投资大数据科技方面存在以下几个关键驱动因素：分析运营和交易数据的能力；洞察客户线上消费的行为，以向市场提供新的高度复杂的产品；对组织中的机器和设备进行更加深入的感知。2018 年 10 月，美国白宫发布了四年一度的《美国先进制造领导战略》，在"智能数字制造"部分提出下一步计划"要通过将大数据分析和先进的传感和控制技术应用于大量制造业活动，促进制造业的数字化转型"。

2015 年 4 月，德国提出来"工业 4.0"战略。强调通过信息网络与工业生产系统的充分融合，使产品与生产设备之间、工厂内部纵向之间、工厂与工厂之间，都能通过 CPS(信息物理系统)联结为一个整体，从而实现生产的智能化，提升制造业的灵活性和工程效率。德国"工业 4.0"战略的实施重点在于信息互联技术与传统工业制造的结合，其中大数据分析作为关键技术将得到较大范围的应用。一是"智能工厂"，重点研究智能化生产系统及过程，以及网络化分布式生产设施的实现；二是"智能生产"，主要涉及整个企业的生产物流管理、人机互动以及 3D 技术在工业生产过程中的应用等；三是"智能物流"，主要通过互联网、物联网、物流网，整合物流资源，充分发挥现有物流资源供应方的效率，需求方则能够快速获得服务匹配，得到物流支持。

2015 年，法国推出"新工业法国战略"，总体布局为"一个核心，九大支点"。一个核心即"未来工业"，主要内容是实现工业生产向数字化、智能化转型，以生产工具的转型升级带动商业模式转型。九大支点，包括新资源开发、可持续发展城市、环保汽车、网络技术、大数据技术、新型医药等，一方面旨在为"未来工业"提供支撑，另一方面重在满足人们日常生活的新需求。该战略为期十年，主要解决三大问题：能源、数字革命和经济生活。2015 年 5 月，法国经济、工业与就业部又公布了未来工业计划，该计划将在"新工业战略"的第二阶段中扮演核心角色，主要目标是建立更为互联互通、更具有竞争力的法国工业，旨在使工业工具更加现代化，并通过数字技术帮助企业转变经营模式、组织模式、研发模式和商业模式，实现经济增长模式转变。未来工业计划提倡在一些优先领域发展工业模式，例如新资源、可持续发展城市、未来交通、未来医药、数据经济、智能物体、数字安全和智能电网等。

2. 国内工业大数据现状

近年来，工业大数据作为我国"智能制造"和"工业互联网"的关键技术支撑以及两化融合的重要基础而备受关注。党中央、国务院出台了一系列"大数据"、"两化融合"、"互联网与制造业融合"等综合性政策与指示，其中对工业大数据发展提出了明确的要求，全面指导我国工业大数据技术发展、产业应用及其标准化进程。

2016 年 5 月，国务院发布《关于深化制造业与互联网融合发展的指导意见》

2017 年 11 月 27 日，国务院发布《关于深化"互联网+先进制造业"发展工业互联网的指导意见》。

2017 年 1 月，工业和信息化部发布《大数据产业发展规划(2016—2020 年)》。

2018 年 6 月，工业和信息化部发布《工业互联网发展行动计划(2018—2020 年)》。

除以上文件，工信部连年来通过遴选工业大数据相关产业发展试点示范项目等创新应用新模式项目申报及建设支持，围绕深化制造业与互联网融合发展，以及大数据技术在制造业中的深度应用，不断刺激产业进步，增强制造业转型升级新动能，已促成一批高质量行业应用级工业大数据平台的落地，助推工业企业转型发展。

2.4.3　工业大数据的关键技术

1. 平台架构

工业大数据技术参考架构以工业大数据的全生命周期为主线，从纵向维度分为平台/工具域和应用/服务域。平台/工具域主要面向工业大数据采集、存储管理、分析等关键技术，提供多源、异构、高通量、强机理的工业大数据核心技术支撑；应用/服务域则基于平台域提供的技术支撑，面向智能化设计、网络化协同、智能化生产、智能化服务、个性化定制等多场景，通过可视化、应用开发等方式，满足用户应用和服务需求，形成价值变现。综合利用微服务开发框架和移动应用开发工具等，基于工业大数据管理、分析技术快速实现工业大数据应用的开发与迭代，构建面向实际业务需求的数据驱动的工业大数据应用，实现提质降本与增效。

2. 数据平台

工业大数据平台是工业大数据技术具体应用的载体，是推进工业大数据技术深度应用和提升工业大数据在产业中整体发展水平的重要基石。从企业个体角度来看，工业大数据平台是整个企业工业大数据应用的核心。一方面平台通过提供数据采集接口，对企业经营管理的业务数据、机器设备互联数据以及销售运维等外部数据进行采集、清洗，并基于工业大数据处理、分析、建模等关键技术，根据具体应用场景及需求，结合领域知识和算法，实现顶层应用支撑，产生应用价值。目前我国部分企业已经具备自主研制工业大数据平台的能力，在工业大数据平台的工业大数据采集、工业大数据存储管理、工业大数据分析关键支撑技术上也已经有所突破，然而针对工业大数据平台的边界还未在业内达成统一，需要标准化的手段进行规范，支撑我国工业大数据平台的发展。

3．采集技术

数据采集方面，以传感器为主要采集工具，结合 RFID、条码扫描器、生产和监测设备、PDA、人机交互、智能终端等手段采集制造领域多源、异构数据信息，并通过互联网或现场总线等技术实现原始数据的实时准确传输。工业大数据分析往往需要更精细化的数据，对于数据采集能力有着较高的要求。数据采集与治理的目标是从企业内部和外部等数据源获取各种类型的数据，并围绕数据的使用建立数据标准规范和管理机制流程，保证数据质量，提高数据管控水平。针对结构化与非结构化数据，需要同时兼顾可扩展性和处理性能的实时数据同步接口与传输引擎。针对仿真过程数据等非结构化数据具有文件结构不固定、文件数量巨大的特点，需要元数据自动提取与局部性优化存储策略，面向读、写性能优化的非结构化数据采集系统。

机器和传感数据，包括使用设备创建和生成的数据，如智能电表、智能温度控制器、工厂机器。这些设备可以配置为与互联网络中的其他节点之间通信，还可以自动向中央服务器进行数据的传输，通过这样的方式可以对数据进行分析、集成。机器和传感器数据是来自新兴的物联网(IoT)所产生的主要例子。

在工业大数据中，数据质量问题一直是许多企业所面临的挑战，这主要受制于工业环境中数据获取手段的限制，包括传感器、数采硬件模块、通信协议和组态软件等多个技术限制，因此需要在实时数据过程中对数据质量进行监测、分析和处理，在源头尽可能地消除问题。针对工业时序数据质量问题，如数据格式不规范、错漏字段、命名版本管理缺失等问题，需要前置性数据治理模块对数据进行实时处理，通过实时规则与模式匹配逐条核查时序数据的质量，建立后效性多变量关联的机理约束模型来检测深层次数据质量问题。

4．存储技术

工业大数据存储与管理技术是针对工业大数据具有多样性、多模态、高通量和强关联等特性而研发的面向高吞吐量存储、数据压缩、数据索引、查询优化和数据缓存等能力的关键技术。工业大数据存储与管理技术主要有多源异构数据高效管理技术和多模态数据集成技术两类关键技术。

5．模态数据集成技术

工业大数据来源十分广泛，包括但不限于研发环节的非结构化工程数据、传统的企业信息管理系统、服务维修数据和产品服役过程中产生的机器数据等。这些数据格式异构、语义复杂且版本多变。在工业大数据应用中，希望能够将多模态数据有机地结合在一起，发挥出单一模态数据无法挖掘出的价值。数据集成是将存储在不同物理存储引擎上的数据连接在一起，并为用户提供统一的数据视图。传统的数据集成领域中认为，由于信息系统的建设是阶段性和分布性的，会导致"信息孤岛"现象的存在。"信息孤岛"造成系统中存在大量冗余数据，无法保证数据的一致性，从而降低信息的利用效率和利用率，因此需要数据集成。在工业大数据中，重点不是解决冗余数据问题，而更关心数据之间是否存在某些内在联系，从而使这些数据能够被协同地用于描述或者解释某些工业制造或者设备使用的现象。

2.5 应 用 案 例

2.5.1 H3C 大数据系统在高校大学生管理中的应用

近年来，高校管理问题层出不穷，教育部统计，每学年高达 16 万学生退学，教育资源被严重浪费，学生心理健康警钟长鸣，双一流建设导致高校竞争加剧，精准投放资源，发展优势学科势在必行，很多高校每年花费 1000 多万购买电子资源，但利用率不足 60%，论文剽窃案等一系列负面舆情严重影响声誉。究其原因，信息不全面、不及时、不对称是主要原因。

2015 年 8 月 31 日，国务院发布国发〔2015〕50 号《促进大数据发展行动纲要》文件。明确提出建立"用数据说话、用数据决策、用数据管理、用数据创新"的管理机制，实现基于数据的科学决策。

2016 年 6 月 7 日，教育部发布教技【2016】2 号《教育信息化"十三五"规划》文件。文中 6 处提到利用云计算、大数据技术加快教育信息化的发展步伐，明确提出"积极利用云计算、大数据等新技术，创新资源平台、管理平台的建设、应用模式。"

RBE-BDAS 通过对学校人物(教师、学生等)与事件模型进行模式行为识别，挖掘人物事件之间隐藏的关系，为智慧校园、平安校园提供强有力的支持。其核心价值如下：

(1) 对未来的发展趋势进行科学的预测和判断，帮助学校相关部门提前预警，及时干预，消除隐患。

(2) 为学校管理层或业务部门提供详尽的数据支撑，全面掌握情况，实现业务科学决策。

RBE-BDAS 系统采用完全的模块化设计方案，拥有完善的权限管理机制，针对不同的使用者，呈现不同权限级别的内容，最大限度地保护数据安全和用户隐私。

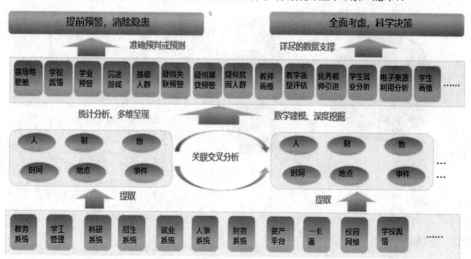

图 2-10 RBE-BDAS 产品界面

其中学生版块价值在于通过对学生课堂、学习、吃住等资料的分析，对管理好学生，维持学校稳定，全面掌握学生情况，及时、准确地应对突发事件与公共危机，及早识别学业预警、心理异常、沉迷游戏的学生，提升学生素质起到重要作用，如图 2-11 所示。

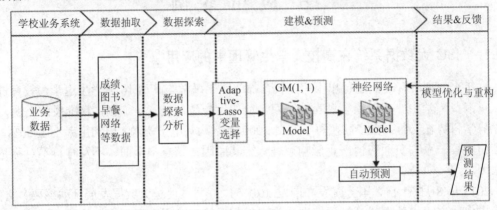

图 2-11　学生大数据分析流程

2.5.2　西北某大学大数据分析系统建设案例

西北某大学，是中国唯一一所同时发展航空、航天、航海(三航)工程教育和科学研究为特色的多科性、研究型、开放式国家重点大学，隶属于中华人民共和国工业和信息化部。近年来，该大学各部门业务系统建设逐步完善，但各业务系统数据分散在各个部门且数据标准不统一，数字化校园所积累的数据无法发挥价值。

1. 建设方案

搭建大数据基础平台，建设 Hadoop 大数据存储和计算框架、MPP 分布式数据库，采用离线计算引擎、流式计算引擎和分布式数据库引擎融合技术架构，进行海量数据的存储和计算，支持未来大数据应用的不断扩展，如图 2-12 所示。

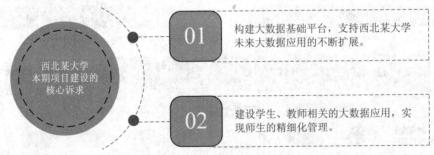

图 2-12　西北某大学大数据平台建设方案

具体包括：学生板块，包含学生概况、学生画像、学业预警、沉迷游戏、疑似贫困、疑似失联、孤僻人群等分析；教师板块，包含关键指标预警(科研项目进度、科研论文、教学过程、教学质量)。

2. 建设效果

通过大数据分析平台，该大学整合了校内已有数据，通过数据挖掘、建模与关联分析，实现了对学生的精细化管理，同时对教师的关键指标进行可视化管理，方便校领导通过全面数据实现科学决策，如图 2-13 和图 2-14 所示。

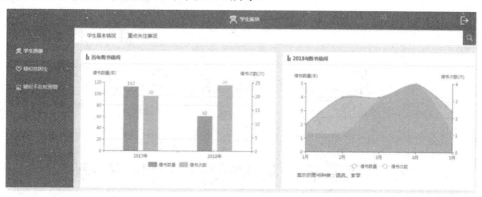

图 2-13　学生基本情况

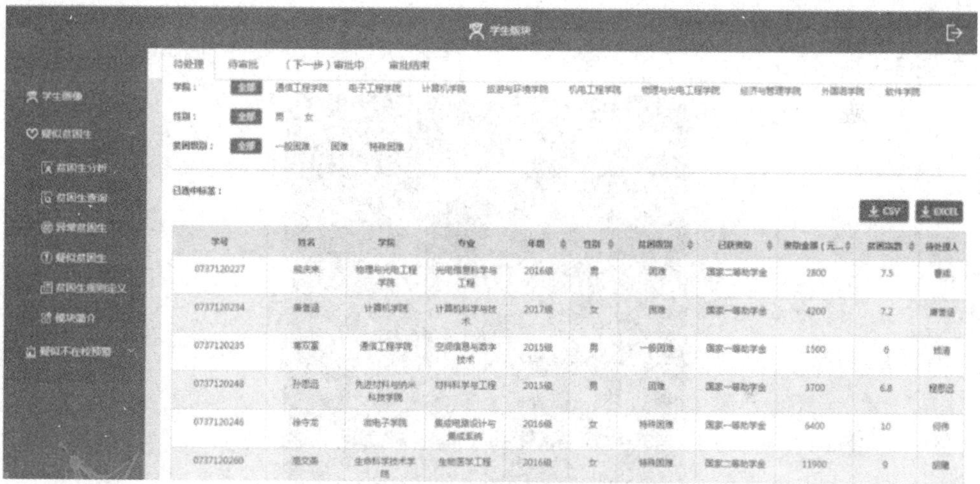

图 2-14　贫困生认定

习　题

1. 大数据现象是怎样形成的？
2. 说一说商业大数据和工业大数据的应用场景有哪些？
3. 想一想云计算在大数据中的作用是什么？

第三章　机器学习

3.1　机器学习应用场景——鸢尾花分类

　　假设有一名植物学爱好者对自己发现的鸢尾花的品种很感兴趣，并收集了每朵鸢尾花的一些测量数据：花瓣的长度和宽度以及花萼的长度和宽度，所有测量结果的单位都是厘米，如图 3-1 所示。

图 3-1　鸢尾花花瓣(petal)和花萼(sepal)

　　另外，爱好者还掌握了这些鸢尾花的标记数据，这些花之前已经分别被植物学专家鉴定为属于 setosa(山鸢尾)、versicolor(变色鸢尾)或 virginica(维吉尼亚鸢尾)，如图 3-2 所示。通过这些标记，他可以确定每朵鸢尾花所属的品种(我们假设这位植物学爱好者在野外只会遇到这三种鸢尾花)。

图 3-2　鸢尾花的种类

我们的目标是构建一个机器学习模型，可以对这些已知品种的鸢尾花测量数据进行学习，从而能够预测新鸢尾花的品种。

因为我们有了已知品种的鸢尾花的测量数据，所以这是一个监督学习问题。在这个问题中，我们要在多个选项中预测其中一个(鸢尾花的品种)，这是一个分类(classification)问题，而数据集中的每朵鸢尾花都属于三个类别之一，所以这也是一个三分类问题。这样，可能的输出(鸢尾花的不同品种)叫做类别(class)；单个数据点(一朵鸢尾花)的预期输出是这朵花的品种，对于一个数据点来说，它的品种叫做标签(label)。

3.2 数据驱动 AI

3.2.1 传感器和海量数据

随着新技术革命的到来，世界逐渐进入信息时代。在利用信息的过程中，首先要解决的就是要获取准确可靠的信息，而传感器是获取自然和生产领域中信息的主要途径与手段。

在现代工业生产尤其是自动化生产过程中，使用各种传感器来监视和控制生产过程中的各个参数，使设备工作在正常状态或最佳状态，并使产品达到好的质量。因此可以说，没有众多的、优良的传感器，现代化生产也就失去了基础。近年来，数千亿的传感器已经被植入到规模庞大的联网物理对象中，使得一切相关事物都焕发出活力，无论是能远程监测心跳频率和药物服用的先进健康医疗设备，还是能跟踪丢失钥匙和从智能手机关闭烤箱的系统，抑或是协助给室内植物浇水的装置，都与传感器分不开。传感器产生的海量数据如图 3-3 所示。

图 3-3 传感器产生的海量数据

设备中的传感器会产生前所未有的海量数据。行业专家估计，我们每天生成的信息相当于自从文明诞生以来到 2003 年的所有信息的总和。一些专家甚至认为全世界 90% 的数据都是在过去两年中生成的。实时分析已经变得比以往任何时候都更为关键，因为从数据分析中获得的见识会使人们持续关注更高的效率，无论是工作效率还是制造产品的效率。到

2020 年，预计有 35ZB 的数据产生，这是 2009 年数据量的 44 倍，到时候，不管是结构化的或更可能是非结构化的数据都可以通过机器来处理，从而获得大量洞见。现在的海量数据和计算能力都在驱使机器学习有新的突破。Google 就是利用机器学习，把法国每一个企业的位置、每一个住房、每一条街都绘制在地图上，而这整个过程只需 1 个小时。

3.2.2　什么是机器学习

你是否使用像 Siri 或 Alexa 这样的个人助理客户端？你是否依赖垃圾邮件过滤器来保持电子邮件收件箱的干净？你是否订阅了 Netflix，并依赖它惊人的准确推荐来发现新的电影？如果你对这些问题说"是"，恭喜你！你已经很好地利用了机器学习！

什么叫做机器学习(machine learning)？至今，还没有统一的"机器学习"的定义，而且也很难给出一个公认和准确的定义。

第一个机器学习的定义来自于 ArthurSamuel。他定义机器学习：在进行特定编程的情况下，给予计算机学习能力的领域。

第二个定义来自卡内基梅隆大学 Tom 定义的机器学习：一个好的学习问题定义如下，一个程序被认为能从经验 E 中学习，解决任务 T，达到性能度量值 P，当且仅当，有了经验 E 后，经过 P 评判，程序在处理 T 时的性能有所提升。这个定义在学术界内被多次引用。

通过垃圾邮件分类的问题来解释机器学习的定义。在垃圾邮件分类问题中，"一个程序"指的是需要用到的机器学习算法，比如逻辑回归算法；"任务 T"是指区分垃圾邮件的任务；"经验 E"为已经区分过是否为垃圾邮件的历史邮件，在监督式机器学习问题中，这也被称之为训练数据；"效果 P"为机器学习算法在区分是否为垃圾邮件任务上的正确率。

机器学习方法对大型数据库的应用称为数据挖掘。在数据挖掘中，处理大量数据以构建具有使用价值的简单模型。其应用领域丰富：金融银行通过分析其过去的数据，建立模型，用于信用应用、欺诈检测和股票市场；在制造业中，学习模型用于优化、控制和故障排除；在医学中，学习程序用于医学诊断；在电信中，分析呼叫模式用于网络优化和最大化服务质量；在科学上，物理学、天文学和生物学中的大量数据只能通过计算机进行足够快的分析。机器学习不仅仅是一个数据库问题，它也是人工智能的一部分。为了变得聪明，处于变化的环境中的系统应该具有学习的能力。如果系统可以学习并适应这种变化，系统设计者则不需要预见并提供针对所有可能情况的解决方案。

3.2.3　机器学习算法

机器学习采用两种类型的技术：监督式机器学习和无监督式机器学习。监督式学习根据已知的输入和输出训练模型，让模型能够预测未来输出；无监督式机器学习从输入数据中找出隐藏模式或内在结构。

1. 监督式机器学习

监督式机器学习能够根据已有的包含不确定性的数据建立一个预测模型。监督式机器学习算法接受已知的输入数据集(包含预测变量)和对该数据集的已知响应(输出、响应变量)，然后训练模型，使模型能够对新输入数据的响应做出合理的预测。如果您尝试去预测已知数据的输出，则使用监督式学习。监督式机器学习采用分类和回归技术开发预测模型。

分类技术可预测离散的响应，例如，电子邮件是不是垃圾邮件，肿瘤是恶性还是良性的。分类模型可将输入数据划分成不同类别。典型的应用包括医学成像、语音识别和信用评估。如果您的数据能进行标记、分类或分为特定的组或类，则使用分类技术。例如，笔迹识别的应用程序使用分类来识别字母和数字。在图像处理和计算机视觉中，无监督模式识别技术用于对象检测和图像分割。用于实现分类的常用算法包括支持向量机(SVM)、提升(boosted)和袋装(bagged)决策树、K 近邻、朴素贝叶斯(NaiveBayes)、判别分析、逻辑回归和神经网络等。

回归技术可预测连续的响应，例如，温度的变化或电力需求中的波动。典型的应用包括电力系统负荷预测和算法交易。如果您在处理一个数据范围，或您的响应性质是一个实数(比如温度，或一件设备发生故障前的运行时间)，则使用回归方法。常用回归算法包括线性模型、非线性模型、规则化、逐步回归、提升(boosted)和袋装(bagged)决策树、神经网络和自适应神经模糊学习等。

2. 无监督式机器学习

无监督式机器学习可发现数据中隐藏的模式或内在结构。这种技术可根据未做标记的输入数据集执行推理。

聚类是一种最常用的无监督学习技术。这种技术可通过探索性数据分析发现数据中隐藏的模式或分组。聚类分析的应用包括基因序列分析、市场调查和对象识别。例如，如果移动电话公司想优化其手机信号塔的建立位置，则可以使用机器学习来估算依赖这些信号塔的人群数量。一部电话一次只能与一个信号塔通信，所以该团队使用聚类算法设计蜂窝塔的最佳布局，来优化其客户群组或集群的信号接收。用于执行聚类的常用算法包括 K-均值(K-Means)和 K-中心点(K-medoids)、层次聚类、高斯混合模型、隐马尔可夫模型、自组织映射、模糊 C-均值聚类法和减法聚类等。

3. 如何确定使用哪种机器学习算法

选择正确的算法看似难以驾驭，即需要从几十种监督式和无监督式机器学习算法中进行选择，而每种算法又包含不同的学习方法。因此，没有最佳方法或万全之策，找到正确的算法只是试错过程的一部分，即使是经验丰富的数据科学家，也无法说出某种算法是否无需试错即可使用。算法的选择还取决于用户所要处理数据的大小和类型、要从数据中获得的洞察力以及如何运用这些洞察力。下面是选择监督式或者无监督式机器学习算法的一些准则：

在以下情况下选择监督式学习：当用户需要训练模型进行预测(例如温度和股价等连续变量的值)或者分类(例如根据网络摄像头的录像片段确定汽车的技术细节)。

在以下情况下选择无监督学习：当用户需要深入了解数据并希望训练模型找到好的内部表示形式，例如将数据拆分到集群中。

3.2.4 机器学习数据处理流程

机器学习数据处理的流程如下：

1. 收集数据

比如要得到 100 位人物的三围、皮肤、脸型、眼睛、头发、声音和姿态等数据。一般来讲，机器学习的数据可以通过爬虫从网站上获取，或使用各种传感器测得的数据，或行业历史数据等。提取数据的方法非常多，为了节省时间与精力，可以使用公开可用的数据源。

2．准备输入数据

得到数据之后，还必须确保数据格式符合要求，设计合理的数据格式，把收集的原始数据格式化。如某些算法要求特征值使用特定的格式，一些算法要求目标变量和特征值是字符串类型，而另一些算法则可能要求是整数类型。

3．分析输入数据

此步骤主要是人工分析以前得到的数据。为了确保前两步有效，最简单的方法是用文本编辑器打开数据文件，查看得到的数据是否为空值。此外，还可以进一步浏览数据，分析是否可以识别出模式；数据中是否存在明显的异常值，如某些数据点与数据集中的其他值存在明显的差异。这一步的主要作用是确保数据集中没有垃圾数据。如果是在产品化系统中使用机器学习算法并且算法可以处理系统产生的数据格式，或者我们信任数据来源，可以直接跳过第 3 步。此步骤需要人工干预，如果在自动化系统中还需要人工干预，显然就降低了系统的价值。

4．训练模型

机器学习算法从这一步才真正开始学习。根据算法的不同，第四步和第五步是机器学习算法的核心。我们将前两步得到的格式化数据输入到算法中，并从中抽取知识或信息。这里得到的知识需要存储为计算机可以处理的格式，方便后续步骤使用。

5．测试模型

这一步将实际使用第 4 步机器学习得到的知识信息。为了评估模型，必须测试算法工作的效果。对于监督式学习算法，必须已知用于评估算法的目标变量值；对于无监督学习，也必须用其他的评测手段来检验算法的成功率。无论哪种情形，如果不满意算法的输出结果，则可以回到第 4 步，改正并加以测试。问题常常会跟数据的收集和准备有关，这时你就必须跳回第一步重新开始。

6．使用模型

将机器学习算法转换为应用程序，执行实际任务，以检验上述步骤是否可以在实际环境中正常工作。此时如果碰到新的数据问题，同样需要重复执行上述的步骤。

3.3　K 近邻(KNN)

3.3.1　KNN 简介

分类算法是数据挖掘分类技术中最简单的方法之一。所谓 K 近邻(K-Nearest Neighbor，KNN)，就是 K 个最近的邻居的意思，说的是每个样本都可用与它最接近的 K 个邻居来代表。

KNN 算法的核心思想是：如果一个样本在特征空间中的 K 个最相邻的样本中的大多数

属于某一个类别，则该样本也属于这个类别，并具有这个类别上样本的特性。该方法在确定分类决策上只依据最邻近的一个或者几个样本的类别来决定待分样本所属的类别。在类别决策时，KNN 算法只与极少量的相邻样本有关。由于 KNN 算法主要靠周围有限的邻近的样本，而不是靠判别类域的方法来确定所属类别，因此，对于类域的交叉或重叠较多的待分样本集来说，KNN 方法较其他方法更为适合。

KNN 算法不仅可以用于分类，还可以用于回归。通过找出一个样本的 K 个最近邻居，将这些邻居的属性的平均值赋给该样本，就可以得到该样本的属性。更有用的方法是将不同距离的邻居对该样本产生的影响给予不同的权值(weight)，如权值与距离成反比。

下面通过一个简单的例子来说明一下：如图 3-4 所示，圆形要被决定赋予哪个类，是三角形还是四方形？如果 K=3，由于三角形所占比例为 2/3，圆形将被赋予三角形那个类；如果 K=5，由于四方形比例为 3/5，因此圆形被赋予四方形类。

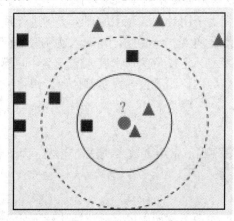

图 3-4　KNN 算法举例

由此也说明了 KNN 算法的结果很大程度取决于 K 的选择。

3.3.2　KNN 算法三要素

距离度量、K 值、分类决策规则，是 K 近邻法的三要素，下面分别加以介绍。

1. 距离度量

我们有很多距离度量方式，但最常用的是欧式距离，即对于 n 维向量 x 和 y，两者的欧式距离定义为

$$D(x,y) = \sqrt{(x_1 - y_1)^2 + (x_2 - y_2)^2 + \cdots + (x_n - y_n)^2} = \sqrt{\sum_{i=1}^{n}(x_i - y_i)^2}$$

当然我们也可以使用其他的距离度量方式，比如曼哈顿距离，其定义为

$$D(x,y) = |x_1 - y_1| + |x_2 - y_2| + \cdots + |x_n - y_n| = \sum_{i=1}^{n}|x_i - y_i|$$

还有更通用的距离度量，比如闵可夫斯基距离(MinkowskiDistance)，其定义为

$$D(x,y)=\sqrt[p]{\left(|x_1-y_1|\right)^P+\left(|x_2-y_2|\right)^P+\cdots+\left(|x_n-y_n|\right)^P}=\sqrt[p]{\sum_{i=1}^{n}\left(|x_i-y_i|\right)^P}$$

可以看出，欧式距离是闵可夫斯基距离在 $p=2$ 时的特例，而曼哈顿距离是 $p=1$ 时的特例。

2. K 值

对于 K 值的选择，没有一个固定的经验，一般根据样本的分布，选择一个较小的值，可以通过交叉验证选择一个合适的 K 值。

选择较小的 K 值，就相当于用较小的邻域中的训练实例进行预测，训练误差会减小，只有与输入实例较近或相似的训练实例才会对预测结果起作用，与此同时带来的问题是泛化误差会增大。换句话说，K 值的减小就意味着整体模型变得复杂，容易发生过拟合。

选择较大的 K 值，就相当于用较大邻域中的训练实例进行预测，其优点是可以减少泛化误差，但缺点是训练误差会增大。这时候，与输入实例较远(不相似的)训练实例也会对预测器作用，使预测发生错误，且 K 值的增大就意味着整体的模型变得简单。

极端情况下，K=样本点数 N，即无论输入实例如何，都将被简单归为训练集中最多的类，忽略了大量有用信息。

3. 分类决策规则

K 近邻法中的分类决策规则，常用多数表决法，当然，为了弱化 K 值的影响，还可以采用加权表决法。

1) 多数表决

由输入实例的 K 个邻近的训练实例中的多数类决定输入实例的类，不考虑距离加权影响，每个投票权重都为 1。

2) 加权表决

由输入实例的 K 个邻近的训练实例中的多数类加权决定输入实例的类——即根据距离的远近，对近邻的投票进行加权，距离越近则权重越大(权重为距离平方的倒数)。

3.3.3　KNN 算法流程

KNN 算法的思想总结一下：就是在训练集中数据和标签已知的情况下，输入测试数据，将测试数据的特征与训练集中对应的特征进行相互比较，找到训练集中与之最为相似的前 K 个数据，则该测试数据对应的类别就是 K 个数据中出现次数最多的那个分类，其算法的描述为：

(1) 计算测试数据与各个训练数据之间的距离；

(2) 按照距离的递增关系进行排序；

(3) 选取距离最小的 K 个点；

(4) 确定前 K 个点所在类别的出现频率；

(5) 返回前 K 个点中出现频率最高的类别作为测试数据的预测分类。

3.3.4　KNN 示例

假设大一甲乙两班学生合堂上课，座位如图 3-5 所示，图 3-5 中"△"为甲班学生，"☆"

为乙班学生，如果后来进来一个学生坐在 D 处，由于 D 周边甲班学生居多，故预测 D 也是甲班的学生，这称为投票法。K 近邻法指对新输入的实例，按简单投票法则，预测其类别归属。问用 K 近邻法则预测 A、B、C 各是哪班学生。

☆	☆	☆	☆	☆	☆			△	△	△	△	△	△
☆	☆	☆	☆	☆	☆				△	△	△	△	△
☆	☆	☆	☆	☆	☆				△	△	△	△	D	△
☆	☆	☆	☆	☆	☆	☆	☆	△	△	△	△	△
☆	☆	☆	☆	☆	☆	☆	△	△	△	△	△	△
☆	☆	B	☆	☆	☆	☆	C	△	△	△	△	△
☆	☆	☆	☆	☆	☆	☆	△	△	△	△	△	△
☆	☆	☆	☆	☆	☆	☆	△	A	△	△	△	△
☆	☆	☆	☆	☆			△	△	△	△	△	△
☆	☆	☆	☆	☆			△	△		△	△	△

图 3-5　学生座位图

解　(1) 从上下左右看，图像处理中称为 4 邻域。A 的上下左右全是"△"，为甲班学生，故 A 应是甲班学生；B 的上下左右全是"☆"，为乙班学生，故 B 应是乙班学生；C 的上下左右，3 人是甲班，1 人乙班，故 C 应是甲班；D 的上下左右全是"△"为甲班学生，故 D 应是甲班学生。

(2) 从四周看，图像处理中称为 8 邻域。A 的四周有七个"△"，为甲班学生，故 A 应是甲班学生；B 的四周全是"☆"，为乙班学生，故 B 应是乙班学生；C 的四周，3 人是甲班，5 人乙班，故 C 应是乙班；D 的四周全是"△"，为甲班学生，故 D 应是甲班学生。

3.3.5　KNN 的优缺点

KNN 算法是一种懒惰算法，相当于平时不好好学习，考试(对测试样本分类)时才临阵磨枪(临时去找 K 个近邻)。懒惰的后果：构造模型很简单，但对测试样本分类的开销大，因为要扫描全部训练样本并计算距离。理解了算法后，我们来看看 K 近邻法的优缺点。

1. 优点

(1) 易于实现，无需估计参数，无需训练，支持增量学习，能对超多边形的复杂决策空间建模；

(2) 简单好用，容易理解，精度高，理论成熟，既可以用来做分类也可以用来做回归；

(3) 可用于数值型数据和离散型数据；

(4) 训练时间复杂度为 $O(n)$；无数据输入假定；

(5) 对异常值不敏感。

2. 缺点

(1) 计算复杂性高；空间复杂性高；

(2) 样本不平衡问题(即有些类别的样本数量很多，而其他样本的数量很少)；

(3) 一般数值很大的时候不用这个算法，计算量太大，但单个样本又不能太少，否则容易发生误分；

　　(4) 最大的缺点是无法给出数据的内在含义。

3.4　K-Means 聚类

3.4.1　K-Means 聚类简介

　　聚类(Clustering)是一种什么行为呢？它并不是机器学习独有的，而是来源于人类自身的思考方式。当我们走进辽阔的田野，看到牛、羊、麻雀、乌鸦、玉米、高粱、杨树、柳树……每个个体之间其实都不相同，有的甚至相差很大。然而我们仍然能够轻松地分别将牛和羊、麻雀和乌鸦、玉米和高粱、杨树和柳树归为一类。人类天生具备这种归纳和总结的能力，在不知道对象的称谓和类别之前，仍然能够把相似的对象放在一起作为同一类事物来认识。我们自然具备的这种认知能力，将特征形态相同或近似的对象划分在一个概念下，特征形态不同的对象划分在不同的概念下，这本身就是聚类的思维方式。

　　我们可以对聚类下一个定义：聚类(Clustering)，是一种典型的"无监督学习"，就是对大量未知标记的数据集，按数据的内在相似性将数据集划分为多个簇(Cluster)，使簇内的数据相似度尽可能大而簇间的数据相似度尽可能小，即高的簇内相似度，低的簇间相似度。

　　分类和聚类的不同在于：分类的目标事先是已知的；聚类的类别没有预先的定义，是根据数据点的相似性(即数据点之间的距离)来划分的，聚类的数目和结构都没有事先假定，所以聚类也称为无监督分类。聚类分析的目标是将相似对象划为同一簇，不相似对象划分到不同的簇，是否相似取决于相似度的大小，而相似度的值依赖于选择的相似度计算方法。要根据具体应用选择合适的相似度计算方法。

　　K-Means 聚类算法是最常见的聚类算法，对于给定的样本集，按照样本之间距离的大小，将样本集自动划分为 K 个簇，让簇内的数据点尽量紧密地连接，而让簇与簇之间的距离尽量得大。K 是簇的个数，它的取值是由用户设定的，每个簇通过质心(Centroid)来描述，质心即簇中所有点的中心。

　　一种度量聚类效果的指标是 SSE(SumofSquaredError，误差平方的和)。SSE 值越小，表示数据点越接近于它们的质心，聚类效果也越好。如果用数据表达式表示，假设簇划分为$(C_1, C_2, \cdots, C_k)$，则我们的目标是最小化平方误差和 SSE：

$$SSE = \sum_{x \in C_i} \| x - \mu_i \|_2^2$$

其中，x 是簇 C_i 中的数据点，μ_i 是簇 C_i 的质心，μ_i 的取值通常是簇 C_i 中所有数据点的平均值。

3.4.2　K-Means 算法流程

　　K-Means 是一个反复迭代的过程，其算法可分为以下四个步骤：

　　(1) 选取数据空间中的 K 个对象作为初始中心，每个对象代表一个聚类中心；

　　(2) 对于样本中的数据对象，根据它们与这些聚类中心的欧氏距离，按距离最近的准则将它们分到距离它们最近的聚类中心(最相似)所对应的类；

(3) 更新聚类中心：将每个类别中所有对象所对应的均值作为该类别的聚类中心，计算目标函数的值；

(4) 判断聚类中心和目标函数的值是否发生改变，若不变，则输出结果，若改变，则返回(2)。

以上过程用图 3-6 所示的例子加以说明。

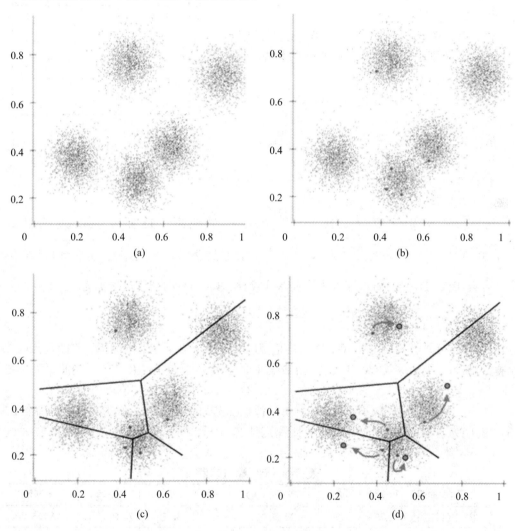

图 3-6   K-Means 算法流程

图中，

图(a)：给定一个数据集；

图(b)：根据 K=5 初始化聚类中心，保证聚类中心处于数据空间内；

图(c)：根据计算类内对象和聚类中心之间的相似度指标，将数据进行划分；

图(d)：将类内之间数据的均值作为聚类中心，更新聚类中心。

最后判断算法结束与否即可，目的是为了保证算法的收敛。

3.4.3　K-Means 聚类示例

图 3-7 中有 5 个特征点 A(1.5,0.5)、B(2.6,1)、C(3,2.4)、D(4,1.7)、E(4.5,1.5)，此外再无其他信息。怎样对它予以分类呢？因没有标注信息，所以判断这属于无监督学习问题。

对于无监督学习问题，首先要确定分几个类别，假设分 K 个类别，K 是聚类算法的唯一参数，具体如下：

情形 1：若 K = 1，那么 A、B、C、D、E 属于同一类，无需再学习。

情形 2：若 K = 5，那么 A、B、C、D、E 各自是一类，共 5 类，也无需再学习。

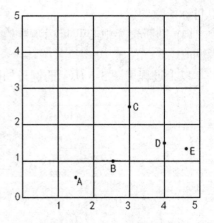

图 3-7　K-Means 聚类示例

情形 3：假设 K = 2，即将这 5 个特征点分成两类。由于 K = 2，任取两个特征点，不妨极端一点，取 D、E 为初始特征点。

第一步：分别计算 A、B、C 与 D、E 的距离，比如 C、D 间的距离为 $\sqrt{(4-3)^2+(1.7-2.4)^2}=1.22$。因 A、B、C 与 D 的距离短，A、B、C 与 D 可归为一类，得聚类{A, B, C, D}，用简单算术平均值法计算{A, B, C, D}的均值点坐标为(2.775, 1.4)，具体计算：$\frac{1.5+2.6+3+4}{4}=2.775$，$\frac{0.5+1+2.4+1.7}{4}=1.4$。

第二步：分别计算 A、B、C、D 与均值点(2.775,1.4)、E(4.5,1.5)的距离，将距离点(2.775, 1.4)短的归为一类得聚类{A, B, C}，因 D 与 E 的距离小于 D 与点(2.775, 1.4)的距离，得另一聚类{D, E}，可计算{A, B, C}的均值点为(2.37, 1.3)，{D, E}的均值点为(4.25, 1.6)。

第三步：分别计算 A、B、C、D、E 与均值点(2.37, 1.3)、(4.25, 1.6)的距离，距离点(2.37, 1.3)短的归为一类，得聚类{A, B, C}，距离点(4.25, 1.6)短的归为另一聚类{D, E}。结论同第二步，已收敛。整个计算过程见表 3-1。

表 3-1　计 算 过 程

	均值向量	A	B	C	D	E	归类	聚类	计算均值
初始值	D(4, 1.7)	2.773	1.56	1.22			A, B, C	A, B, C, D	(2.775, 1.4)
	E(4.5, 1.5)	3.16	1.96	1.75				E	(4.5, 1.5)
第二步	(2.775, 1.4)	1.56	0.44	1.025	1.26		A,B,C	A, B, C	(2.37, 1.3)
	(4.5, 1.5)	3.16	1.96	1.75	0.54			D	(4.25, 1.6)
第三步	(2.37, 1.3)	1.18	0.38	1.27	1.68	2.14	A,B,C	A, B, C	
	(4.25, 1.6)	2.96	1.76	1.48	0.27	0.27	D,E	D, E	

这说明了两点：第一，这个算法最终会收敛到一个稳定的局部最优值，不一定全局最优，这是由于算法中欧几里得距离保持不增而决定的；第二，分类结果与初始值有关。

3.4.4　层次聚类

层次聚类(Hierarchical Clustering)试图在不同层次对数据集进行划分，从而形成树形的聚类结构，本节利用鸢尾花部分样本数据集 D，如表 3-2 所示，采用"自底向上"的聚合策略划分数据集。

表 3-2　鸢尾花部分样本数据集 D

鸢尾花	花瓣长度/cm	花瓣宽度/cm	类　　　别
1	1.1	0.2	Iris-setosa(山鸢尾)
2	1.3	0.3	Iris-setosa
3	1.5	0.4	Iris-setosa
4	1.6	0.4	Iris-setosa
5	3.5	1.0	Iris-versicolor(变色鸢尾)
6	4.0	1.3	Iris-versicolor
7	4.7	1.6	Iris-versicolor
8	5.1	1.6	Iris-versicolor

第一步，数据集 D 有 8 个样本，每个样本看做一个初始聚类簇，共有 8 个初始聚类簇，每簇只有一个样本，用欧几里得距离计算每两个初始聚类簇间的距离 d，找出距离最近的两个初始聚类簇合并为一个聚类簇。经过计算，样本 x_3，x_4 间的距离 $d(x_3, x_4) = 0.1$ 最小，将 x_3, x_4 合为一簇 $\{x_3, x_4\}$。

第二步，聚类簇从 8 个初始聚类簇下降至 7 个聚类簇；簇 $\{x_3, x_4\}$ 有 2 个样本，其余 6 个聚类簇各 1 个样本。现在出现一个问题，一个样本簇比如 $\{x_2\}$，与聚类簇 $\{x_3, x_4\}$ 之间的距离怎样计算，我们采用簇间最大距离，也就是计算两个簇间的最远样本，因为

$$d(x_2, x_3) = 0.2234$$
$$d(x_2, x_4) = 0.3162$$

所以，簇 $\{x_2\}$ 与簇 $\{x_3, x_4\}$ 间的距离为 0.3162。

样本 x_1 距离样本 x_2 的距离为 $d(x_1, x_2) = 0.2236$，所以将 x_1, x_2 合并为一个聚类簇 $\{x_1, x_2\}$。

第三步，此时有 6 个聚类簇，一般，两个聚类簇 U、V 间的最大距离为

$$d_{\max}(U, V) = \max_{x_i \in U, x_j \in V} d(x_i, x_j)$$

所以簇 $\{x_1, x_2\}$、$\{x_3, x_4\}$ 间的距离为 0.5385。由于 $d(x_7, x_8) = 0.4$，合并为一簇 $\{x_7, x_8\}$。

第四步，将簇 $\{x_1, x_2\}$、$\{x_3, x_4\}$ 合并为一簇 $\{x_1, x_2, x_3, x_4\}$，整个聚类过程见表 3-3。

表中的数这在第一步中已全部计算完毕，后面的第二步、第三步、第四步只是比较大小，合并，再不断比较大小，合并，最终形成图 3-8 所示的"树状图"，其中每层链接一组聚类簇。

在树状图的特定层次上进行分割，可得到相应的簇划分结果，以图 3-8 中所示虚线分割树状图，可得到 2 个聚类簇的结果：

$$C_1 = \{x_1, x_2, x_3, x_4\}$$
$$C_2 = \{x_5, x_6, x_7, x_8\}$$

表 3-3　鸢尾花数据集层次聚类过程表

步骤	最短距离	合并样本	样本点与合并样本簇的距离							
			x_1	x_2	x_3	x_4	x_5	x_6	x_7	x_8
第一步	0.1	$\{x_3, x_4\}$	0.539	0.316	0	0	2.088	2.657	3.418	3.795
第二步	0.2236	$\{x_1, x_2\}$	0	0	0.447	0.539	2.53	3.102	3.863	4.238
第三步	0.4	$\{x_7, x_8\}$	4.238	4.016	3.795	3.7	1.709	1.14	0	0
第四步	0.5385	$\{x_1, x_2, x_3, x_4\}$	0	0	0	0	2.53	3.102	3.863	4.238
第五步	0.5830	$\{x_5, x_6\}$	3.102	2.879	2.657	2.563	0	0	1.342	1.709
第六步	1.7088	$\{x_5, x_6, x_7, x_8\}$	4.238	4.016	3.795	3.7	0	0	0	0

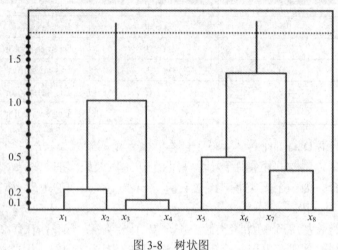

图 3-8　树状图

3.4.5　影响 K-Means 聚类算法的主要因素

影响 K-Means 聚类算法的主要因素有初始质心的选择、K 值的确定和距离的计算方法。初始质心的选择方法有随机选点、凭经验选取有代表性的点、基于取样的方法确定、基于密度的选择方法。常见的距离计算方法除上面介绍的欧氏距离(Euclidean Distance)和曼哈顿距离(Manhattan Distance)外，还有切比雪夫距离(Chebyshev Distance)、马氏距离(Mahalanobis Distance)、汉明距离(Hamming Distance)等计算方法。

K 值的确定较常用的有手肘法，手肘法的核心思想是：随着聚类数 K 的增大，样本划分会更加精细，每个簇的聚合程度会逐渐提高，那么误差平方和 SSE 自然会逐渐变小。并且，当 K 小于真实聚类数时，由于 K 的增大会大幅增加每个簇的聚合程度，故 SSE 的下降幅度会很大，而当 K 到达真实聚类数时，再增加 K 所得到的聚合程度回报会迅速变小，所以 SSE 的下降幅度会骤减，然后随着 K 值的继续增大而趋于平缓。也就是说，SSE 和 K 的关系图是一个手肘的形状，而这个肘部对应的 K 值就是数据的真实聚类数。当然，这也是该方法被称为手肘法的原因。

K 值确定的具体做法是让 K 从 1 开始取值直到取到你认为合适的上限(一般来说这个上限不会太大，这里我们选取上限为 8)，对每一个 K 值进行聚类并且记下对于 K 的 SSE，然后画出 K 和 SSE 的关系图(毫无疑问是手肘形)，最后选取肘部对应的 K 作为我们的最佳聚类数。

K 与 SSE 的关系图如图 3-9 所示。

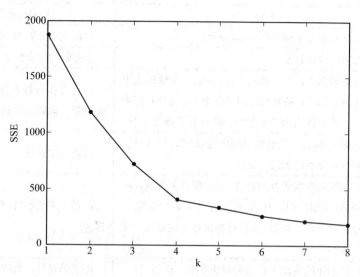

图 3-9 K 与 SSE 的关系图

显然，肘部对应的 K 值为 4，故对于这个数据集的聚类而言，最佳聚类数应该选 4。

3.4.6 K-Means 聚类优缺点

K-Means 是个简单实用的聚类算法，这里对 K-Means 的优缺点作一个总结。

1. K-Means 的优点

(1) 原理比较简单，实现也很容易，收敛速度快；

(2) 聚类效果较优；

(3) 算法的可解释度比较强；

(4) 主要需要调参的参数仅仅是簇数 K。

2. K-Means 的缺点

(1) K 值的选取不好把握；

(2) 对于不是凸的数据集比较难收敛；

(3) 如果各隐含类别的数据不平衡，比如各隐含类别的数据量严重失衡，或者各隐含类别的方差不同，则聚类效果不佳；

(4) 采用迭代方法，得到的结果只是局部最优；

(5) 对噪音和异常点比较敏感。

3.4.7 KNN 与 K-Means 的比较

K-Means 是无监督学习的聚类算法，没有样本输出；而 KNN 是监督学习的分类算法，有对应的类别输出。KNN 基本不需要训练，对测试集里的点，只需找到在样本集中最近的 K 个点，用这最近的 K 个样本的类别来决定测试样本的类别。而 K-Means 则有明显的训练过程，找到 K 个类别的最佳质心，从而决定样本的簇类别。具体分析如表 3-4 所示。

表 3-4　KNN 和 K-Means 算法的比较

	KNN 算法	K-Means 算法
目标	为某元素确定所属的类别(分类)	将相似元素聚为一簇
算法过程	监督的分类算法	无监督的聚类算法
数据区别	训练数据中，有明确的标签。如：一个数据集中有几万张图片，都被标明为"苹果"，另外几万张图片都被标明为"香蕉"，数据有明确的分类	几十万张各种各样水果的图片放在一起，数据未标明水果种类
训练过程	无需训练(或者没有明显的训练过程)，将待分类数据与已分类数据进行对比	需要前期训练
K 的含义	K 指的是相邻数据的数目。如：假设某张图片相邻的 20 张图片中，有 18 张标有"苹果"标签，1 张标有"香蕉"标签，那么这张图片会被标上"苹果"标签	K 是分类的数目，K 的值需要人为设定
对比结果	K 值不变的情况下，结果每次都是一样的	K 值确定后，每次结果可能不同

当然，两者也有一些相似点，两个算法都包含一个过程，即找出和某一个点最近的点。两者都利用了最近邻(nearest neighbors)的思想。

3.5　应 用 案 例

3.5.1　KNN 分类应用场景

1. 待测微生物种类判别

DNA 是多数生物的遗传物质，DNA 上的碱基(A、T、C 和 G)就储藏了遗传信息，不同物种的 DNA 序列在序列长度和碱基组成上差异显著。所以我们能够通过 DNA 序列的比较分析，来判断 DNA 序列是来自哪些物种。由于测序技术限制，我们只能得到一定长度的 DNA 序列片段。通过 DNA 序列片段与已知的微生物 DNA 序列进行比较，可以确定 DNA 片段的来源微生物，进而确定待测微生物种类。在相关数据基础上，建立分析方法，在计算资源消耗尽量小的情况下，尽可能快地给出准确的结果，以满足临床诊断需求。

2. 商品图片分类

京东含有数以百万计的商品图片，"拍照购""找同款"等应用必须对用户提供的商品图片进行分类。同时，提取商品图像特征，可以提供给推荐、广告等系统，提高推荐/广告的效果。通过对图像数据进行学习，以达到对图像进行分类划分的目的。

3.5.2　K-Means 聚类应用场景

K-Means 算法通常可以应用于维数、数值都很小且连续的数据集，比如：从随机分布的事物集合中将相同事物进行分组。

1. 文档分类器

根据标签、主题和文档内容将文档分为多个不同的类别。这是一个非常标准且经典的 K-Means 算法分类问题。首先,需要对文档进行初始化处理,将每个文档都用矢量来表示,并使用术语频率来识别常用术语进行文档分类,这一步很有必要。然后对文档向量进行聚类,识别文档组中的相似性。这里采用文档分类的 K-Means 算法来实现案例。

2. 呼叫记录详细分析

通话详细记录(CDR)是电信公司在对用户的通话、短信和网络活动信息的收集。将通话详细记录与客户个人资料结合在一起,能够帮助电信公司对客户需求做更多的预测。使用无监督 K-Means 聚类算法对客户一天 24 小时的活动进行聚类,来了解客户数小时内的使用情况。

习   题

1. 小刚去应聘某互联网公司的算法工程师,面试官问他"回归和分类有什么相同点和不同点?"他该如何回答?

2. KNN 算法的优缺点是什么?

3. K-Means 聚类算法的优缺点是什么?

第四章　深度学习

深度学习的理论基础是神经网络，学习和掌握神经网络的相关知识，将有助于构建和调整合适的深度学习模型并部署到实际应用中。

人工神经网络的相关研究最早可以追溯到 20 世纪 40 年代，起源于由心理学家 McCulloch 和数学逻辑学家 Pitts 提出的 M-P 神经元模型。这一模型是受生物神经网络的启发而提出的，其基本特点是试图模仿大脑的神经元之间传递和处理信息的模式。成人的大脑有大约一千亿个神经细胞(Neuron)，这些细胞间通过轴突和树突来传递和接受化学物质如图 4-1 所示，并引起细胞体电位变化。

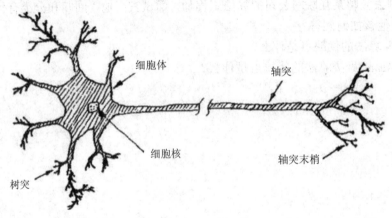

图 4-1　生物神经元

在生物神经网络体系中，一个神经元通常具有多个树突，主要用来接受传入信息；而轴突只有一条，轴突尾端有许多轴突末梢可以给其他多个神经元传递信息。轴突末梢跟其他神经元的树突产生连接，从而传递信号。每个神经元与其他多个神经元相连，当它"兴奋"时，就会通过轴突向其他神经元发送化学物质，从而改变这些神经元内的电位；如果某个神经元的电位超过了某个特定值(阈值)，那么它就会被激活，即进入"兴奋"状态，向下一个神经元发送化学物质。

1943 年，McCulloch 和 Pitts 将上述的复杂生物学原理抽象成一个简单的模型并能用简洁的数学公式描述，这就是我们一直沿用至今的"M-P 神经元模型"。M-P 模型证明了单个神经元能执行逻辑功能，并为后来的神经网络模型搭建指明了方向。1958 年，康奈尔大学的实验心理学家弗兰克·罗森布拉特(Frank Rosenblatt)在计算机上模拟实现了一种"感知机"(Perceptron)的神经网络模型。这个模型可以完成一些简单的视觉处理任务，这引起了极大的轰动。但是随后，有关神经网络的研究又经历了低谷，虽然在 1986 年，Rumelhar 和 Hinton 等人提出了反向传播(Backpropagation，BP)算法，解决了两层神经网络的复杂计算问题，从而带动了业界使用两层神经网络研究的热潮，但很快就被支持向量机(SVM)所取代。2006 年，深耕神经网络的 Hinton 教授在 Science 杂志上发表了利用受限玻尔兹曼机编码的深层神经网络的论文："Reducing the Dimensionality of Data with Neural Networks"，重新定义了神经网络，带来了神经网络复苏的又一春，掀起了新一轮冠以深度学习之名的人工智能浪潮。

今天，神经网络已经是一个相当大的、多学科交融的学科领域，越来越多的应用领域和实用场景正积极地拥抱人工智能，在模式识别、智能控制、序列预测、智能医疗等领域已经成功地解决了很多实际问题。

我们首先从一个神经元讲起，然后了解单层神经网络(感知机)、双层神经网络(多层感知机)，以及深度学习。最后，我们将简要介绍当前主流的卷积神经网络架构和递归神经网络架构。

4.1 深度学习应用场景——人脸识别

北京旷视科技有限公司一直专注于机器视觉和人工智能，打造世界领先的人脸识别、图像识别和深度学习技术的产品和应用服务。旷视科技的产品和服务已广泛应用于互联网、金融、商业、企业、安防、智能硬件等诸多行业中。据不完全统计，目前已有 59 119 名开发者在使用旷视科技的算法，有 39 096 个应用程序使用旷视科技的服务，人脸识别平台每天的 API 调用量达到 1000 万次以上，具有全球最大的人脸脱敏数据库，人数超过 500 万人次，训练过的图片数量超过 1.2 亿张。支持人脸质量诊断、人员性别、年龄、民族分析能力，支持戴眼镜效果优化，支持人脸活体检测等诸多技术。在互联网行业，旷视科技的人脸识别技术为支付宝提供刷脸验证服务，用户可免去输入用户名和密码的繁琐操作。在美图的 APP 应用中，旷视科技提供人脸定位和人脸关键点检测服务，使得 APP 可以自动对人脸进行美化。在世纪佳缘的应用中，旷视科技提供人脸比对和特征查询服务，可以方便用户快速找到意中人。在乐视电视的应用中，旷视科技提供家庭成员人脸识别技术，使得电视可以自动识别主人身份并做出智能的反应。在金融行业，旷视科技与小米金融合作，为小米金融用户提供身份识别和安全认证服务。在平安易贷应用中，旷视科技为用户提供身份验证服务。目前，旷视科技已经广泛与中信银行、招商银行、江苏银行等金融客户形成密切的合作关系。在商业领域，旷视科技形成了智能生活解决方案、智能商超解决方案、智能企业解决方案。在安防行业，旷视科技推出了人像卡口系统、人证合一系统、静态海量人员检索系统等诸多产品和解决方案。多年的大数据深度学习积累和多垂直行业的技术应用奠定了旷视科技超越行业发展水平的人脸识别技术。

深度学习模型：旷视科技的人工智能技术采用了一种类似于谷歌搜索引擎的大数据训练模型。谷歌的搜索引擎是通过用户点击产生页面排名，并通过其排名算法实现对数据的归类，最后返回结果给用户的。通过这样一个闭环网络，实现了数据、技术和产品的良性循环发展。旷视的人脸识别技术同样基于深度学习引擎，通过标注化的图像数据对人脸识别算法进行训练，通过算法产生人脸识别结果给客户。客户的数据进一步训练算法，同样实现了数据、技术和产品的良性循环，如图 4-2 所示。目前旷视在互联网、金融、安防等多个行业具有广泛的业务应用，积累了海量的大数据，对人工智能算法的训练和提升起到了巨大作用。

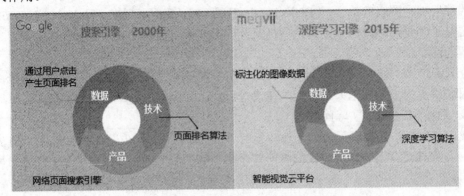

图 4-2　人脸识别服务平台

以旷视 FACE++ 产品为例，这是全球最大的互联网在线人脸识别服务平台，每天来自全球的 AIP 调用量超过 1000 万次。也就是说，每天都有来自全球海量的人脸数据在帮助我们的算法作训练，从而迅速拉开了与传统人脸识别厂商的技术差距。

卷积神经网络 CNN：卷积神经网络是深度学习算法在图像处理领域，尤其是人脸识别领域的一种具体应用。旷视科技针对人脸识别应用设计了自己的 CNN 卷积神经网络。主要包括三个层次：卷积层、降采样层和全连接层，如图 4-3 所示。通过卷积层实现对空域局部信息的提取，通过降采样层实现对数据的进一步降维处理，利于数据计算。同时通过局部极值的方式增加了网络的鲁棒性。最后通过全连接层实现对全局信息的数据融合和数据描述。

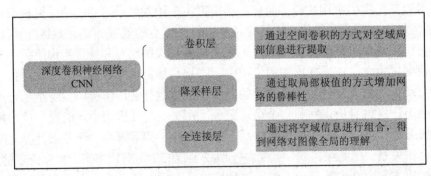

图 4-3　深度卷积神经网络

4.2　由生物神经元到 M-P 模型

4.2.1　神经元模型

神经网络是一门非常重要的机器学习技术。

神经元(Neuron)是构成神经网络的最基本单元，其基本特性与人体的生物神经元相似，即接受一组输入信号并和阈值进行比较，进而判断输出值。

　　在 M-P 神经元模型中，如图 4-4 所示，神经元接受到的是来自前面 n 个神经元传递过来的信号，这些数值通过带权重的连接进行传递，神经元接收到的总输入值将与神经元自身的阈值相比较，并最终通过"激活函数"进行输出。

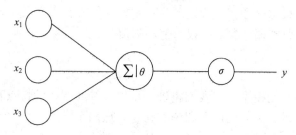

图 4-4　M-P 神经元模型

神经元模型的公式可表述为

$$y = \sigma(\sum_{i=1}^{n} w_i * x_i - \theta) \tag{4.1}$$

图中，x_1、x_2、x_3 分别指的是来自第一个到第三个神经元的输入，w_1 代表第一个输入的连接权重，即表示不同输入对当前神经元的影响力不同，并以此类推。中部圆体代表当前神经元，σ 代表激活函数。公式(4.1)表示，将前面所有神经元的输入值和权重相乘求和，再与阈值函数相比较。最后通过激活函数 σ 处理，得到输出结果。

　　这里我们假设 $x_1=1$，$x_2=2$，$x_3=0$，权重值依次是 1，2，–1，阈值是 0.6，在未加上激活函数的时候，当前输出是$(1 \times 1 + 2 \times 2 + 0 \times (-1) - 0.6)$，结果是 4.4。

　　为了更好地理解权重和阈值的关系，我们可以将阈值视为一个固定输入值为 –1 的权重，图 4-5 比图 4-4 更直观、更好理解。从此以后，我们可将阈值称为偏置项，也可称为网络输入的一部分。

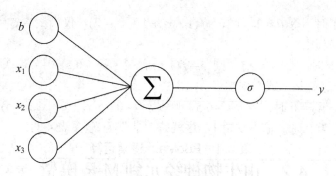

图 4-5　加入偏置项的神经元模型

加入偏置项的神经元模型公式为

$$y = f(\sum x_i * w_i) \tag{4.2}$$

阶跃函数是最常见的激活函数之一，它可以表示为

$$U(x)=\begin{cases}1,x\geqslant 0\\0,x<0\end{cases} \tag{4.3}$$

选择阶跃函数作为激活函数，即总体输入大于阈值时激活，小于阈值时抑制。

神经元模型中，权重值和阈值都是预先设定好的，不具备自我学习的能力。为了增加自我学习的能力，需要能调整参数：权重值和阈值。

4.2.2　感知机

在了解基本的神经元模型后，我们将进一步探索神经网络的特点和意义。神经网络的实际问题，大体上可以分为回归问题和分类问题。这两个名词听起来比较抽象，但其本质是一样的，都是依据输入作出预测，其区别在于输出的类型。分类问题的输出是离散型变量(如+1，−1，+2 等)，是一种定性输出，而回归问题的输出是连续型变量，是一种定量输出。通俗来说，预测明天是否下雨(是或者否)属于分类问题，预测明天降雨量的数值多少属于回归问题。不论是分类问题还是回归问题，神经网络都能发挥很大的用处。

1957 年，来自美国的计算机专家 Roseblatt 在神经元模型的基础上提出了感知机的概念，这是最早的人工神经网络。感知机(Perceptron)是由两层神经元构成的神经网络，输入层接受输入信号后传递给输出层，输出层则是标准的 M-P 神经元，如图 4-6 所示。

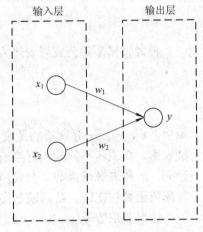

图 4-6　感知机模型

例 4.1　在图 4-6 中，输出值为 $y=f\left(\sum_i w_i x_i-\theta\right)$，假设激活函数 f 是阶跃函数，则有：

当 $w_1=w_2=1$ 时，令 $\theta=2$，则 $y=f(1\cdot x_1+1\cdot x_2-2)$，仅当 $x_1=x_2=1$ 时，输出 y 是 1，这就是"与"问题。

当 $w_1=w_2=1$ 时，令 $\theta=0.5$，则 $y=f(1\cdot x_1+1\cdot x_2-0.5)$，当 x_1 或者 x_2 有一个为 1 时，输出 y 是 1，这就是"或"问题。

当 $w_1=-0.6$，$w_2=0$ 时，令 $\theta=-0.5$，则 $y=f(-0.6\cdot x_1+0\cdot x_2+0.5)$，当 x_1 为 1 时，输出 y 是 0；当 x_1 为 0 时，输出 y 是 1，这就是"非"问题(见表 4-1)。

表 4-1　Boolean 逻辑运算

x_1	x_2	与	或	异或
0	0	0	0	0
0	1	0	1	1
1	0	0	1	1
1	1	1	1	0

解　计算"与"的情形：

当 x_1，x_2 为(0，0)时，$y = f(1*0 + 1*0-2) = f(-2) = 0$

当 x_1，x_2 为(0，1)时，$y = f(1*0 + 1*1 - 2) = f(-1) = 0$

当 x_1，x_2 为(1，0)时，$y = f(1*1 + 1*0 - 2) = f(-1) = 0$

当 x_1，x_2 为(1，1)时，$y = f(1*1 + 1*1 - 2) = f(0) = 1$

"或"、"非"的情形作为习题，留给大家。

事实上，感知机是一种判别式的线性分类模型，可以解决与、或、非这样的简单的线性可分(Linearly Separable)问题。阈值 θ 在计算中可以人为设定，为了使阈值随学习进行变化，我们将阈值看做一个固定输入值为 –1 的神经元的连接权重(注意，这个神经元并没有实际输入，我们默认其值为 –1)。这样做的好处是，将权重和阈值的学习统一为权重的学习，便于后续搭建深度网络。

从模型上看,感知机和 M–P 神经元似乎很相似,但是感知机的权值是通过训练得到的。通过不断调整网络权重，使得我们网络预测输出值和实际真实值之间的误差不断减小，最终达到一个合理范围内，则训练过程结束。但是由于它只有一层功能神经元(M–P 神经模型)，所以学习能力非常有限。事实证明，单层感知机无法解决最简单的非线性可分问题——异或问题。这在当时也令有关神经网络的研究陷入低谷。1969 年，人工智能领域著名学者 Minsky 指出了感知机的局限性，他用严谨的数学公式证明了感知机对非线性问题没有解决能力，这就提出了增加隐藏层的问题。

4.2.3 多层感知机

所谓非线性可分问题，是指用一条直线无法准确的分开两种类型，如图 4-7 所示。你能用一条直线分开菱形和圆形么？显然这是不可行的。所以我们可以判断出，这个问题属于线性不可分问题。

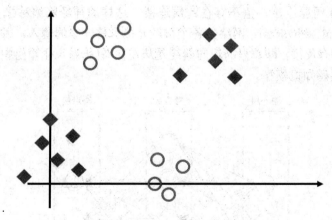

图 4-7 线性不可分问题图示

下面看一个具体案例。异或问题是指：如果两个值不相同，则异或结果为 1；如果两个值相同，异或结果为 0。无论怎么调整权重和阈值，我们的单层感知机并不能解决这一非线性可分问题，需要考虑增加网络层数。我们可以增加一层网络，称为隐含层，实现了两层感知机。图 4-8 所示是能够实现异或问题的两层感知机结构，图中的权重参数和阈值是最佳结果。

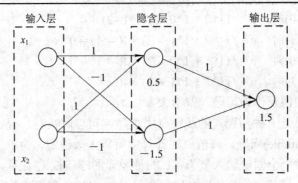

图 4-8　能解决异或问题的两层感知机

例 4.2　用阶跃函数计算增加了隐含层的图 4-8 能解决"异或"问题。

解　参见表 4-1，x_1，x_2 共分为(0，0)、(0，1)、(1，0)、(1，1)四种情形，本例只计算(0，1)这种情形，其他三种情形见习题。

隐含层只有上下两个神经元，由(0，1)即 $x_1 = 0$，$x_2 = 1$ 可计算出 x_1，x_2 对这两个神经元的输出值，该值同时作为下一层的输入。

隐含层上一个神经元的值为

$$y = f(w_1x_1 + w_2x_2 - \theta) = f(1*0 + 1*1 - 0.5) = f(0.5) = 1$$

隐含层下一个神经元的值为

$$y = f(w_1x_1 + w_2x_2 - \theta) = f((-1)*0 + (-1)*1 + 1.5) = f(0.5) = 1$$

所以，输出层神经元的值为

$$y = f(w_1x_1 + w_2x_2 - \theta) = f(1*1 + 1*1 - 1.5) = f(0.5) = 1$$

更一般地，我们可以通过加深网络层数，让每一层的神经元与下一层的神经元全互连，神经网络间不存在同层连接，也不存在跨层连接，这样的神经网络称之为前馈神经网络(Feedforward Neural Networks)。网络中各个神经元接受前一级的输入，并且输到下一级神经元中，网络中没有反馈，即数据的流向始终是从左往右(从输入往输出中去)。图 4-9 展示了一个常见的多层感知机模型。

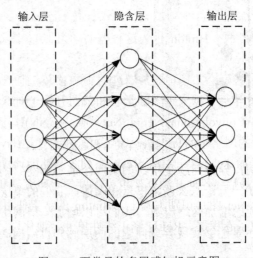

图 4-9　更常见的多层感知机示意图

4.2.4　反向传播算法

反向传播算法的出现，带来了新一轮的研究热潮，已经可以应用于语音识别、图像识别等领域。但是神经网络仍然存在若干的问题：尽管使用了反向传播算法，一次神经网络的训练仍然耗时太久，而且困扰训练优化的一个问题就是局部最优解问题，这使得神经网络的优化较为困难。图 4-10 就是一个陷入局部最优解的局面，圆圈代表你所处的位置，而菱形代表你的真实目的地。现在的你，是不是觉得自己

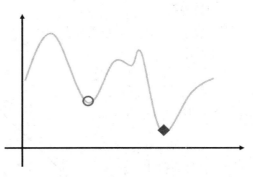

图 4-10　局部最优解和全局最优解

已经在最低点了呢，实际上这个点被称为极值点，但并非最优值点。这一问题使得神经网络的训练变难，机器学习过程一旦陷入了局部最优解就很难跳出来。

前馈网络和反向传播构成了当代神经网络的基石。除了本章所讲的部分外，神经网络还有很多改进和变化。比如反向传播算法，误差从输出层反向传播时会乘以 sigmoid 函数的导数，而该导数的最大值才只有 0.25。这就会出现梯度弥散问题，即误差经过每一层传递都会不断衰减。当网络层数很深时，误差值会逐渐消失，无论怎么训练，最初几层的网络权重都不会有变化。为此，我们可以将激活函数由 sigmoid 改为修正线性单元(Rectified Linear Unit)。为应对局部极小值，也可以在反向传播的过程中使用随机梯度下降(Stochastic Gradient Descent)或者加入动量项，以跳出局部极值点。

4.3　卷积神经网络

2006 年，由 Hinton 教授发表的一篇论文中首先提出了深度信念网络的概念。和我们前面通过一轮一轮训练不同的是，深度信念网络加入"预训练"过程，可以非常快速地寻找到一个近似最优解的值，最后通过全局"微调"来优化整个网络。这两种方法有效地减少了训练多层网络的时间。同时，Hinton 也为这种能够学习训练多层神经网络的方法赋予了新的名字——"深度学习"。

从今天看来，Hinton 这篇论文具有非常深远的影响意义，他把深度神经网络重新带回到人们的视野中。自 2006 年后，越来越多的学者和公司开始了对深度学习的研究，开始大规模地使用卷积神经网络(Convolutional Neural Networks，CNN)；同时，高性能计算技术的井喷式发展，也为更深层的网络学习提供了运算支持。以英伟达(Nvidia)为代表的芯片公司为神经网络的计算提供了加速支持，推出了 Tesla 系列等高性能计算显卡，这也进一步推动了深度学习技术的发展。最后，各种开源框架也为深度学习研究者和应用场景提供了便利。2012 年，在当年的 ImageNet 图片识别大赛上，Hinton 的学生使用多层卷积网络取得了最佳成绩，这个网络中出现了卷积层、ReLU 修正线性单元、池化层、全连接层、softmax 归一化指数层等内容。

4.3.1 卷积层

1. 向量内积

平面上的点(x_1, x_2)可以看做从原点指向该点的向量，所以我们直接用坐标表示向量，如图 4-11 所示。

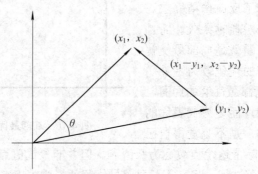

图 4-11　向量的坐标表示

平面上两个向量(x_1, x_2)和(y_1, y_2)的内积定义为

$$(x_1, x_2) \cdot (y_1, y_2) = x_1 y_1 + x_2 y_2$$

显然，可用内积表示向量(x_1, x_2)的长度$\sqrt{x_1^2 + x_2^2}$：

$$(x_1, x_2) \cdot (x_1, x_2) = x_1^2 + x_2^2$$

也可用内积表示向量(y_1, y_2)的长度$\sqrt{y_1^2 + y_2^2}$：

$$(y_1, y_2) \cdot (y_1, y_2) = y_1^2 + y_2^2$$

假设向量(x_1, x_2)和(y_1, y_2)之间的夹角为θ，那么$\cos\theta$可由内积表示，如图 4-12 所示，即

$$\cos\theta = \frac{x_1 y_1 + x_2 y_2}{\sqrt{x_1^2 + x_2^2} \cdot \sqrt{y_1^2 + y_2^2}}$$

通过习题证明，上述$\cos\theta$的定义与公式$\cos\theta = \dfrac{a^2 + b^2 - c^2}{2ab}$是一致的。

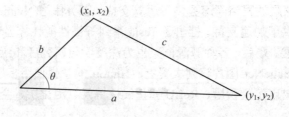

图 4-12　向量的夹角

同样，空间中的两个向量(x_1, x_2, x_3)和(y_1, y_2, y_3)的内积可定义为

$$(x_1, x_2, x_3) \cdot (y_1, y_2, y_3) = x_1 y_1 + x_2 y_2 + x_3 y_3$$

两个向量(x_1, x_2, x_3)和(y_1, y_2, y_3)之间的夹角为θ，那么$\cos\theta$可由内积表示：

$$\cos\theta = \frac{x_1 y_1 + x_2 y_2 + x_3 y_3}{\sqrt{x_1^2 + x_2^2 + x_3^2} \cdot \sqrt{y_1^2 + y_2^2 + y_3^2}}$$

2. 向量卷积运算

长短两向量上对齐，维数相同的向量作内积，短向量依次下滑作内积，内积结果组成的向量就是这两个向量的卷积(Convolution)，如图4-13所示。

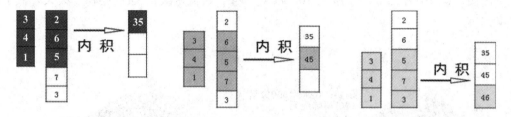

图4-13　向量卷积

3. 矩阵卷积运算

矩阵卷积运算过程如图4-14所示。

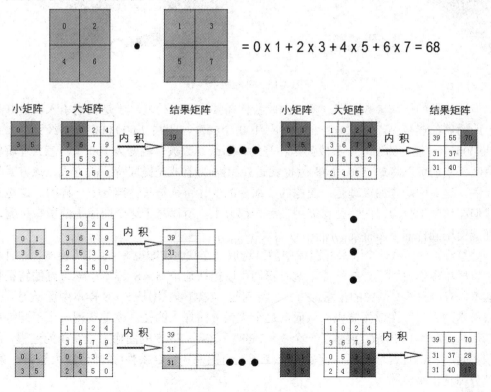

图4-14　卷积运算

卷积的本质意义在于：图像的空间联系也是局部的像素联系较为紧密，而距离较远的像素相关性则较弱。以图 4-15 左侧为例，假设我们有一个 1000×1000 像素的图像，有 1 百万个隐层神经元，那么全连接的话(每个隐层神经元都连接图像的每一个像素点)，就有 $1000 \times 1000 \times 1\,000\,000 = 10^{12}$ 个连接，也就是 10^{12} 个权值参数。然而图像的空间联系是局部的，就像人是通过一个局部的特征去感受外界图像一样，每一个神经元都不需要对全局图像做感受，每个神经元只感受局部的图像区域，然后在更高层，将这些感受不同局部的神经元综合起来就可以得到全局的信息了。这样，我们就可以减少连接的数目，也就是减少神经网络需要训练的权值参数的个数了。如图 4-15 右侧所示，假如局部感受野是 10×10，隐层每个感受野只需要和这 10×10 的局部图像相连接，所以 1 百万个隐层神经元就只有一亿个连接，即 10^8 个参数。比原来 10^{12} 减少了四个 0(数量级)。通过卷积，大大降低了计算量。

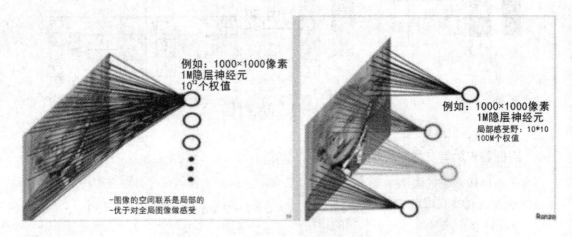

图 4-15　神经网络参数

但这样做的话，参数仍然过多，因此我们需要进一步处理。于是我们引入权值共享。在上面的局部连接中，每个神经元都对应 100 个参数，一共 $1\,000\,000$ 个神经元，如果这 $1\,000\,000$ 个神经元的 100 个参数都是相等的，那么参数数目就变为 100 了。怎么理解权值共享呢？我们可以将这 100 个参数(也就是卷积操作)看成是提取特征的方式，该方式与位置无关。这其中隐含的原理是：图像的一部分的统计特征与其他部分是一样的。这也意味着我们在这一部分学习的特征也能用在另一部分上，所以对于这个图像上的所有位置，我们都能使用同样的学习特征。

更直观地说，从一个大尺寸图像中随机选取一小块，比如说 8×8 作为样本，并且从这个小块样本中学习到了一些特征，这时我们可以把从这个 8×8 样本中学习到的特征作为探测器，应用到这个图像的任意地方去。特别是，我们可以用从 8×8 样本中所学习到的特征跟原本的大尺寸图像作卷积，从而对这个大尺寸图像上的任一位置获得一个不同特征的激活值。如图 4-16 所示，展示了一个 3×3 的卷积核在 5×5 的图像上做卷积的过程。每个卷积都是一种特征提取方式，就像一个筛子，将图像中符合条件(激活值越大越符合条件)的部分筛选出来。

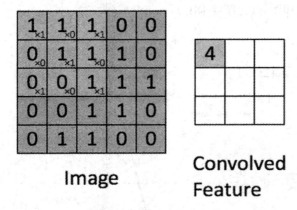

图 4-16 图像特征提取

4.3.2 ReLU 非线性激活层

在搭建神经网络时，选择合适的激活函数至关重要。激活函数是在设计神经网络时，为增强网络的表达能力而人为加入的非线性因素。如果不加入激活函数，神经网络将只能处理模拟线性函数，在面对线性不可分问题时无能为力。加入激活函数后，我们的神经网络拥有了处理非线性问题的能力。常见的激活函数除上述的阶跃函数外，还有 sigmoid 函数、tanh 函数、ReLU 修正线性单元等。

sigmoid 函数能够将大范围的输入压缩到(0，1)之间，并且严格单调，关于(0，0.5)中心对称，是比较常见的激活函数。sigmoid 函数对中间区域的输入信号有增益作用，对两侧区域的输入值有抑制作用。tanh 函数和 sigmoid 函数较为相似。

ReLU 修正线性单元对于输入的特征向量或特征图，能将其中小于 0 的元素变成 0，而保持其余元素的值不变，即为输出，计算简单快速，实践应用中效果好，在深度神经网络中得以广泛应用。

它们公式和图像分别如下所示：

sigmoid 函数的公式和图像(见图 4-17)为

$$\sigma(x) = \frac{1}{1 + e^{-x}}$$

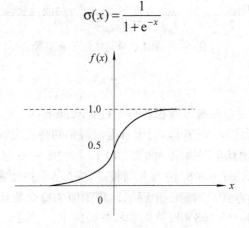

图 4-17 sigmoid 函数图像

tanh 函数的公式和图像(见图 4-18)为

$$\tanh(x) = \frac{1 - e^{-2x}}{1 + e^{-2x}}$$

➢ $\tanh(x) = 2\mathrm{sigmoid}(2x) - 1$

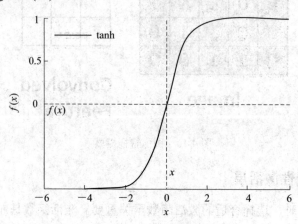

图 4-18　tanh 函数图像

ReLU 修正线性单元的公式和图像(见图 4-19)为

$$f(x) = \max(0, \ x)$$

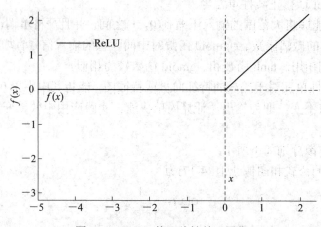

图 4-19　ReLU 修正线性单元图像

4.3.3　池化层

池化层也称为降采层。在通过卷积获得了特征(features)之后,下一步我们希望利用这些特征去做分类。理论上讲,人们可以用所有提取得到的特征去训练分类器,例如 softmax 分类器,但这样做面临计算量的挑战。例如,对于一个 96×96 像素的图像,假设我们已经学习得到了 400 个定义在 8×8 输入上的特征,每一个特征和图像卷积都会得到一个 (96−8+1)×(96−8+1)=7921 维的卷积特征,由于有 400 个特征,所以每个样例(example)都会得到一个 7921×400=3 168 400 维的卷积特征向量。学习一个拥有超过 3 百万特征输入的分类器十分不便,并且容易出现过拟合(Over-fitting)。为了解决这个问题,首先回忆一下，我们之所以决定使用卷积后的特征是因为图像具有一种"静态性"的属性，这也就意味着在一个图像区域有用的特征极有可能在另一个区域同样适用。因此，为了描述大的图像，一个很自然的想法就是对不同位置的特征进行聚合统计。例如，人们可以计算图像一个区域上的某个特定特征的平均值（我们采用的是最大值），如图 4-20 所示。这些概要统计特征不仅具有低得多的维度（相比使用所有提取得到的特征），同时还会改善结果(不容易过拟合)。这种聚合的操作就叫做池化 (pooling)，有时也称为平均池化或者最大池化。

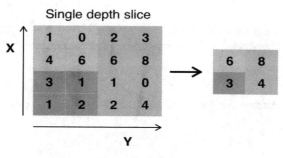

图 4-20 最大池化

4.3.4 全连接层

"完全连接"神经网络属于传统的神经网络，其中，每个输入都连接到每个输出，所以称为全连接层。全连接层的主要作用是将输入(比如图像)在经过卷积和池化操作后提取的特征压缩变换为特征向量，并且用若干相同维数的参数向量与该特征向量做内积运算(其实是一系列简单的矩阵运算)，全连接层最终输出一个向量，进入到 softmax 函数中去。图4-21 是一个全连接层的简化流程。

图 4-21 全连接层

4.3.5 softmax 归一化指数层

归一化指数函数 softmax 把向量$(z_1, z_2, \cdots, z_k)$"压缩"到另一个向量中，"压缩"指用函数 e^z 将元素的指数与所有元素指数和作比值，将输入映射为 0~1 之间的实数，这样所有元素的和为 1，这个过程被称为归一化。

softmax 的具体形式为

$$\sigma(z_j) = \frac{e^{z_j}}{\sum_{k=1}^{k} e^{z_k}} \tag{4.4}$$

下例比较清晰地显示了 softmax 是怎么计算的：

例 4.3　利用归一化指数函数(softmax)将向量(−3，1，3)归一化。

解　$e^{-3} = 0.0497$，$e = 2.7182$，$e^3 = 20.0855$，则

$$e^{-3} + e + e^3 = 22.8534$$

向量(−3，1，3)归一化为(0.0022，0.1189，0.8789)，如图 4-22 所示。

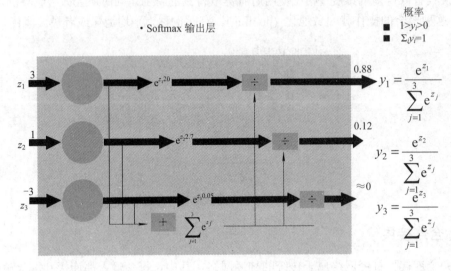

图 4-22　归一化

softmax 的含义是这样的："argmax"是"argument maximum"的缩写，"参数最大化"的意思，"argmax"函数的结果表示只选择值最大的那个参数，不问其他参数，相当于只有一个元素为 1，其余元素都为 0 的向量，因而不是连续和可微的，softmax 函数提供了 argmax 的"软化"版本，它是连续可微的。

4.3.6　AlexNet 网络架构

一个卷积神经网络通常包括多个顺序连接的层，其中卷积层、池化层、全连接层是最主要的部分。图 4-23 展示了一个 AlexNet(2012 年 ImageNet 调整冠军)的网络架构。

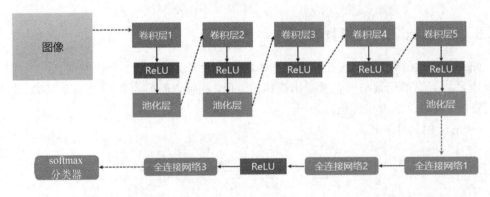

图 4-23　AlexNet 网络架构

AlexNet 包括五个卷积层、三个池化层和三个全连接层。卷积层的作用是学会识别输入数据的特性表征；在每一个卷积层后接一个 ReLU 单元以增加非线性因素；在第一层、第

二层和第五层的卷积层后连接着池化层，通过减少卷积层之间的连接，降低图像分辨率和运算复杂程度。在网络后部有三个全连接层以及一个 softmax 分类器用于预测图像所属的类别。对比传统机器学习来处理一张图像，我们需要通过人工设定的算法计算出图像内包含的特征值，进一步送入分类器，如 SVM 等，得出结果；而在深度学习应用中，我们只需要将大量有标记的数据作为训练数据(例如 1000 张猫和狗的图片)，那么当我们再次送入一张图片时，计算机能告诉我们这张图到底是猫还是狗。可以看到，机器学习算法中我们人工设计的特征，在深度学习中可以由计算机自主提取，并可以表达出更高层次的抽象特征。

深度学习的"深"表现为网络隐含层的数目多，更进一步地代表着海量的模型参数。AlexNet 只有 5 个卷积层，而 2014 年的 GoogleNet 的卷积层数目已经有 21 个，2015 年的 ResNet 含有 151 个卷积层，2016 年的 PolyNet 有多达 500 多个卷积层。虽然这些网络设计并非简单的纵向叠加，卷积层数目增加也不代表网络层数也会等比例增加，但是在大体上仍然是网络越深、效果越好。这些深度神经网络一遍遍刷新着各种挑战的最好成绩。图 4-24 是历年 ILSVRC 竞赛的冠军以及它们的分类错误率。

名称	2012 AlexNet	2014 GoogleNet	2015 ResNet
层数	8	22	152
卷积层数	5	21	151
错误率	16.4%	6.7%	3.57%

图 4-24 历年 ILSVRC 竞赛的冠军及其结构

4.4 循环神经网络

循环神经网络(Recurrent Neural Network，RNN)具有独特的循环体系，是一类用于处理序列数据的神经网络。就像卷积神经网络专门用于处理网格化数据(如图像)那样，循环神经网络专门用于处理序列数据。

前面在处理输入数据时，一直假设数据之间是相互独立的，输入与输出也是独立的，所以我们一直使用的是无反馈的前馈神经网络。但是，在现实世界里，很多东西都是互相关联的，比如前一时刻的股票和这一时刻的股票，前一时刻的天气和这一时刻的天气，是存在某种联系的。更通俗易懂地来说，"我来自法国，所以我会说'？'，从上下文理解来看，这里"？"应该填"法语"更合适，在此处填上"苹果"或者"汉语"显然是不合适的。但是，如果让全连接网络或者 CNN 去完成这件事就会相当困难，所以我们需要一个有记忆能力的网络，它就是循环神经网络。它的输出依赖于当前时刻的输入和记忆，在内部存在一定的反馈作用。

图 4-25 是循环神经网络的结构图和展开图,用一句话解释 RNN,就是一个单元结构重复使用。RNN 输入到隐藏的连接由权重矩阵 U 参数化,隐藏到隐藏的循环连接由权重矩阵 W 参数化,隐藏到输出的连接由权重矩阵 V 参数化。

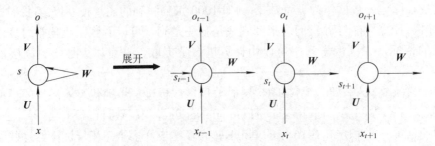

图 4-25　循环神经网络的结构和展开图

我们假设 x_t 代表 t 时刻的输入,s_t 代表 t 时刻的记忆,而 o_t 代表 t 时刻的输出,那么,当前时刻 t 的输出 o_t 是由记忆 s_{t-1} 和当前时刻的输入 x_t 决定的。这就好比现在你的知识水平,是由今年上过的课的内容(输入)和以前上过课的内容(记忆)相结合而成的。当然了,在我们构建网络过程中,也需要加入激活函数以引入非线性因素。

除了上述的单向 RNN 外,还有双向 RNN,即可以从下文推出上文, LSTM(长短时记忆网络)、GRU(门控循环单元)等,其中 LSTM 以及其变体 GRU 拥有更强大的记忆能力,在语音识别、机器翻译等领域内应用广泛。

可以用不同的神经网络实现既定目标。比如人脸识别任务中,人们更喜欢使用卷积神经网络(CNN),因为其本身的特点就适用于图像信息的处理。在语音识别领域内,循环神经网络(RNN)的应用更加广阔,因为其对有时序特征的数据处理效果好。近年来,也有使用 CNN+RNN 对时序信号进行处理的研究,同时使用 RNN 进行图像处理也取得了一定的进展。

4.5　应用案例——图像风格迁移

目前的深度学习技术,如果给定两张图像,完全有能力让计算机识别出图像具体内容,如图 4-26 所示。而图像的风格是一种很抽象的东西,人眼能够很有效地辨别出不同画家不同流派绘画的风格,而在计算机的眼中,图像本质上就是一些像素,多层网络的实质其实就是找出更复杂、更内在的特性(Features),所以图像的风格理论上可以通过多层网络来提取图像里面可能含有的一些有意思的特征。

将一幅图像的风格转移到另外一幅图像上被认为是一个图像纹理转移问题,传统上一般采用的是一些非参方法,通过一些专有的固定的方法(提取图像的亮度、低频颜色信息、高频纹理信息)来渲染。但是这些方法的问题在于只能提取底层特征而非高层抽象特征,而且往往一个程序只能做某一种风格或者某一个场景。随着 CNN 的日渐成熟,图像风格迁移技术也迎来了一次变革。需要注意的是,最近的很多应用型的研究成果都是将 CNN 渗透进各个领域,从而在普遍意义上完成一次技术的升级。

图 4-26

给定一张风格图像 a 和一张普通图像 p，风格图像经过 VGG 的时候在每个卷积层会得到很多 feature maps，这些 feature maps 组成一个集合 A，同样的，普通图像 p 通过 VGG 的时候也会得到很多 feature maps，这些 feature maps 组成一个集合 P，然后生成一张随机噪声图像 x，随机噪声图像 x 通过 VGG 的时候也会生成很多 feature maps，这些 feature maps 构成集合 G 和 F 分别对应集合 A 和 P，最终的优化函数是希望调整 x，让随机噪声图像 x 最后看起来既保持普通图像 p 的内容，又有一定的风格图像 a 的风格。

习　题

1. 验证例 4.1 中的"或"、"非"情形。
2. 验证例 4.2 中的其他三种情形。
3. 证明 4.3.1 中对 $\cos\theta$ 的两种定义的一致性。
4. 利用归一化指数函数(softmax)将向量(-1，2，3)归一化。

第五章　知识图谱

知识图谱作为在大数据时代下新颖的知识组织与检索技术，最早由谷歌提出，旨在提升搜索质量，改善用户的搜索体验。随着人工智能技术的发展和应用，知识图谱作为重要的知识表示为机器语言认知提供了丰富的背景知识，使得机器对人类自然语言的理解更加精确，逐渐成为人工智能关键技术之一，现已在智能搜索、智能问答、个性化推荐、内容分发等领域得到广泛应用。

知识图谱将应用数学、图形学、信息可视化技术、信息科学等学科的理论和方法与计量学引文分析、共现分析等方法结合，并利用可视化的图谱形象地展示各学科的核心结构、发展历史、前沿领域以及整体的知识架构，从而达到多学科融合目的的现代理论。知识图谱把复杂的知识领域通过数据挖掘、信息处理、知识计量和图形绘制而显示出来，揭示知识领域的动态发展规律，为学科研究提供切实的、有价值的参考。目前，知识图谱的应用在发达国家正逐步拓展并取得了较好的效果，但它在我国仍属起步阶段。

5.1　知识图谱场景应用

——"姚明"知识图谱展示

知识图谱离人们的生活并不遥远，例如用户使用搜索引擎搜索"姚明"，搜索结果页面的右侧还会显示与"姚明"相关的信息，比如姚明的女儿、配偶、曾经的队友、曾经合作的人物等，如图 5-1 所示。进一步点击可以查看身高、出生年月等具体信息，以此来帮助用户详细了解搜索对象的相关信息。而传统搜索引擎则需要用复杂度高、难以理解的关键词组合来实现，搜索结果也相对单一。

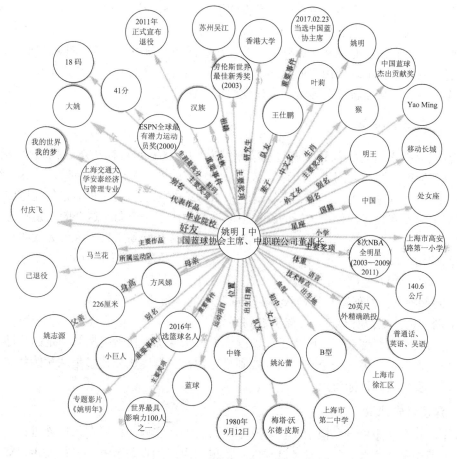

图 5-1 搜索"姚明"知识图谱展示

5.2 智 能 搜 索

　　智能搜索是目前搜索引擎的发展趋势，除提供传统的全网快速检索、相关度排序等基本功能外，还提供用户角色登记、用户兴趣自动识别、内容的语义理解、智能化信息过滤和推送等功能，为用户提供一个智能化、个性化的网络信息搜集工具。智能搜索引擎利用神经网络、关联规则、范例推理、模糊聚类、决策树、粗糙集、隐马尔科夫模型等技术实现分布式并行信息检索，以数据挖掘与知识发现为主要手段，加上自然语言理解、智能搜索代理、多媒体信息检索等技术的应用，进一步提高系统性能和检索的精度与效果。

　　传统搜索引擎通常是简洁的白色页面有一个搜索框，键入关键词后，就会得到一个搜索结果列表，结果只围绕这一个关键词展开。而决定用户体验的只有一个因素：结果是否足够多，排序是否足够准。

　　智能搜索引擎比如百度搜索，除了首页有了信息流外，用户左侧搜索结果列表页内容更加多样化，右侧延伸信息更加丰富。比如用户搜索"姚明"，页面右侧的关联内容列表有：中国运动员、相关人物、篮球圈体育人物等延伸信息。

信息的聚合似乎还不能让用户感知到搜索引擎的"智能"，顶多是"丰富"。例如用百度搜索知识图谱，百度会分辨出这是计算机学科，会推荐给用户相关数据、相关术语、以及一些前沿技术。智能引擎通过精准理解用户的问题，为用户生成个性化的搜索结果。

智能搜索引擎更能理解用户的意图。通过自然语言、关键词、语音和图片，揣摩用户想要搜索的内容，从而将精确搜索结果显现给用户。

5.2.1　状态空间搜索

状态空间搜索就是将问题求解过程表现为从初始状态到目标状态寻找这个路径的过程。简单理解就是两点之间求一线路，这两点是求解的开始和问题的结果，而这一线路不一定是直线，可以是曲折的。由于求解过程中求解条件的不确定性和不完备性造成求解问题的过程中分支有很多，使得求解的路径很多这就构成了一个图，这个图就是状态空间。问题的求解实际上就是在这个图中找到一条路径可以从开始到结果。这个寻找的过程就是状态空间搜索。

在对问题的状态空间进行搜索时，通常存在以下两种情况：

(1) 回溯搜索：只保留从初始状态到当前状态的一条路径。

(2) 图搜索：保留所有已经搜索过的路径。

常用的状态空间搜索有深度优先和宽度优先。深度优先搜索是按照一定的顺序先查找完一个分支，再查找另一个分支，直至找到目标为止。宽度优先搜索是从初始状态一层一层向下找，直到找到目标为止。

1．深度优先搜索

首先，我们来想象一只松鼠，在一座不见天日的迷宫内，松鼠在入口处进去，要从出口出来。那松鼠会怎么走？当然是这样的：松鼠如果遇到直路，就一直往前走，如果遇到分叉路口，就任意选择其中的一个继续往下走，如果遇到死胡同，就退回到最近的一个分叉路口，选择另一条道路再走下去，如果遇到了出口，松鼠的旅途就算结束了。深度优先搜索的基本原则就是按照某种条件往前试探搜索，如果前进中断(正如松鼠遇到死胡同)，则退回头，重新选择路径继续搜索，直到找到条件满足的目标为止。

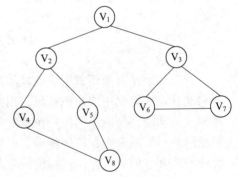

图 5-2　邻接矩阵图

如图 5-2 所示，重新选择路径邻接矩阵图，从图的某个顶点出发，访问图中的所有顶点，且使每个顶点仅被访问一次，这一过程叫做图的遍历。下面我们来看深度优先搜索是如何进行遍历的。

1) 深度优先搜索的思想

(1) 访问顶点 V_1。

(2) 依次从 V_1 的未被访问的邻接点出发，对图进行深度优先遍历；直至图中和 V_1 有路径相通的顶点都被访问。

(3) 若此时图中尚有顶点未被访问，则从一个未被访问的顶点出发，重新进行深度优先遍历，直到图中所有顶点均被访问过为止，如图 5-3 所示。

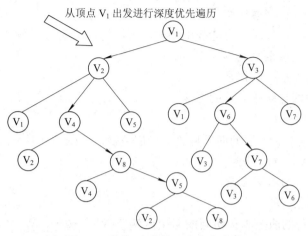

图 5-3　从 V_1 出发的深度优先遍历

2) 深度优先搜索的流程

① 首先输出 V_1，标记 V_1 的 flag=true；

② 获得 V_1 的邻接边[$V_2 V_3$]，取出 V_2，标记 V_2 的 flag=true；

③ 获得 V_2 的邻接边[$V_1 V_4 V_5$]，过滤掉已经 flag 的，取出 V_4，标记 V_4 的 flag=true；

④ 获得 V_4 的邻接边[$V_2 V_8$]，过滤掉已经 flag 的，取出 V_8，标记 V_8 的 flag=true；

⑤ 获得 V_8 的邻接边[$V_4 V_5$]，过滤掉已经 flag 的，取出 V_5，标记 V_5 的 flag=true；

⑥ 此时发现 V_5 的所有邻接边都已经被 flag 了，所以需要回溯。(左边黑色虚线，回溯到 V1，回溯就是下层递归结束往回返，如图 5-4 所示。)

⑦ 回溯到 V_1，在前面取出的是 V_2，现在取出 V_3，标记 V_3 的 flag=true；

⑧ 获得 V_3 的邻接边[$V_1 V_6 V_7$]，过滤掉已经 flag 的，取出 V_6，标记 V_6 的 flag=true；

⑨ 获得 V_6 的邻接边[$V_3 V_7$]，过滤掉已经 flag 的，取出 V_7，标记 V_7 的 flag=true；

⑩ 此时发现 V_7 的所有邻接边都已经被 flag 了，所以需要回溯。(右边黑色虚线，回溯到 V_1，回溯就是下层递归结束往回返，如图 5-4 所示。)

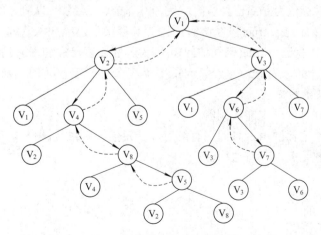

图 5-4　从 V_1 出发的深度优先遍历的回溯图

3) 深度优先搜索的性质

① 一般不能保证找到最优解；

② 当深度限制不合理时，可能找不到解，可以将算法改为可变深度限制；

③ 最坏情况时，搜索空间等同于穷举；

④ 与回溯法的差别：图搜索；

⑤ 是一个通用的与问题无关的方法。

2. 宽度优先搜索

所谓宽度，就是一层一层的向下遍历，层层堵截，如图 5-2 所示，如果是宽度优先遍历，则结果是 V_1、V_2、V_3、V_4、V_5、V_6、V_7、V_8。

1) 宽度优先搜索的遍历思想

步骤 1：访问顶点 V_1；

步骤 2：访问 V_1 的所有未被访问的邻接点 W_1，W_2，……，W_k；

步骤 3：依次从这些邻接点(在步骤 2 中访问的顶点)出发，访问它们的所有未被访问的邻接点；依此类推，直到图中所有访问过的顶点的邻接点都被访问。

说明：

为实现步骤 3，需要保存在步骤 2 中访问的顶点，而且访问这些顶点的邻接点的顺序为：先保存的顶点，其邻接点先被访问。

2) 宽度优先搜索的遍历流程

① 将 V1 加入队列，取出 V1，并标记为 true(已经访问)，将其邻接点加进入队列，则进入[V_2 V_3]；

② 取出 V_2，并标记为 true(已经访问)，将其未访问过的邻接点加进入队列，则进入[V_3 V_4 V_5]；

③ 取出 V_3，并标记为 true(已经访问)，将其未访问过的邻接点加进入队列，则进入[V_4 V_5 V_6 V_7]；

④ 取出 V_4，并标记为 true(已经访问)，将其未访问过的邻接点加进入队列，则进入[V_5 V_6 V_7 V_8]；

⑤ 取出 V_5，并标记为 true(已经访问)，因为其邻接点已经加入队列，则队列为[V_6 V_7 V_8]；

⑥ 取出 V_6，并标记为 true(已经访问)，因为其邻接点已经加入队列，则队列为[V_7 V_8]；

⑦ 取出 V_7，并标记为 true(已经访问)，因为其邻接点已经加入队列，则队列为[V_8]；

⑧ 取出 V_8，并标记为 true(已经访问)，因为其邻接点已被访问，则无进入。

3) 宽度优先搜索的性质

① 当问题有解时，一定能找到解；

② 当问题为单位耗散值，且问题有解时，一定能找到最优解；

③ 方法与问题无关，具有通用性；

④ 效率较低；

⑤ 属于图搜索方法。

5.2.2 盲目搜索策略

深度优先搜索是一种简单而暴力的穷举搜索，找到一条路径一直搜索直到中断为止，然后回溯继续搜索，我们将这种搜索策略称为盲目搜索。

盲目搜索又叫做无信息搜索，也叫做非启发式搜索。之所以被称为盲目搜索，是因为这种搜索策略是按照预定的控制策略搜索空间的所有状态，而不会考虑到问题本身的特性。深度优先搜索和宽度优先搜索就是典型的盲目搜索。

盲目搜索在搜索过程中获得的中间信息不用来改进控制策略。一般只适用于求解比较简单的问题，且需要大量的时间空间作为基础。算法如果不带有启发信息，就都是属于盲目搜索算法。常见的盲目搜索如下：

(1) 回溯搜索；

(2) 深度优先搜索；

(3) 宽度优先搜索；

(4) 等代价搜索；

(5) 与或图搜索。

盲目搜索策略通常在找不到解决问题的规律时使用。通常很多问题都没有明显的规律可循，所以不得不借助于盲目搜索策略。盲目搜索策略因为思路简单通常是被人们第一个想到的，对于一些比较简单的问题，盲目搜索确实能发挥奇效。

【八皇后问题】

在国际象棋中，皇后(Queen)是攻击力最强的棋子，皇后可横、直、斜走，且格数不限，吃子与走法相同。

1848 年国际象棋棋手马克斯·贝瑟尔提出了一个问题：在 8×8 格的国际象棋棋盘上摆放八个皇后，使其不能互相攻击，即任意两个皇后都不能处于同一行、同一列或同一斜线上，一共有多少种摆法？通过数学知识可以很容易的算出八皇后问题的解空间是 $8^8 = 16\,777\,216$。仅仅是 8 个棋子就产生了如此多的解空间！

八皇后问题的盲目搜索策略如下：

160 多万的解空间真的要全部搜索吗？当然不会，每个皇后都有自己的攻击范围，在摆放第 1 个皇后时，其他皇后的摆放位置也被某种程度的限定了。我们并不会对所有解空间进行搜索，而是随着步骤的进行，避开绝对不可能的解，从而有效地缩小了解空间的范围。

之后的皇后也采用这样的办法来摆放，这是一种试探法——先把皇后摆放在"安全"位置，然后设置她的攻击范围，再在下一个安全位置摆放下一个皇后；如果下一个皇后没有"安全"位置了，那么"悔棋"，重新摆放上一皇后；再不行就"大悔棋"，上上一个皇后也重新摆放，如图 5-5 所示。

这种带回溯的方法就是我们熟知的深度优先搜索——只管埋头前进，撞到墙才后退。我们以一种"顺序"的方式逐行落子，如果正好摆满了八个皇后，则该种摆法是八皇后问题的一个解；如果没有任何"安全"位置能够摆放下一个皇后，则进行"悔棋"操作。每落一子都要记住棋盘的状态，只有这样才能回溯，以便进行"悔棋"。每落一子都相当于在解空间内进行了一次搜索，如果加入计数器的话，会发现最终只进行了 15\,720 次搜索，这可比之前少了两个数量级。

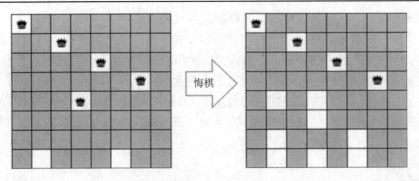

图 5-5　八皇后问题的试探法摆放示意图

5.2.3　启发式搜索策略

启发式搜索就是在状态空间中对每一个搜索的位置进行评估，得到最好的位置，再从这个位置进行搜索找到目标。这样可以省去大量无效的搜索路径，提高了搜索效率。启发式搜索是在搜索中加入与问题有关的启发性信息，用于指导搜索朝着最有希望的方向进行，加速问题的求解并找到最优解。

在启发式搜索中，对位置的估价是十分重要的。采用不同的估价可以有不同的效果。

启发式搜索中的估价是用估价函数表示的，如：最佳优先搜索的形式称为 A*搜索。它把到达节点的耗散 $g(n)$ 和从该节点到目标节点的消耗 $h(n)$ 结合起来对节点进行评价，即估价函数 $f(n)$。估价函数 $f(n)$ 的一般形式为：

$$f(n) = g(n) + h(n)$$

其中，$g(n)$ 是从任意状态 n 到起始状态的路径长度，$h(n)$ 是状态 n 到目标距离的启发性估计。估价函数的 $g(n)$ 分量是这种搜索带有更多的宽度优先性，这防止了搜索被错误的评估所误导：如果启发对一条无法到达目标的路径上的状态连续给出"好的"评估，那么 g 值会上升来控制 f，从而迫使搜索返回一条较短的解路径，保证算法不会永久迷失。当然，也可以让 $g(n) = 0$，来更快地找到目标；或者让 $h(n) = 0$，就是宽度优先搜索。

启发算法有：　蚁群算法，遗传算法、模拟退火算法等。

5.3　知识图谱技术

知识图谱是以结构化的形式描述客观世界中存在的概念、实体及其相互间的复杂关系。概念也称为类，是某一领域内具有相同性质的对象集合的抽象表示。实体即概念中的特定元素，往往是客观世界中存在的具体的事物。关系描述的是实体与实体之间、概念与实体之间的关联，通过人为构建和定义，去除描述实体和概念间的简单关系，保留所属关系和特性。在一个社交网络知识图谱里，我们既可以有"人"实体，也可以包含"公司"实体。人和人之间的关系可以是"朋友"关系，也可以是"同事"关系。人和公司之间的关系可以是"现任职"或者"曾任职"的关系，如图 5-6 所示。类似的如图 5-7 所示，有"山东省"、"济南市"两个实体，两者各有自己的属性，两者之间则存在"provincial_capital"关系。

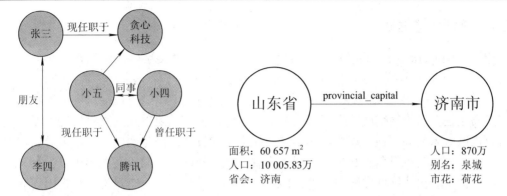

图 5-6 社交网络　　　　　　　图 5-7 省市关系

知识图谱是一个由知识点或节点相互连接而成的语义网络。该网络中的知识点表示概念或者实体，边界则由属性或关系构成。知识图谱的最初形态是知识卡片(knowledge card)，传统的搜索引擎把包含用户输入的搜索关键词的页面作为搜索结果返回给用户，知识卡片可以为用户提供更多与搜索内容相关的信息。知识卡片不仅能够提供搜索对象的概要信息(如姓名、籍贯、职业等)，还可以展示被搜索对象与其他实体之间的关系。比如在搜索引擎中搜"知识图谱"，会展示知识图谱的相关知识摘要，用户通过摘要信息，精确、快速定位搜索结果。

知识图谱的构建应用了知识工程和自然语言处理的很多技术，包括知识抽取、知识融合、实体链接和知识推理。知识的获取是多源异构的，从非结构化数据中抽取知识是构建数据库，包括实体、关系、属性及属性值的抽取。对不同来源的数据需要做去重、属性归一及关系补齐的融合操作，并把这些知识储存在图数据库中，用户需要搜索的信息可以在图数据库中进行快速精确的查找，并展示给用户。同时根据图谱提供的信息可以推理得到更多隐含的知识，常用的知识推理方法有基于逻辑的推理和基于图的推理。使用知识图谱需要自然语言处理和图搜索算法的支持。

周星驰的简单知识图谱，如图 5-8 所示，传统的搜索结果，可以查到方框中关联度比较高的信息，比如出生地、作品、艺名、祖籍等相关信息。现在结合知识推理、知识搜索等技术和算法可以得到隐含和高度结构化的信息，比如香港回归时间、特首、演员等信息。

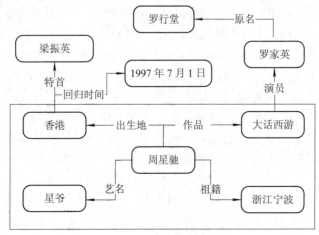

图 5-8 周星驰知识图谱

5.3.1　资源描述框架

超文本(Hypertext)是用超链接的方法将各种不同空间的文字信息组织在一起的网状文本。1989 年蒂姆·伯纳斯·李(Tim Berners-Lee)突破性地提出将超文本链接到 Internet 上，建立万维网(Web)：用户通过超链接浏览互联网上的各类资源，也可以通过互联网将自己的信息发布出去，万维网彻底改变了人类的工作和生活方式。随着互联网应用的不断扩展，现有万维网技术的局限性也逐渐显露出来。超文本的设计思想是面向用户，需要用户理解网页内容，而计算机只负责解析和展示。也就是说，互联网上的语义内容可以很容易地被人知悉，但不会被计算机理解和计算。1999 年，蒂姆·伯纳斯·李，进一步提出建立下一代扩展的万维网——语义 Web。语义 Web 是对传统超文本的扩展。在语义 Web 中，信息内容具有良好的语义定义，计算机可以理解并自动存取语义信息并进行推理、完成特定任务的智能服务，使计算机和用户能够更好地协同工作。语义 Web 需要将用户理解的互联网内容变成面向机器理解的语义内容，需要全新的知识表示手段。

为了方便计算机处理和理解，我们需要更加形式化、简洁化的方式表示知识，比如资源描述框架 RDF。资源描述框架 RDF(Resource Description Framework)在 2004 年成为万维网联盟 W3C 的标准，是语义网的核心内容之一，是对万维网上的资源进行语义化和形式化描述的框架。实现语义网有以下三个功能：一是保证了语义网的内容有准确的含义；二是保证了语义网的内容可以被计算机理解并处理；三是可以通过各种网页中的内容集成进行自动数据处理。RDF 主要是以三元组 SPO(Subject，Property，Object)来符号性描述网络上的资源，提供了一种机器可读可理解的资源描述格式。

一般而言，知识图谱中包含实体、语义类、属性值三种节点。用三元组(Triple)表达概念、实体和关系。具体使用时将三元组结构转换为计算机可读可处理的线性字符串。三元组的基本形式主要包括(实体 1-关系-实体 2)和(实体-属性-属性值)等，一个 RDF 三元组被称为一个 RDF 陈述(Statement)，这些陈述经过关系的联结，不断地扩张，构成了相互关联的 RDF 数据(关联数据)。一个 RDF 数据模型是一个图数据模型，各种实体通过关系联结在一起，实体又有自己的属性(字面量)，形成了一个网。

每个实体(概念的外延)可用一个全局唯一确定的 ID 来标识，每个属性-属性值对(Attribute-Value Pair，AVP)可用来刻画实体的内在特性，而关系可用来连接两个实体，刻画它们之间的关联。如图 5-9 所示的知识图谱，中国是一个实体，北京是一个实体，中国-首都-北京是一个(实体-关系-实体)的三元组样例。北京是一个实体，人口是一种属性，2069.3 万是属性值。北京-人口-2069.3 万构成一个(实体-属性-属性值)的三元组样例，实体间通过关系相互联结，构成网状的知识图谱。

原始数据分为结构化数据、半结构化数据和非结构化数据，根据不同的数据类型，采用不同的方法进行处理，然后存放在对应的数据库中。半结构化数据，主要是指具有一定的数据结构，但需要进一步提取整理的数据，比如百科的数据、网页中的数据等。对于这类数据，主要采用包装器的方式进行处理。结构化数据通常是关系型数据库的数据，数据结构清晰。非结构化数据是数据结构不规则或不完整，没有预定义的数据模型，不方便用数据库二维逻辑表来表现的数据，包括所有格式的办公文档、文本、图片、XML、HTML、各类报表、图像和音频/视频信息等。

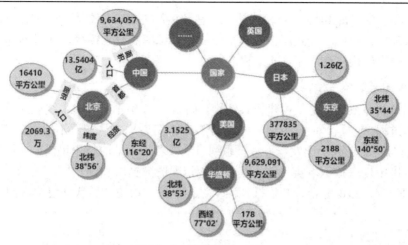

图 5-9　知识图谱示例

数据结构的基本单位是实体，实体是文本中承载信息的语言单位，文本的语义可以表述为实体及这些实体相互之间的关联。

例如："31 日上午，历下实验小学的学生在山东省人工智能产业园参观 AI 教育成果展"这段文本中，包含下面的实体：

- 时间实体——31 号上午；
- 人物实体——学生；
- 机构实体——历下实验小学；
- 地点实体——山东省人工智能产业园；
- 目标实体——AI 教育成果展。

给定文本，将其中的实体标注出来，就是实体识别。实体识别可以发现文本中的有效实体，也是知识图谱构建的基础，然后将这些实体与现有知识库中的实体做比对，这个技术叫做实体链接。搜索引擎给用户提供了大量的链接，通过链接可以精确查询结果。

例如：在旧金山的发布会上，苹果为开发者推出新编程语言 Swift。这个句子中出现实体"旧金山"、"苹果"、"Swift"，我们要进一步将这些实体与知识库中现有的实体做链接，这里就有大量多义情况出现：

- 苹果，包括：苹果(水果)、苹果(公司)、苹果(电影)、苹果(银行)；
- Swift，包括：Swift(单词)、Swift(品牌)、Swift(程序语言)。

根据当前的上下文，判断苹果应该是"苹果(公司)"，Swift 应该是"Swift(程序语言)"。通过文本链接，查找数据库，寻找实体之间的关系。

5.3.2　知识图谱的架构

知识图谱的架构包括自身的逻辑结构以及构建知识图谱所采用的技术(体系)架构。

1. 知识图谱的逻辑结构

知识图谱在逻辑上可分为模式层与数据层两个层次，数据层主要由一系列的事实组成，而知识将以事实为单位进行存储。如果用(实体 1，关系，实体 2)、(实体、属性，属性值)这样的三元组来表达事实，可选择图数据库作为存储形式，例如开源的 Neo4j、Twitter 的

FlockDB、sones 的 GraphDB 等。模式层构建在数据层之上，是知识图谱的核心，通常采用本体库来管理知识图谱的模式层。本体是结构化知识库的概念模板，通过本体库而形成的知识库不仅层次结构较强，而且冗余程度较小。

2. 知识图谱的体系架构

知识图谱的体系架构是指构建模式结构，如图 5-10 所示。其中虚线框内的部分为知识图谱的构建过程，也包含知识图谱的更新过程。知识图谱构建从最原始的数据(包括结构化、半结构化、非结构化数据)出发，采用一系列自动或者半自动的技术手段，从原始数据库和第三方数据库中提取知识事实，并将其存入知识库的数据层和模式层，这一过程包含知识抽取、知识表示、知识融合、知识推理四个过程，每一次更新迭代均包含这四个阶段。

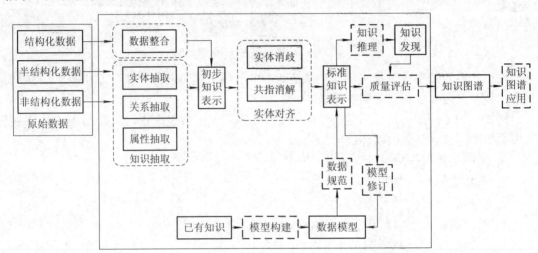

图 5-10　知识图谱的技术架构

知识图谱主要有自顶向下(top-down)与自底向上(bottom-up)两种构建方式。自顶向下指的是先为知识图谱定义好本体与数据模式，再将实体加入到知识库中。该构建方式需要利用一些现有的结构化知识库作为其基础知识库，例如 Freebase 项目就是采用这种方式，它的绝大部分数据是从维基百科中得到的。自底向上指的是从一些开放链接数据中提取出实体，选择其中置信度较高的加入到知识库中，再构建顶层的本体模式。目前，大多数知识图谱都采用自底向上的方式进行构建，其中最典型的就是 Google 的 Knowledge Vault 和微软的 Satori 知识库，也符合互联网数据内容知识产生的特点。

知识图谱具有强大的关系搜索和推理能力，能帮助用户快速地找到正确的信息，展示更恰当的摘要。搜索引擎利用特定的算法计算出用户最关心的内容，只把这些用户最感兴趣的内容呈现出来，避免展示过多无用的信息，避免浪费用户的时间和展示空间。知识图谱可以激发用户的求知和探索欲望，用户可以了解到之前不知道的知识，以及这些不同知识之间的关联。顺着知识图谱可以探索更深入、广泛和完整的知识体系，让用户发现他们意想不到的知识。

5.3.3　图数据库

图数据库(Graph Database)是基于数学里图论的思想和算法而实现的高效处理复杂关系

网络的数据库，也可称为面向/基于图的数据库。图数据库的基本含义是以"图"这种数据结构存储和查询数据，应用图形理论存储实体之间的关系信息。

目前大规模的知识图谱一般采用图数据库作为最基本的存储引擎，将知识(数据)存储在图数据库中，基本元素是节点和关系。节点表示知识图谱的对象(实体)，一般用边表示知识图谱的对象关系，关系可以连接节点，节点和关系都可以拥有自己的属性。图数据库的数据模型主要是以节点和关系(边)来体现，也可以处理键值对。优点是能快速解决复杂的关系问题。图数据库善于高效处理大量的、复杂的、互连的、多变的数据，计算效率远远高于传统的关系型数据库。

知识图谱中的数据信息每天都会有变化，可以使用 Hadoop 这种适合批量离线处理的系统作为离线更新系统，在 Hadoop 上只计算增量变化可以提高效率；另外采用这个思想有利于知识图谱支持用户编辑，将用户的编辑操作记录在 Mysql 里，并且实时更新到图数据库里；图数据库作为存储知识图谱数据的系统，用的是分布式图数据库，对于开源而言，一般是用 neo4j；为了支持模糊和分词查询，可将数据同步到 elastic search，如图 5-11 所示。

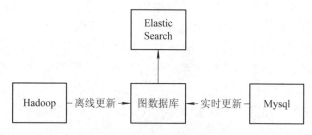

图 5-11　图数据库的更新

Neo4j 是一个高性能的 NoSQL 图数据库，它将结构化数据存储在网络上而不是表中。Neo4j 的数据存储形式，主要是通过节点(node)和边(edge)来组织数据。节点可以代表知识图谱中的实体，边可以用来代表实体间的关系，关系可以有方向，两端对应开始节点和结束节点。

另外，可以在节点上加一个或多个标签(Node Label)表示实体的分类，以及一个键值对集合来表示该实体除了关系属性之外的一些额外属性。关系也可以附带额外的属性。

在选择图数据库作为存储引擎之后，如何设计我们的存储数据结构呢？

首先抽取所有节点的公有属性作为节点的基本属性，比如节点 id、节点名称、创建时间等，这样的节点基本属性一旦固定下来就不需要变化了。

其次对于节点的非基本属性，全部作为图中的边来处理。比如对音乐节点的发行年份属性，连出一条边指向类型的节点，边上有边名和边属性，边名就是发行年份，边属性是具体年份。

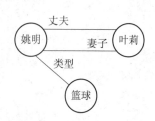

图 5-12　节点间的关系

最后是对于节点和节点之间的关系，使用边来表示，如图 5-12 所示。比如姚明和叶莉之间有一条"丈夫"的边，有一条"妻子"的边。另外我们的节点类型，也是用边关系表示，例如姚明和篮球运动员之间，有一条"类型"的边。

5.4　知识图谱应用案例

电商网站的主要目的之一就是通过对商品的文字描述、图片展示、相关信息罗列等可视化的知识展现为消费者提供最满意的购物服务与体验。通过知识图谱可以提升电商平台的技术性、易用性、交互性等影响用户体验的因素。

阿里巴巴是应用知识图谱的代表电商网站之一，它旗下的一淘网不仅包含了淘宝数亿的商品，更建立了商品间关联的信息以及从互联网抽取的相关信息，通过整合所有信息，形成了阿里巴巴知识库和产品库，构建了它自身的知识图谱。

当用户输入关键词查看商品时，知识图谱会为用户提供此次购物方面最相关的信息，包括整合后分类罗列的商品结果、使用建议、搭配等。

下面以电商领域知识图谱构建为例，介绍知识图谱的一般构建过程。

(1) 确定领域本体，一个本体描述的是一个特定的领域。例如要描述的领域是"电商"。

(2) 列举领域内的术语集合，指定领域中的一组重要概念。例如，要描述"电商"这个领域，可以列举出"商品""卖家""买家""厂家"等概念。

(3) 确认基本术语之间的关系，包括分类、类间层次结构和属性等，即确定概念之后，再确定这些概念之间的关系，如并列关系、包含关系和关联关系等，"平台"与"卖家"是包含关系。

(4) 添加约束规则，包括属性约束(例如商品品牌、大小和重量等)、值约束(如只有卖家才可以发布商品)等。

(5) 定义实例，将具体的实例信息导入到之前建立的结构中，形成知识库。

(6) 检查和验证，通过对本体自身的不一致和置入本体的实例集进行一致性检查。

习　　题

1. 什么是智能搜索？简述搜索引擎的发展历程。
2. 简述深度优先搜索和宽度优先搜索的性质。
3. 常见的盲目式搜索策略有哪些？
4. 列举 3 种以上的启发式搜索算法，找出最佳的启发式搜索算法。
5. 简述知识图谱的应用领域。

第六章　AI 图像技术

6.1　图像技术应用场景——视课智慧课堂系统

　　人工智能赋能教学管理，以"人工智能+"的思维方式和大数据、云计算等新一代信息技术打造的智能、高效的课堂。有助于老师及时了解学生的课前、课中和课后三个环节的状态，比如到课时间、到课率、课堂表现、内容接受程度等，有利于老师进行学情分析、预习测评、教学设计等。

　　利用人工智能技术分析和改进学习行为、变革传统课堂已成为一种必然趋势。视课智慧课堂系统是一套智能化教室系统，主要包括人脸识别摄像机、人脸抓拍、特征对比和人脸资料库，如图 6-1 所示。

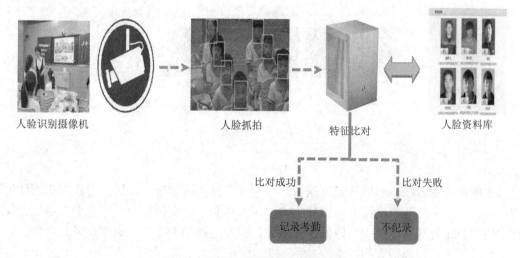

图 6-1　视课智慧课堂系统的组成部分

　　每个教室中都有人脸识别摄像机可以进行人脸抓拍，摄像机安装在教室前方的左上角或右上角，高度大于 3 米，一般比人的身高更高一些，摄像头的安装角度向下倾斜 20°～45°，利用摄像头的自动聚焦功能来调整以获得清晰、大小合适的画面。方便抓取学生的到课情况、上课状态、课余状态等信息。

　　人脸是刚性的生物特征识别，每个人有不同的特征，采集人脸数据不需要人为主动的配合，非接触式、用户友好，无需摆拍等，人脸动态识别在用户无感知情况下完成认证。视课智慧课堂系统可实现多脸识别并集中管理，可对师生的情况进行有效管理。系统将采集的图像传送至人脸库进行特征对比，对比成功则显示该学生到课。若人脸库中某位学生的图像没有被匹配，则表明该学生没有到课。

视课智慧课堂系统有教务管理、课表管理、考勤分析、历史记录和设备管理模块。教务管理模块有助于教务人员统计包含学期学年管理、教室信息、学生信息、教师信息、班级信息、课程信息和课程节次，如图 6-2 所示。考勤模块中的班级考勤节约了传统课堂老师点名的时间，视课智慧课堂系统可以实时统计学生的情况，包含班级人数、时间、上课教室、任课老师、应到人数、未到人数等信息。点击学生的信息可以跳转到他本周这门课的上课情况表。

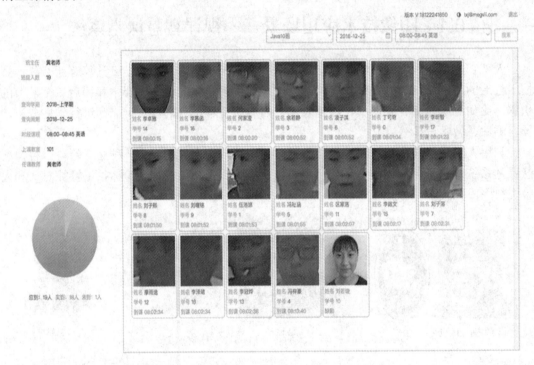

图 6-2　课堂管理

传统的考勤方法，一般有走班制考勤、卡式考勤、宿舍考勤。这些考勤方式统计考勤难度大，对学生考勤带来很大的挑战。比如卡式考勤，存在替打卡、忘带卡、卡丢失等各种不便，异常处理费时费力、降低工作效率，给教师增加工作量。而宿舍考勤制度会给学生宿舍管理人员造成很大的困难，并且很难了解学生晚归、早归、不归和私自停留宿等情况，无法避免外来人员混入宿舍情况，存在安全隐患。

人工智能校园管理系统是利用计算机、物联网、RFID 射频识别与无线通信技术，打造校园安全、校园支付、家校沟通、信息采集四大数字化校园专家，可以方便快速地了解学生的日常情况，实时反馈学生状态、考勤、上课、考试、作业、体检、消费等信息。学校可以通过以上信息管控学生日常行为和安全，及时对问题学生进行心理干预。

通过视课智慧课堂系统获得的数据，综合分析学生的成绩、课堂表现、性格和爱好，调整教学策略，开展适合学生发展的教学模式，让教育更懂学生，及时提高学生的创新思维能力、沟通能力和动手能力，培养新一代人工智能人才，提高学生的综合素养。

6.2　计算机视觉

6.2.1　计算机视觉概述

广义上，计算机视觉就是"赋予机器视觉感知能力"的学科，用视觉传感器代替人眼、中央处理器(CPU)代替大脑对目标进行检测、识别、跟踪和测量，经过设备处理后，可以输出清晰的分类信息或解释信息。如图 6-3 所示，描述了从获取图像到读懂图像的过程。人类通过眼睛观察获取环境信息，并通过神经系统传送给大脑，认知环境中的信息。计算机用摄像头捕捉信息并通过 CPU 来实现人类的这一系列反射活动。

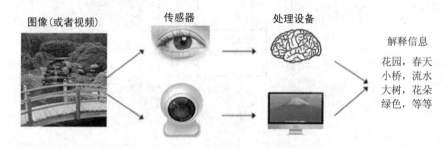

图 6-3　识别图像的过程

加州大学洛杉矶分校统计学和计算机科学的专家曾表示"人的大脑皮层的活动大约70%是在处理视觉相关信息，视觉就相当于人脑的大门，在人工智能时代为机器人配备视觉系统是非常自然的想法。如果不能处理视觉信息的话，整个人工智能系统就是个空架子，只能做符号推理，无法感知真实世界，无法研究真实的人工智能。"计算机视觉既是工程领域也是科学领域中一项重要的研究。从工程的角度来看，它寻求自动化人类视觉系统可以完成的任务。计算机视觉的研究就是给机器赋能的过程，模拟一系列的人类的感知和认知能力。让机器人能够识别物体并给出定位信息，可以获得丰富的环境信息，以此来辅助机器完成人类日常任务。

计算机视觉涉及计算机科学与技术、软件工程、信号处理、物理学、应用数学、统计学、神经生物学和认知科学等学科，如图 6-4 所示。随着近些年计算机软硬件的快速发展，计算机视觉研究吸引了各个学科的研究者参与其中，计算机视觉系统也充分融合了这些学科的知识。物理学中的电磁波遇到物体表面可被反射形成图像，以及视频是可用流体运动技术表示，因此计算机视觉可看做是物理学的拓展。

神经生物学尤其是其中生物视觉系统的部分，眼睛、虹膜、神经元以及与视觉刺激相关的脑部组织都进行了广泛研究，这些研究得出了一些有关"天然的"视觉系统如何运作的描述，同时计算机视觉领域中，深度学习方法就是模拟人类的神经系统，让机器可以自己学习并提升性能。

计算机视觉的历史可追溯到 20 世纪 50 年代，主要在工业和科学领域中进行简单的二维图片处理。60 年代，计算机视觉取得了飞跃式的发展，也是当代最流行的机器学习和深度学习的基础。伴随着数字计算机、信号技术、模式识别的发展，计算机视觉技术也得到了迅猛的发展，理论和方法得到了进一步的完善。20 世纪 70 年代后期，计算机就具有了处理大规模数据的能力，计算机视觉应用系统也开始出现，比如美国邮电系统大规模使用手写体文字识别。1982 年，英国神经系统学家和心理学家大卫·马尔(David C.Marr)的《视觉》一书问世，大卫·马尔在书中提出了一套完善的计算机视觉理论，标志着计算机视觉成为了一门独立学科。

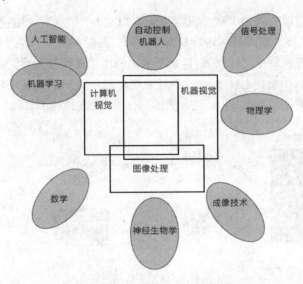

图 6-4 计算机视觉学科框架

随着互联网和物联网的快速发展，计算机硬件性能的提高，深度学习算法的深入研究，能收集到庞大的数据量助推计算机视觉向更加复杂的领域前进，目前，计算机视觉研究的问题趋向于非线性的问题，比如图像描述、场景理解、事件推理等，从对单幅图像或视频的研究转变为对复杂图像的理解，这样的理解可能包括自然语言翻译、语义解析、场景理解、逻辑推理和预测等趋向于多学科的融合创新。

计算机视觉的研究目标是使计算机具备人类视觉器官的能力，可以观察和理解世界，能看懂图像内容、理解动态场景，具备自适应能力。期望计算机能自动提取图像、视频等视觉数据中蕴含的层次化语义概念及多语义概念间的时空关联等。

6.2.2 计算机视觉处理

计算机如何感知外部世界呢？计算机通过工业相机、摄像机、扫描仪等设备获得各种环境下的图片或视频，每幅图片在计算机内存中以二维数组的方式参与计算，数组的元素代表像素值的大小。该数组的基本单元称为像素，每个像素的颜色、亮度或距离等属性在计算机内存中可以用一个数字表示，通过算法可以很轻松地对这些像素进行处理。计算机视觉处理过程如图 6-5 所示。

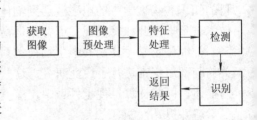

图 6-5 计算机视觉处理过程

(1) 由于采集设备获取的图像，场景因素不可控，不需要人为主动的配合图像采集设备。比如监控系统，在任何允许的场景下实时录像，形形色色的行人，穿着打扮不一、有没有戴墨镜口罩等遮挡物，因此获得的图像数据一般特别复杂。为了更好的处理这些数据在图像传入计算机系统时，首先要对图像做简单的预处理，比如图像的尺寸、颜色、光照、噪点，可以采用直方图均衡化、灰度拉伸、中值滤波等技术进行图像增强、图像复原、图像压缩等，经过预处理的图像，细节更加鲜明，特点更加突出，并且去除了图像中的一些不相关的信息，降低了存储空间，为后续特征提取、匹配、检测和识别过程提高可靠性、稳定性。

(2) 图像预处理是一幅图像到图像的过程，通过处理操作可以改善图像的视觉效果，更加突出图像中感兴趣的目标，有利于对目标进行检测和测量，对图像进行压缩编码，可以减少存储空间、缩短传输时间，降低对传输通道的要求。

数字图像预处理中改善视觉效果的常用方法有图像增强和图像复原技术。图像增强技术针对图像的应用场合，有意的突出我们感兴趣的区域，如强化图像高频分量，可使图像中物体轮廓清晰，细节明显；如强化低频分量可减少图像中噪声影响比，如图 6-6 所示，增强前景中人物形象的显示区域，抑制不感兴趣的特征，从而增强图像的判读和识别效果，增加在特定环境下获取必要信息量，适合计算机分析处理。

图 6-6　图像增强

图像在获取、传输、保存的过程中，由于各种因素的干扰，如摄像机设备中光学系统的衍射、成像系统中存在的噪声干扰、传感器特性、成像设备与物体之间的相对运动、感光胶圈的非线性及胶片颗粒噪音、成像设备质量问题等；在存储过程中，纸质照片出现褪色现象；传输过程中噪音、传输设备等因素。可能造成图像失真、变形、质量下降。为了解决这种现象，可以用图像复原技术，如图 6-7 所示。图像复原是一个估计过程，不同的图像借助不同的图像复原模型来改善视觉效果。常用的图像复原模型有噪音模型、集合模型、一维离散退化模型和二维离散退化模型等。

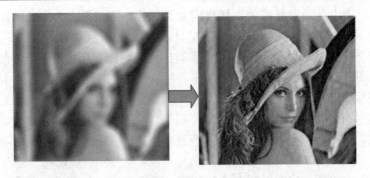

图 6-7　图像复原

(3) 特征是不同对象相互区别的特点或特性，或者是不同对象共有的特点或特性的集合，是通过测量或处理能够抽取的数据。特征选择和提取是深度学习的基础，经过预处理的图像，特征鲜明，有利于特征提取。图像的特征一般是能直观感受到的自然特征，比如角点、边缘、灰度、线条纹理的交叉点、T 型交汇点等，如图 6-8 所示。还有些特征需要通过变换或处理得到，如直方图、主成分等。特征选择和提取的基本任务是如何从众多特征中找出有效的特征，图像特征提取决定特征的分类，特征提取的结果是把图像上的点分为不同的子集，这些子集的信息往往是互相孤立的。

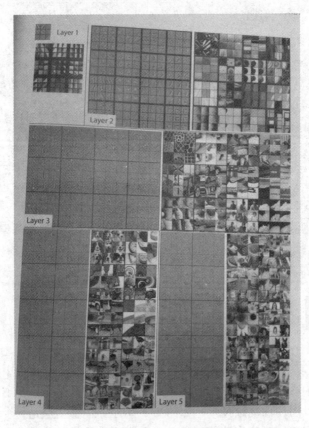

图 6-8　卷积神经网络层次特征

(4) 图像检测是检测一幅图像中的信息是否有我们感兴趣的部分，确定这些目标对象的语义类别，并通过某种方法标注出来在图像中的位置，如图 6-9 所示。

图 6-9　人脸检测

人脸检测是一个复杂的模式检测问题，人脸检测主要考虑以下问题：

① 人脸具有相当复杂的细节变化，不同的外貌特征如脸形、肤色等，不同的面部表情如眼睛、嘴巴的开与闭等，面部侧斜角度。

② 人脸的遮挡，如帽子、口罩、眼镜、头发和头部饰物以及其他外部物体等。

(5) 图像识别是在人工智能时代使用最广泛的技术，利用计算机对采集到的图像进行处理、分析和理解，可以针对目标进行识别，每个目标物体都有不同的特征，应用训练好的模型，可以快速找出视频流中的相似物体。这里的相似性一般指局部相似性，也就是根据需要设计某种图像匹配算法判断两幅图像是否是对同一物体或场景所成的图像，理想的图像识别模型应该是针对同一物体在不同场景中的相似度特别高，认为是同一物体，否则相似度很低，认为是不同物体，如图 6-10 中(a)图所示。

比如识别现实场景中的嫌疑分子，嫌疑分子的动作和场景千变万化，但是抛开这些变化的因素，嫌疑分子的面部特征、身体特征、动作特征等信息是不变的，通过在多种场合下获取到的数据进行对比分析，最终确定嫌疑分子的位置。在网络上找到对应的商品信息；郊外旅游看到一朵不认识的花，拿出手机扫一扫，会展示出这朵花的相关信息介绍，如图 6-10 中(b)图所示。

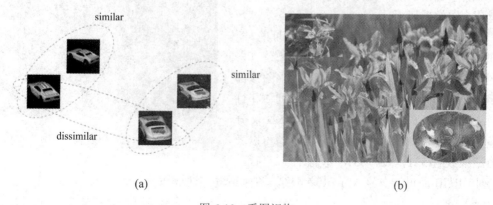

(a)　　　　　　　　　　　　　　　　　　(b)

图 6-10　看图识物

6.3　图像处理

图像是表达信息、思想沟通的重要载体，能够包含丰富的信息，是自然景物的客观反映。生活中 80%的信息来自人的视觉接收的图像，图像是人类感知世界的视觉基础，是人类获取信息、表达信息和传递信息的重要手段。如果想用语言和文字清晰准确地描述一幅场景，显然是不可能的，正所谓"百闻不如一见"。

图像可分为模拟图像和数字图像。模拟图像是连续的、三维的，模拟图像是光辐射能量作用在客观物体上，经过反射、折射和自然界中光的作用产生的，通过物理量的强弱变化来表现的。而数字图像则是模拟图像经计算机离散化或数字化得到的。那么计算机中的图像是如何表示的呢？数字图像伴随着计算机应运而生，数字图像是数字图像处理和分析的对象，因此根据图像记录方式的不同可分为两大类模拟图像和数字图像，数字图像是模拟图像经过离散化或数字化得到的。

6.3.1　图像数字化

一般的照片、图纸、印刷品图像等原始信息都是连续的模拟图像，模拟信息在二维坐标系中是连续变化的，模拟图像依赖于色彩体系或颜色媒体。数字图像则完全用数字的形式来表示图像上各个点的颜色信息。一幅静态图像可用一个二维数组 $f(x, y)$描述，(x, y)表示二维图像空间中的一个坐标点，f表示该点形成的某种性质的关系。比如，彩色图像可以用(x, y, t)表示，t代表通道数。数字图像要用具体的颜色媒体才能显示和表现，即数字图像最终还是要通过模拟图像来表现。数字图像可以长时间保存而不会失真。另外，数字图像是离散的，在颜色浓淡变化方面是连续的。

数字图像是图像在计算机中的描述，是离散的状态。数字图像实际上是由许多基本的图像单元组成，基本单位是像素(Pixel)，像素具有颜色能力，可以用 bit(位)来度量，像素是正方形的，像素的大小取决于组成整幅图像像素的多少。图像的分辨率是指图像单位面积内的像素数，分辨率越高，图像越清晰。

计算机内存是按字节进行编码和寻址的，图像在计算机中是用像素值表示的。图像经过采样、量化、压缩转化为数字图像，每一幅图像都有相应的宽和高，分别代表这幅图像的列数和行数，例如，一张宽度为 521px，高度为 521px 分辨率的灰度图，如图 6-11 所示。这幅图可以表示为三维数组(521，521，3)，意思是 521 行，521 列，RGB 通道，分别表示图像宽度、图像高度、通道数。

图 6-11　图像的数字化

其中，图像的像素值的取值范围为 0～255，纯白色为 255，黑色为 0。例如，第一行第一列的像素取值为 142，以此类推，这幅图像在计算机内存中的表示如下：

[[[142 142 142]　　　[81　81　81]
　[143 143 143]　　　[87　87　87]
　[143 143 143] ……[89　89　89]]]

即这幅图像有 521 列和 521 行，因此图像在计算机内存中可以用数字矩阵表示，如图 6-12 所示，左上角像素为坐标原点，一幅大小为 $m \times n$ 的数字图像用矩阵可以表示为图，每个点代表一个像素点的值，其中连续图像 $f(x, y)$ 是经过数字化后，可以离散的组成矩阵 F(二维数组)来表示。

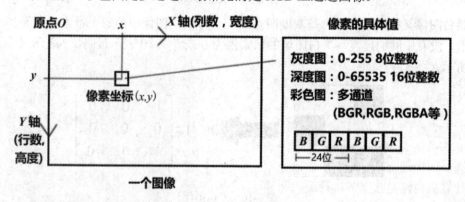

图 6-12　图像的矩阵表示

最简单的图是单通道的灰度图，一幅灰度图中，每个像素的位置(x, y)对应一个灰度值，如图 6-13 所示，像素值的取值范围为 0～255，灰度级数是 256，8 位整数，深度图是 0～65535，16 位整数，彩色图是多通道，最常见的是 RGB 三通道图像。

图 6-13　像素值表示

图像的矩阵表示，是指图像中每个点的像素值映射到矩阵中展现出来。像素值的大小代表这个点的灰度值，图 6-14 是像素(I, J)在二维数组中的表示，当我们要对图像上的这个像素处理时，可以在图像的二维数组中，直接用行和列的符号(I, J)定位到某个或某些像素区域，进行计算处理，达到某种效果。比如均衡化图像中 $f(15, 15)$ 到 $f(16, 18)$ 这个区域的视觉效果，可以通过二维数组定位到图像中的这个区域，然后提取对应的像素值累加求和，再除以提取的像素个数，即可得到这部分区域均衡化后的效果。

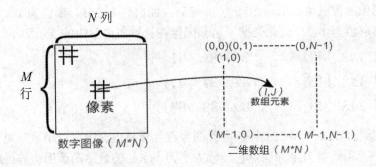

图 6-14　像素的矩阵表示

按照颜色和灰度的多少可以将数字图像类型分为灰度图像、黑白图像和彩色图像。灰度图像信息是由一个量化的灰度来描述的图像，矩阵元素的每个像素的取值范围为 0～255，表示 256 个灰度等级，其中 0 表示纯黑色，255 表示纯白色，中间的灰度值大小代表颜色由黑色到白色的过渡，数据类型一般是 8 位无符号整数，如图 6-15 所示。

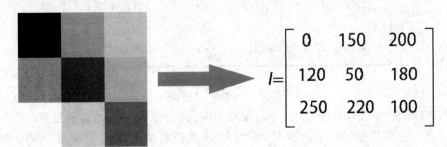

图 6-15　灰度图像

黑白图像又称二值图像，是灰度图像的一个特例，图像中的每个像素只能是黑或者白两个值，没有中间的过渡。黑白图像的像素值为 0 或者 1，0 表示最暗，1 表示最亮，如图 6-16 所示。

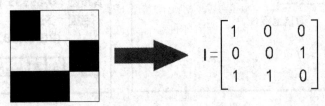

图 6-16　二值图像

在数字化图像处理中，二值图像占有非常重要的地位，图像的二值化可以使数据量大为减少，从而凸显出目标。在图像边缘检测、图像分割等技术中广泛应用。比如阿拉伯数字 4，用二值图像可以表示为

{0000000, 0100000, 0100000, 0100000, 0101000, 0111100, 0001000, 0001000, 0001000, 0000000}

指纹图像经过二值化后，指纹信息轮廓变得更加明显，同时减少部分非指纹区的信息量，有利于指纹的检测和提高识别率，如图 6-17 所示。

(a) 原指纹图　　　　　(b) 二值化后的指纹图

图 6-17　二值化应用

彩色图像是指每个像素由 R(红色)、G(绿色)、B(蓝色)三个分量组合构成图像的颜色,其中 R、G、B 由不同的灰度级来描述,介于 0~255 之间,每幅图像由三幅不同颜色的灰度图像组合而成。3 字节(24 位)可表示一个像素,在图像矩阵中每个像素由三个分量组成,如图 6-18 所示。RGB 几乎包括了人类视力所能感知的所有颜色,是目前运用最广的颜色系统之一。

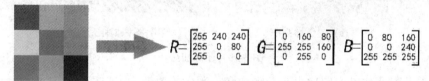

图 6-18　彩色图像的矩阵表示

图像经过数字化后在计算机中以数组的形式表示,因此针对数组可以使用代数运算和逻辑运算。图像的代数运算是指两幅或多幅图像对应像素的加减乘除运算和一般的线性运算,图像的代数运算大多用于图像的预处理,比如两幅相邻帧的图像相减可以判断目标物体的运动情况。

图像的代数运算是图像像素间的运算,设 $A(x, y)$、$B(x, y)$ 分别表示两幅原始图像,$C(x, y)$ 表示计算后的图像,对于每个像素可以有以下运算:

$$C(x, y) = A(x, y) + B(x, y)$$
$$C(x, y) = A(x, y) - B(x, y)$$
$$C(x, y) = A(x, y) \times B(x, y)$$
$$C(x, y) = A(x, y) \div B(x, y)$$

图像的逻辑运算包括与运算、或运算、求反运算、求异或运算。

(1) 图像与运算。若两个图像数组中对应的操作数都为真,逻辑与运算结果为真,其余情况均为假。

(2) 图像或运算。若两个图像数组中对应的操作数都为假,逻辑或运算结果为假,其余情况为真。

(3) 图像求反运算。求反运算是针对某一副图像数组元素，操作数为真求反结果为假，其他求反结果为真。图像的求反运算主要针对二值图像，像素值的变化范围在 0～255，求反的结果是 255 减去这个像素值，广泛应用在求取图像的阴影图像和求取图像的补图像。

(4) 图像异或运算。若两个图像数组中对应的操作数逻辑上不同，异或运算结果为真，相同为假。图像异或运算主要应用于二值图像，当两幅二值图像在对应位置的灰度值均为 1 或者均为 0 时，相异或的结果就是该像素位置的值为 0，其余情况为 1。

图像数组经过代数运算和逻辑运算后，可以达到什么效果呢？以加法运算为例，加法运算是对图像中对应的像素灰度值的运算，要求两个图像类型和分辨率相同，如图 6-19 所示，两个原始图像经过加法运算后可以达到增强视觉的效果，四幅(a)图像相加后取平均，可以得到图(b)的效果。不同的算法，有不同的要求，不同的算法或算法的混合运算可以得到不同视觉效果。

(a) 图像增强前　　　　　　　　　　(b) 图像增强后

图 6-19　图像加法

图像的几何变化是在图像大小、形状和位置上的改变，可以纠正因拍摄、传输、存储过程中造成的图像畸变。

图像的大小改变一般通过图像比例缩放，就是将给定图像在 x 轴和 y 轴方向按照比例缩放，当 x 轴和 y 轴按照相同比例缩放，就是全比例缩放；当 x 轴和 y 轴按照不同比例缩放时，图像中像素的相对位置会发生畸变。图像缩小是对信息的一种简化，图像放大则需要为增加的像素填入适当的像素值，这个像素值是通过某种算法进行估计，如图 6-20 所示。

图像的位置变换是将图像进行旋转、平移、镜像变换，将图像沿水平或垂直方向移动位置，变为新的图像，例如在空间图像坐标系中将$(x_0，y_0)$移动到$(x_1，y_1)$的位置，如图 6-21 所示。

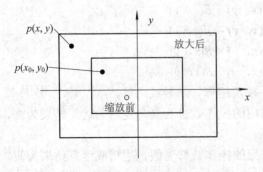
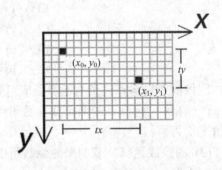

图 6-20　图像放缩　　　　　　　　　　图 6-21　图像的空间表示

图像旋转是指图像以某一点为中心旋转一定的角度，图像旋转后如果要保持原有的尺寸，就要进行裁切，会裁掉部分图像的内容。或者扩大画布将旋转后的图像平移到新画布上，可以避免信息的丢失。图像旋转时旋转方向是任意的，而相邻像素之间只有 8 个方向，因此经过旋转后的图像会打乱原有像素之间的关系。

6.3.2　颜色空间

颜色空间通常用三个分量属性来描述，三个属性代表三个维度，可以构成一个空间立体坐标。不同的颜色空间可以用不同的角度属性去衡量，按照基本结构可以分为基色颜色空间(RGB)和亮色分离颜色空间(CMYK、HIS 和 HSV 等)。

RGB 色彩模式(红绿蓝)是依据人眼识别的颜色定义出的空间，几乎包括了人类视觉能感知的所有颜色，是目前运用最广的颜色模型之一。R、G、B 是三原色组成的色彩模式，图像中的色彩都是三原色组合而来的。三原色中的每个基色都包含 256 级色度，三个基色合在一起可以表示完整的颜色空间。RGB 是工业界的一种颜色标准，几乎所有的设备和显示设备都采用 RGB 模型，但在科学研究中一般不采用 RGB 颜色空间，因为它的细节难以进行数字化的调整。

RGB 颜色模型在空间中用坐标轴 R、G、B 表示，如图 6-22 所示。RGB 颜色空间是一个正方体，原点对应黑色，与原点的体对角是白色，从黑到白的分布在这条体对角线上。三个轴代表 R、G、B 颜色，坐标表示(1，0，0)，(0，1，0)，(0，0，1)。

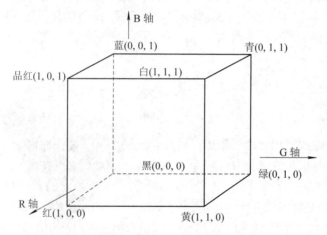

图 6-22　RGB 颜色空间

RGB 颜色模型是通过对红(R)、绿(G)、蓝(B)三个颜色通道的变化以及它们之间的相互混合或叠加来得到不同的颜色，当三个分量的颜色都为 0 时混合成为黑色；当三个分量都为 255 时混合成为白色，如图 6-23 所示。在计算机中 RGB 每一个分量值用 8 位(bit)表示，可以产生 $256 \times 256 \times 256 = 16\,777\,216$ 种颜色，这就是所说的"24 位真彩色"。RGB 模型将色调、亮度、饱和度三个量放在一起表示，很难分开。它是最通用的面向硬件的彩色模型。该模型用于彩色监视器和一大类彩色视频摄像。

CMYK 是指青色(Cyan)、品红(Magenta)、黄色(Yellow)、黑色(Black)，是工业印刷采用的颜色空间，如图 6-24 所示，具体应用如打印机：一般采用四色墨盒，即 CMY 加黑色墨盒。它与 RGB 对应，是基于颜色减法混色原理模型，CMYK 颜色空间的颜色值与 RGB 颜色空间中的取值可以通过线性变换相互转换。RGB 来源于物体发光。而 CMYK 是依据反射光得到的。CMYK 描述的是青，品红，黄和黑四种油墨的数值。

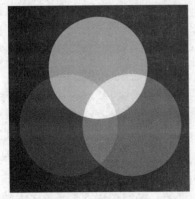

图 6-23　RGB 颜色模型

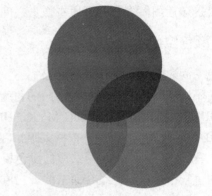

图 6-24　CMYK 颜色模型

　　HSV 颜色空间是为了更好的数字化处理颜色而提出来的。模型中颜色的参数分别是：色调(H：Hue)，饱和度(S：Saturation)，亮度(V：Value)

　　HSV 是一种将 RGB 色彩空间中的点在倒圆锥体中的表示方法。色调是色彩的基本属性，如红色、黄色等。饱和度(S)是指色彩的纯度，越高色彩越纯，低则逐渐变灰，取 0～100%的数值。亮度(V)，取 0～max(计算机中 HSV 取值范围和存储的长度有关)。HSV 颜色空间可以用一个圆锥空间模型来描述，如图 6-25 所示。圆锥的顶点处，V = 0，H 和 S 无定义，代表黑色。圆锥的顶面中心处 V = max，S = 0，H 无定义，代表白色。

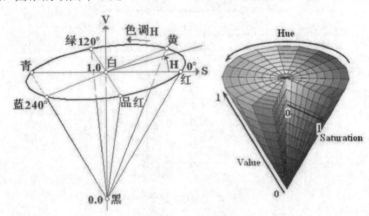

图 6-25　HSV 颜色模型

　　Lab 颜色空间用于计算机色调调整和彩色校正。它独立于设备的彩色模型实现。这一方法用来把设备映射到模型及模型本色的彩色分布质量变化。

　　Lab 颜色空间是由 CIE(国际照明委员会)制定的一种色彩模式。自然界中任何一种颜色都可以在 Lab 空间中表现出来，它的色彩空间大于 RGB 空间。另外，这种模式是以数字化方式来描述人的视觉感应与设备无关，所以它弥补了 RGB 和 CMYK 模式必须依赖于设备色彩特性的不足。由于 Lab 的色彩空间要比 RGB 模式和 CMYK 模式的色彩空间大，这就意味着 RGB 和 CMYK 所能描述的色彩信息在 Lab 空间中都能得以映射。Lab 颜色空间取坐标 Lab，其中 L 为亮度；a 的正值代表红色，负值代表绿色；b 的正值代表黄色，负值代表蓝色。不同于 RGB 和 CMYK 色彩空间，Lab 颜色被设计来接近人类视觉，它致力于感知均匀性，它的 L 分量密切匹配人类亮度感知，因此可以被用来通过修改 a 和 b 分量的输出色阶来做精确的颜色平衡，或使用 L 分量来调整亮度对比。

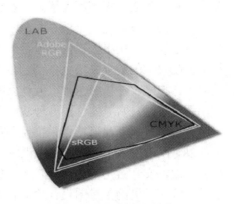

图 6-26　颜色空间转换

RGB 颜色空间俗称真彩，RGB 即色光三原色，主要用于彩色视频显示和采集。RGB 可显示出丰富的颜色，但若将亮度(明度)、色调(色相)和饱和度(纯度)三个量放在一起表示，则难以进行数字化的调整，如图 6-26 所示。

YUV 颜色空间中的 Y 表示亮度，U、V 表示色度(色调和饱和度)。YUV 主要用于优化彩色视频信号的传输，解决彩色电视机与黑白电视机的兼容问题。如果只有 Y 信号分量而没有 U、V 分量，此时表示的图像就是黑白灰度图像，那 Y 信号就跟黑白电视信号相同。

CMY 颜色空间俗称相减色，CMY 即颜料三原色，是印刷行业采用的颜色空间，常用于彩色打印。由于彩色墨水和颜料的化学特性，用青、品红、黄三色得到的黑色不是纯黑色，因此在实际印刷时常常加一种真正的黑色，这种模型称为 CMYK 模型。

CMY 和 RGB 颜色空间的转换公式

$$C = 255 - R$$
$$M = 255 - G$$
$$Y = 255 - B$$

注意：RGB 颜色空间 R、G、B 分量的范围 0～255。CMY 颜色空间 C、M、Y 分量的范围 0～100。

YUV 和 RGB 颜色空间的转换公式为

$$Y = 0.299R + 0.587G + 0.114 B$$
$$U = -0.147R - 0.289G + 0.436 B$$
$$V = 0.615R - 0.515G - 0.100 B$$
$$R = Y + 1.14V$$
$$G = Y - 0.39U - 0.58V$$
$$B = Y + 2.03U$$

颜色空间用于表示颜色，有了颜色空间人们就可以将颜色存储为数据，也可以将数据再还原为相应的颜色。

6.3.3　图像类型和图像格式

数字化图像按存储方式分为位图存储(Bitmap)和矢量存储(Vector)，不同的文件格式，其压缩技术、存储容量及色彩表现都不同，在使用中也有所差异。

位图图像又称点阵图像或栅格图像，是由带有颜色的像素点构成的，每个像素具有颜色属性和位置属性。适用于逼真照片或细节要求高的图像，但其所占用的磁盘空间会随着分辨率和颜色数的提高不断增大。在放大图像的过程中，可以看见构成整幅图像的是无数个方块，每个方块是一个像素，每一个像素是单独的颜色，当再极限放大的时候，看到颜色是不连续的方块组成，但是远距离观看图像的颜色和形状又是连续的，如图 6-27 所示。扩大位图尺寸的效果是增大单个像素，从而使线条和形状显得参差不齐。用数码相机拍摄的照片、扫描仪扫描的图片以及计算机截屏图等都属于位图。RGB、CMYK 和 BMP 属于位图图像格式，常见的位图处理软件有 Photoshop、Lightroom 等。

矢量图是根据几何特性来描绘图形，矢量图是由一系列的点连接在一起组成的线，如图 6-28 所示。矢量图的特点是无限放大不会失真，不会出现马赛克的样子。矢量图只能靠软件生成，文件占用内存空间较小。矢量文件适用于图形设计、文字设计、标志设计和工业设计等。常见的矢量图设计软件有 CorelDRAW(CDR)、Illustrator(AI)、CAD 等。

图 6-27　位图　　　　　　　　　　　　　　图 6-28　矢量图

常见的位图图像格式有 JPEG、BMP、PNG、GIF 等，不同格式的图像在质量、清晰度、信息的完整性等方面有不同的特点，所需要的存储空间也有很大差异。同一幅图像可以用不同的格式存储，但不同存储格式之间由于采用的技术不同，最好不要直接修改，可以借助工具转换。

JPEG(Joint Photographic Experts Group)格式是最为常见的图像文件格式，采用这种方式存储能够去除冗余的数据信息，将图像压缩在很小的储存空间，但是图像中重复或不重要的资料会被丢失，容易造成图像数据的损伤，压缩后的图像再恢复质量明显降低。但是目前 JPEG 压缩技术十分先进，在获得极高的压缩率的同时能展现丰富多彩的图像，JPEG 适用于网络传输，可减少图像的传输时间，而且 JPEG 是一种很灵活的格式，具有调节图像质量的功能，因此，JPEG 格式是目前网络和彩色印刷最为流行的图像格式。

GIF(Graphics Interchange Format)图像文件格式可以存多幅彩色图像，这些彩色图像保存在一个 GIF 中逐帧读出并显示在屏幕上，就可构成一幅简单的动画。GIF 图像需要的存储空间小，适用于多种系统。互联网上的很多简短动画，都是用 GIF 文件制作。因其占用空间小传输速度比其他格式的图像文件快很多，所以大量用于网站的徽标、广告条及网页背景图像。

BMP 是一种与硬件设备无关的图像文件格式。BMP 格式的图像信息较丰富，占用的磁盘空间较大，因此很少在网页中使用。由于 BMP 文件格式是 Windows 环境中交换与图有关的数据的一种标准，因此在 Windows 环境中运行的图形图像软件都支持 BMP 图像格式。BMP 图像格式也是最稳定的的图像格式，所以被出版行业广泛使用。

　　PNG(Portable Networf Graphics)的原名称为"可移植性网络图像"， PNG 能够提供长度比 GIF 小 30%的无损压缩图像文件。它同时提供 24 位和 48 位真彩色图像支持以及其他诸多技术性支持。

6.4　数字媒体

　　数字媒体是计算机技术和数字信息技术的结合，一般指多媒体技术，计算机技术、通讯技术、网络技术、流媒体技术、存储技术、显示技术等。数字媒体使计算机具有综合处理声音、文字、图像、视频的能力，能够同时采集、获取、处理、编辑、存储、安全加密和输出信息并提供交互式处理，使多种信息可以相互建立联系。数字媒体是现代发展最迅速的综合性电子信息技术，通过声音、文字、图像等信息，使人机交互界面更加友好，改变了人们使用计算机的方式、方法。给人们的工作、生活和娱乐带来了深刻的变化。

6.4.1　数字音频

　　声音是通过一定的介质，如空气、水等传播的一种连续振动的波。声音有三个重要的指标：振幅、周期和频率，如图 6-29 所示。

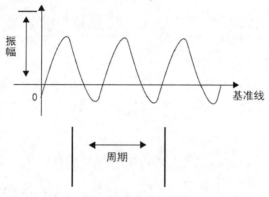

图 6-29　声音的特征

　　振幅是声波高低的幅度，表示声音的强弱程度，振幅越大，声音越强，反之越弱。周期指两个相邻波之间的时间长度，音色的特性体现在波形上。频率指声波每秒振动的次数，以 Hz 为单位，即每秒钟波峰所发生的数目，音调的高低体现在声音的频率上。频率低于 20 Hz 的称为次声波，频率高于 20 kHz 的称为超声波，人耳感觉不到次声波和超声波。人耳只能感觉到频率在 20 Hz～20 kHz 之间的声波。

　　两个人之间的对话的语音信号是典型的连续信号，不仅在时间上是连续的，而且在幅度上也是连续的，这种连续信号就是常见的模拟声音信号。

　　数字音频是一种利用数字化手段对声音进行录制、编辑、压缩、存储和播放的技术，它是随着数字信号处理技术、计算机技术、多媒体技术的发展而形成的一种全新的声音处理手段，数据信号和模拟信号可以互相转换，如图 6-30 所示。

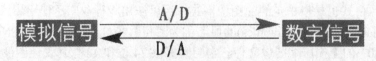

图 6-30　数/模转换

　　传统的模拟信号是典型的连续信号，模拟信号在处理过程中存在抗干扰能力差，容易受到机械振动、模拟电路的影响产生失真，因此在远距离传输中受环境影响较大。而数字信号是以数字化形式对模拟信号进行处理，在时间和幅度上是离散的，即在特定的时刻对模拟信号采样，每个采样点之间不是连续的，采样得到的幅值的数目是有限个信号称为离散幅度信号。

　　我们把在时间和幅度上连续的模拟信号通过采样、量化、编码的方式转换为数字信号，称为信号的数字化。

　　采样即采集声音样本，每隔一个时间间隔在模拟声音波形上取一个幅度值，该时间间隔称为采样周期。如图 6-31 所示，竖线和波形相交的一系列的点就是采样点，竖线端点的值表示这个时刻声音波形的值，把这些值记录并保存下来，其他的波形值被舍弃。通过采样可以把时间上连续的信号变成离散的信号值，采样频率越高，采样间隔越短，在单位时间内得到的样本越多，表示越精确。

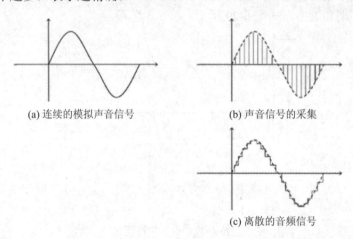

(a) 连续的模拟声音信号　　　　　(b) 声音信号的采集

(c) 离散的音频信号

图 6-31　声音信号采样

　　奈奎斯特定理即采样定理：采样频率不低于声音信号最高频率的两倍，既可以将数字表达的声音还原成原来的声音。只要满足奈奎斯特定理的条件，信号的数字化就没有损失原信号的信息。

　　量化是对幅值进行离散化，声音波形经过采样后得到的无穷多个离散的数值，将这些值用二进制数字表示，写成计算机传输和存储的格式。在一个幅度范围内的电压用一个二进制数字表示。

　　计算机内存中的数据存储形式是 0、1。因此音频信号要在计算机中存储，也必须转换为数字信号，即可以将电平信号转换为二进制数据 101101 保存，这就是模拟信号量化的过程。计算机是按字节存储的，一般按 8 位、16 位、32 位量化，量化的大小就是记录每次采样数值的位数，量化的数值越大，记录的声音变化程度就越细腻，所需的数据量也越大。

在播放的时候把这些数字信号转换为模拟的电平信号，信号转换是通过计算机中的声卡完成的，然后由播放器传出声音。数字声音相比存储播放方式(如磁带、广播、电视)有着本质区别，它方便存储和管理，存储和传输的过程中没有声音的失真，编辑和处理也非常方便，常用的音频编辑处理软件有 Cooledit、Audition、Goldwave 等，如图 6-32 所示。将这些文件输入进计算机，转换成数字文件后可以进行编辑处理。

图 6-32　音频信号处理过程

音频格式是指要在计算机内播放或是处理音频文件，是对声音文件进行数/模转换的过程。常见的数字音频格式有很多，每种格式都有自己的优点、缺点及适用范围。

1．CD 格式

CD 音轨文件的后缀名是 cda。标准 CD 格式是 44.1K 的采样频率，速率 88K/秒，16 位量化位数，近似无损。CD 光盘可以在 CD 唱机中播放，也能用电脑里的各种播放软件来播放。一个 CD 音频文件是一个 *.cda 文件，这只是一个索引信息，并不是真正的声音信息，所以不论 CD 音乐的长短，在电脑上看到的*.cda 文件都是 44 字节长。

2．WAV 格式

WAV 是微软公司开发的一种声音文件格式。标准格式化的 WAV 文件和 CD 格式一样，也是 44.1K 的采样频率，16 位量化位数，声音文件质量和 CD 相差无几，音质非常好，被大量软件所支持，适用于多媒体开发、保存音乐和原始音效素材。

3．MP3 格式

MP3 是一种数字音频编码和有损压缩格式，是 ISO 标准 MPEG-1 和 MPEG-2 第三层(Layer3)，采样率 16～48 kHz，编码速率 8 K～1.5 Mb/s。音质好，压缩比高，被大量软件和硬件支持，应用广泛，适用于一般的以及比较高要求的音乐欣赏。

4．MIDI 格式

MIDI(Musical Instrument Digital Interface)乐器数字接口，MIDI 数据不是数字的音频波

形，而是音乐代码或称电子乐谱。MID 文件每存 1 分钟的音乐只用大约 5～10 KB。MID 文件主要用于原始乐器作品，流行歌曲的业余表演，游戏音轨以及电子贺卡等。*.mid 文件重放的效果取决于声卡的转换能力。

5．WMA 格式

WMA(Windows Media Audio)由微软开发。音质要强于 MP3 和 RA 格式，它以减少数据流量但保持音质的方法来达到比 MP3 压缩率更高的目的，WMA 的压缩率一般都可以达到 1∶18 左右。WMA 可以内置版权保护技术，用以限制播放时间和播放次数，甚至于播放的机器等。

6．RA 格式

RealAudio(RA)是 RealNetwork 公司推出的一种流式声音格式，主要用于在线音乐欣赏，特点是可以随网络带宽的不同而改变声音的质量，在保证流畅声音的前提下，带宽较大的用户可以获得更好的音质。

7．APE 格式

APE 是目前流行的数字音乐文件格式之一。APE 是一种无损压缩音频技术，可以提供 50～70%的压缩比，APE 格式的文件大小只有 CD 的一半，可以节省大量的资源。APE 可以做到真正的无损，压缩比也要比类似的无损格式要好，适用于高品质的音乐欣赏及收藏等。

6.4.2　数字视频

视频广义上是系列图像按时间顺序的连续展示。模拟视频是连续的模拟信号组成的图像序列，每一帧图像都是实时获取的自然景物的真实反映，像电影、电视都属于模拟视频的范畴。模拟视频信号具有成本低和还原性好等优点，但模拟视频信号经过长时间的保存或多次复制、转发后，信号和画面的质量会降低，画面失真比较明显。

数字视频是基于数字技术和拓展的图像显示标准的视频信息，数字视频以一定的速率对模拟视频信号进行捕获、处理，在长期存储或多次复制、转发后不会失真，而且用户还可以用视频编辑软件对数字视频进行编辑，并可添加各种特效。但是数字视频占用的存储空间较大，一般需要进行压缩。

数字视频是一系列离散的数字图像序列，模拟信号经过处理转换为二进制数，即转换为数字信号。视频中单幅画面称为一帧，视频中的每一帧是差别细微的画面，以一定的速率连续放映出来产生运动视觉的技术，是依据视觉暂留特性，连续的静态画面产生运动。要使人的视觉产生连续的动态感觉，每秒钟图像的播放帧数要在 24～30(帧频)。

1．数字电视

如何区分一台电视机是模拟电视机还是数字电视机，取决于它们接受的信源，即电视发射信号台是用什么样的方式传送信号的，若采用模拟信号方式发送信息，那么这就是模拟电视机，否则是数字电视机。数字电视和模拟电视可实现传输信道的兼容，因此在同一频道上可同时传输模拟电视信号和数字电视信号，并可实现互不产生干扰和影响。

为了更好的接收数字信号，现在的电视都配备有机顶盒，全称叫做"数字电视机顶盒"，英文缩写"STB"(Set-Top-Box)。机顶盒是扩展电视功能的电子装置,是将数字电视信号转换为模拟电视信号的转换设备。数字电视机顶盒可以使模拟电视机接收数字电视节目和实现上网功能,通过机顶盒接收的信号,图像会更加清晰、音质会更加悦耳,避免了信号在传输过程中导致的干扰和损耗。

根据传输媒介的不同将机顶盒分为数字卫星机顶盒(DVB-S)、有线电视数字机顶盒(DVB-C)、地面波机顶盒(DVB-T)和 IP 机顶盒,这几类机顶盒主要区别是调解部分,后端原理实现部分基本一样。

数字电视的机顶盒包括网络接口模块(NIM)、信源数据传输流解复用器、条件接收模块、音、视频解码器和后处理、嵌入式 CPU 与存储器模块和接口电路几大部分。

(1) 网络接口模块(NIM)。网络接口模块完成信道解调和信道解码功能,属于硬件驱动层,送出包含视音频和其他数据信息的传输流(TS)。

(2) 信源数据传输流解复用器。当数据完成信道解码以后,首先要复用,把传输流分成音频、视频。传送流中一般包含多个音、视频流及一些数据信息,传输流解复用器用来区分不同的节目,提取相应的音、视频流和数据流,送入音、视频解码器和相应的解析软件。

(3) 音、视频解码器和后处理。模拟信号数字化后,信息量激增,必须进行数据压缩,数字电视广播采用 MPEG-2 压缩标准,适用多种清晰度图像质量。 MPEG-2 解码器完成对音、视频信号的解压缩,经视频编码器和音频 D/A 变换,还原出模拟音、视频信号,在模拟电视机上显示高质量图像,并提供多声道立体声节目。音、频数据压缩有 AC-3 和 MPEG-2 两种标准。

(4) 嵌入式 CPU 与存储器模块和接口电路。嵌入式 CPU 是数字电视机顶盒的心脏,它和存储器模块用来存储和运行软件系统,并对各个硬件模块进行控制,是嵌入式实时多任务操作系统,系统结构紧凑,资源开销小,便于固化在存储器中。并采用含有识别用户和记忆功能的智能卡,适用于高速网络和三维游戏,保证合法用户正常使用。提供丰富的外部接口电路,包括通用串行接口 USB,以太网接口及 RS232,模拟、数字视音频接口,数据接口等。

2.　运动原理

运动是视频的重要特征,识别三维空间中的物体运动很简单,但是在计算机中视频的帧是如何描述运动特征的呢?

光流是空间运动物体在观察成像平面上像素运动的瞬时速度和方向特征。光流法是利用图像序列中像素在时间域上的变化以及相邻帧之间的相关性,来找到上一帧跟当前帧之间存在的对应关系,从而计算出相邻帧之间物体的运动信息的一种方法。如图 6-33 所示,是运动员击打羽毛球后羽毛球下一秒的运动方向。

光流直方图可以进一步的分析运动的特征,光流直方图对视频中的光流信息进行统计,从而得到视频中物体的运动信息,便于计算机对视频信息行为进行分析计算,如图 6-34 所示。

光流场是一个二维的矢量场,它反映了图像上每一点灰度特征的变化趋势,为了便于统计,我们把二维坐标系划分为 8 个相等的扇区,每个扇区涵盖 45°,如图 6-34 所示。将光流场的一个时空单元内的所有像素点处的光流向量根据大小和方向画在上述坐标系中。比如序号 1 的扇区内包含了一个大小为 0.5 的光流向量，那么就在光流直方图的第一个位置加上 0.5。序号 3 的扇区包含大小为 1.3 和 0.8 两个光流向量，那么就在光流直方图相应的位置加上 1.3 和 0.8。序号 7 的扇区包含大小为 0.9 和 1.1 两个光流向量，那么就在光流直方图相应的位置加上 0.9 和 1.1，于是我们就得到了一个 8 位的特征向量。

图 6-33　光流图

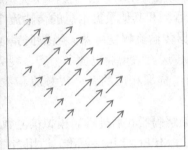

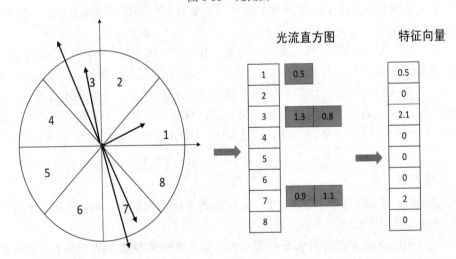

图 6-34　光流直方图

　　光流在每个像素上有两个分量，分别代表水平方向和垂直方向。把所有像素的水平位移取出来，可以得到水平方向上的光流图，同理可以得到垂直方向上的光流图。结合深度学习，水平和垂直方向的光流图作为卷积神经网络的输入，就可以提取出视频中的运动特征。

6.4.3　影视制作

　　影视制作是数字媒体技术的重要组成部分，是计算机科学与技术和设计艺术相结合的新型学科。数字媒体的发展和应用从根本上改变了影视作品的质量和特性，也使影视制作平台发生了巨大变化。该学科涉及艺术设计、交互设计、数字图像处理技术、计算机语音、计算机图形学、信息与通信技术等方面的知识。

数字媒体的普及和应用，使得影视镜头中的场景可以由无数个独立的影视元素组成，编辑人员可以独立拾取、记录和处理这些元素，从而拓宽了编辑人员的想象和创作空间，可以根据实际需求进行不同的特效处理，这些影视元素可以是图形、图像等静态元素，也可以是动画、录像、声音等动态元素。常用的数字媒体编辑软件有 PhotoShop、Illustrator、Painter、Premiere、PageMaker、Freehand 等。

1．影视制作数字化

(1) 影视制作的数字化、计算机化。制作设备高度集成，使得制作环节、制作工种相互融合。

(2) 影视制作的程序数字化。影视剧本的制作计划可由专业的软件为剧作家提供详细的工作单，极大地减少未知因素。

(3) 影视制作方法的数字化。用计算机可控的影视摄像机，实现精确控制、重复摄像机的移动轨迹，提高了画面拍摄、构图的艺术感，同时给影视编辑提供了更大的创作空间，可以借助计算机进行数字影像特技制作和合成制作。计算机数字图形制作可实现实拍素材和三维动画合成，制作虚拟三维场景和效果。

(4) 影视节目发行数字化。数字电视、网络互动电视、高清数字影院逐步成为数字影视发行的主渠道。

2．影视后期制作

(1) 素材文件。

数字影视可以借助计算机进行信息的读取、处理和存储，剪辑的过程可以是非线性的，制作过程中的特效镜头可以通过模型制作、特殊摄影、光学合成等技术手段得到。

素材文件是通过采集工具采集的数字视频 AVI、MP3 文件，由 Adobe Premiere 或其他视频编辑软件生成的 AVI 和 MOV 文件、WAV 格式的音频数据文件、无伴音的动画 FLC 或 FLI 格式文件，以及各种格式的静态图像，包括 BMP、JPG、PCX、TIF 等等。将这些素材文件输入进计算机，转换成数字文件后可以进行编辑处理。

影视节目中合成的综合节目就是通过对基本素材文件的操作编辑完成的。

(2) 进行素材的剪切。

各种视频的原始素材片断可以称作为一个剪辑，剪辑是指按照视听规律和影视语言的语法章法对原始素材进行选择和重新组合。在视频编辑时，可以选取一个剪辑中的一部分或全部作为有用素材导入到最终要生成的视频序列中。

剪辑主要是操作层面，主导着整幅影片的叙述时间、连贯动作、转换场景、结构段落、时空声画的组合，是后期编辑的核心阶段。剪辑的选择由切入点和切出点定义，切入点指在最终的视频序列中实际插入该段剪辑的首帧，切出点为末帧，也就是说切入和切出点之间的所有帧均为需要编辑的素材，使素材中的瑕疵降低到最少。

(3) 影视画面编辑。

运用视频编辑软件中的各种剪切编辑功能进行各个片段的编辑、剪切等操作，完成编辑的整体任务，目的是将画面的流程设计得更加通顺合理，时间表现形式更加流畅。

影视剪辑和编辑是对影视作品的一个再塑造、再创作过程，影视镜头的组合不是简单的拼接在一起，而是根据影视作品要达到的效果，精心筛选和对比，在意境和情感上全面深刻地把握作者的意图。

看电影时由一个画面顺着剧情的发展切换到另一个时间和地点，然后又切换回来，这种表现方式采用了蒙太奇方法。蒙太奇不仅是影像语言的修辞手法，也是影像艺术的结构原则。蒙太奇作为一种影视结构法则能对影视语言的诸多元素实施整合，作为一种思维方式，能对生活素材实行分解与选择，形成镜头；作为一种组接法则，通过剪辑形成一部完整的影视作品。

(4) 添加特效。

影视特效在数字影视技术中起到非常重要的作用，可以借助各种非线性软件，比如Houdini、MAYA、3D mark、AE 等，根据影视作品需求添加各种过渡特效或者科幻特效，使画面的排列以及画面的效果更加符合人眼的观察规律、符合作品的设计效果。影视特效突破了传统影视制作的局限性，能够降低拍摄的难度，缩短拍摄的时间。很多广告、电影、电视中都有特效的加入，如图 6-35 所示。

图 6-35　特效

(5) 添加字幕。

电视节目、新闻或者采访的视频片段中，必须添加字幕，以便更明确地表示画面的内容，使人物说话的内容更加清晰。在人工智能时代已经有实时的机器翻译字幕应用。

(6) 处理声音效果。

在片段的下方进行声音的编辑(在声道线上)，可以调节左右声道或者调节声音的高低、渐近、淡入淡出等等效果。这项工作可以减轻编辑者的负担，减少了使用其他音频编辑软件的麻烦，并且制作效果也相当不错。

(7) 生成视频文件。

对编辑窗口中编排好的各种剪辑和过渡效果等进行最后生成结果的处理称编译，经过编译才能生成为一个最终视频文件，最后编译生成的视频文件可以自动地放置在一个剪辑窗口中进行控制播放。

在这一步骤生成的视频文件不仅可以在编辑机上播放，还可以在任何装有播放器的机器上操作观看，生成的视频格式一般为 .avi。

6.5　应用案例——智能人员通行管理

随着社会进步和发展，企业对工作环境的要求也不断提高，为了拥有一个安全、高效和舒适的工作环境，许多企业都建立了以门禁一卡通为基础的人员管理系统。一卡通系统虽然可以解决对人员分类授权管理的需求，但传统刷卡验证的方式，给人们通行带来了不便，而冒用他人证件通行的行为也给企业安全埋下隐患。

旷视科技企业基于公司自主研发的人脸识别和图像识别算法技术为核心，开发了一套 End-To-End 企业智能人员通行管理系统，为企业建立智能办公的生态环境提供了解决方案，如图 6-36 所示。

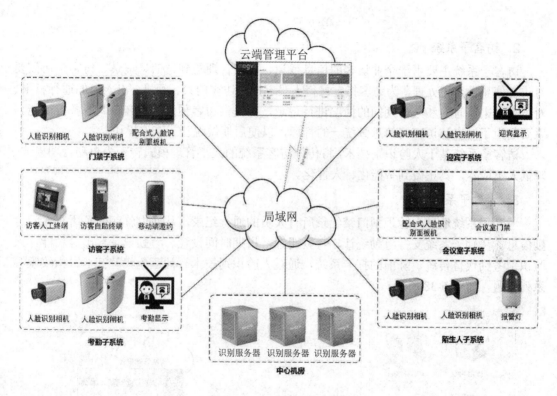

图 6-36　人员通行管理系统

1. 门禁子系统

针对出入口门禁人员权限的管理需求，所有进出人员通道控制区域的人员均需人脸识别认证后方可通行，系统可以有效防止未授权人员随意进入受控区域，解决传统刷卡方式中一卡多刷、人卡不一的弊端。

人脸识别门禁设备根据使用场景和方式的不同包含了不用的硬件设备形态，如图 6-37 所示，如企业楼宇大厅中使用的人脸识别闸机、企业前台的非配合式人脸识别门禁、重要办公室使用的配合式人脸识别门禁等。

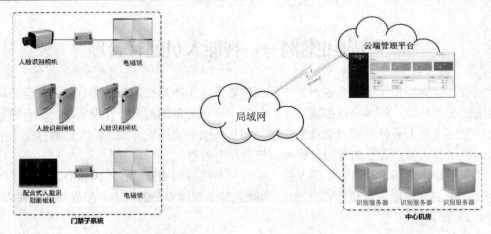

图 6-37　门禁系统

2. 访客子系统

访客子系统主要用于企业访客的信息登记、权限管理与到访信息记录。访客来访需要对访客信息做登记处理，为访客指定接待人员、授予访客门禁、闸机、出入口的通行权限、对访客在来访时效和来访期间的情况进行记录，并提供访客预约、访客自助服务等功能。主要是为了对来访访客的信息做统一的管理，以便后期做统计或查询操作。

访客子系统基于人脸识别技术，将传统访客系统的人工管理模式转变为自动管理模式，降低人工成本，真正做到智能化、人性化。

3. 考勤子系统

考勤子系统通过人脸识别门禁纪录所有人员的通行纪录，从而也就获取了所有人的考勤信息。考勤子系统支持考勤统计、考勤明细、日期时间设置、考勤记录导出等功能。人脸识别考勤代替传统、陈旧的打卡系统，通过人脸识别技术有效避免代替打卡、指纹膜等系列问题，如图 6-38 所示。

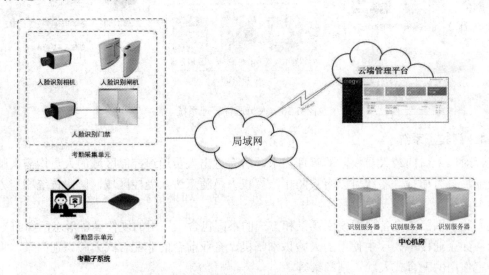

图 6-38　考勤系统

4．迎宾子系统

迎宾子系统一般部署在企业楼宇大厅、展厅或企业前台，包含人脸识别相机、人脸识别处理单元、大屏显示单元。迎宾系统可与访客系统共享数据库实现联动，访客到访时在迎宾大屏幕上显示来访人员信息和欢迎词。

迎宾子系统提供多种迎宾主题样式供用户选择，对应不同迎宾对象可以有丰富的迎宾展示形态。用户还可根据需要自行定义修改迎宾主题。

迎宾子系统除了独立的迎宾展示之外，可与门禁、访客、考勤等子系统联动，实现多系统识别结果的展示提醒。

迎宾子系统支持多种屏幕终端输出迎宾主题内容，例如电视机、显示器、拼接屏等，不同形态的屏幕终端可以满足不同场景中的迎宾需求。

5．会议室子系统

会议室预订。企业员工可以通过个人账号系统平台，预定会议室的使用时间，其他人也可以在系统平台中查询会议室的预约状态。

会议室锁定。企业员工可以在个人系统平台中设置会议室锁定，当预约时间到时，会议室的门禁会自动关闭，此时，已在会议室的人员可以通过开门按钮出门，所有想进门的人员，则需要通过配合式人脸识别门禁进入。

6．陌生人预警

为了保证办公区域的安全，除了在出入口处布置严格的门禁策略以外，在办公区域内部可以通过陌生人预警系统。进一步筛查区域内活动的人员身份，如图 6-39 所示。

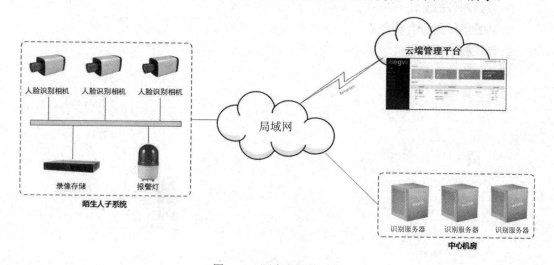

图 6-39　陌生人预警系统

陌生人预警。对办公区域内活动人员进行识别，如果是本办公区域内员工，系统平台进行识别记录，如果非本办公区域内员工，系统平台进行弹窗预警。

预警联动。系统可与警铃、警灯进行联动，发现陌生人时触发警铃、警灯，为安保人员第一时间掌握办公区域人员情况提供帮助。

完整的智能人员管理系统包括以下必要的硬件设备，如图 6-40 所示。

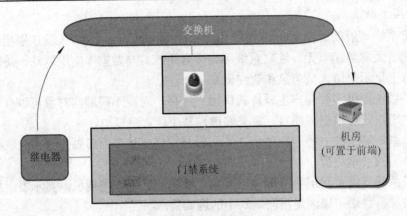

图 6-40　人员管理系统

(1) 一台 2 路 MegBox-B1R 服务器。

(2) 一部高清球形相机与三台门禁机。用于门禁识别通行，采集人像，与后台比对。

(3) 四个 TCP-KP-1404 门禁模块(继电器)。可控制自动门、电磁门及其通行闸门的开启。

(4) 一台交换机，用于各设备之间的相互通信。

习　　题

1. 计算机视觉的一般流程是什么？
2. 数字图像的算法有哪些？如何计算？
3. 常见图像类型有哪些？
4. 概述数字媒体？

第七章 自然语言处理

7.1 自然语言处理应用场景——自然语言处理实例

先通过一个案例说明自然语言处理中常用的术语及其代表的知识平面。

由图 7-1 可以看出，自然语言处理系统首先把指令"删除文件 B"在音位学平面转化成序列"shan chu # wenjian # bi"；然后在形态学平面把这个音位序列转化为语素序列"删除"，"文件"，"B"；接着在词汇平面把这个语素序列转化为字词序列并标注出相应的词性：（"删除"，VERB)，（"文件"，NOUN)，（"B"，ID)；在句法学平面进行句法分析，得到这个单词序列的句法结构，用树形图表示；在语义学平面得到这个句法结构的语义解释：删除文件（"B"）；在语用学平面得到这个指令的语用解释"rm-i B"，此处用的是 UNIX 系统的指令符号和书写规范，最后计算机执行这个命令。

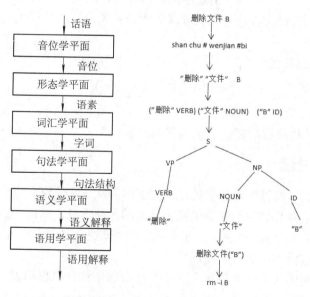

图 7-1 自然语言处理流程

7.2 自然语言处理基本功能模块

7.2.1 词汇自动处理

词汇是语言的建筑材料，是语言描述的中心。汉语词汇的自动处理主要分为文本的自动分词和自动标注。先看两个文档：

文档 1：学校有关于人工智能的书籍，学校开设人工智能课程。

文档 2：学校推动教学改革，推动人工智能课程改革。

然后对文档 1、文档 2 进行如下分词：

文档 1：学校|有|关于|人工智能|的|书籍，|学校|开设|人工智能|课程。

文档 2：学校|推动|教学|改革，|推动|人工智能|课程|改革。

上述分词其实是我们根据自己民族语言习惯人工进行的分词，人工智能要解决的是机器怎样进行中文分词。

工程上，已经解决了机器进行中文分词的问题。怎样解决的呢？以文档 2 为例，增加文档 2 的另一种分词结果，和上述文档 2 的分词罗列如下：

文档 2：学校|推动|教学|改革，|推动|人工智能|课程|改革。

　　　　A1　A2　A3　　　A4　A5　A6　A7　A8

　　　　学校|推动|教学改革，|推动|人工|智能|课程改革。

　　　　B1　B2　　B3　　　B4　B5　B6　B7

下面会构建语料库，机器能根据语料库自动计算上面两种不同分词方式各自出现的概率，哪个概率大就使用哪个分词方式。

人工智能应用中，通常将现代汉语分为 15 类：名词、时间词、方位词、数词、量词、代词、区别词、动词、趋向动词、能愿动词、形容词、副词、介词、连词、助词。

自动词类标注的关键是排除兼类词歧义，所谓兼类词也就是词类的歧义，这是汉语自动处理的难点之一。

试比较：我在北京上学（"在"为介词，"上"为动词）。

　　　　我在床上（"在"为动词，"上"为方位词）。

上面的例子中，"在"为"动—介"兼类，"上"为"方位—动"兼类。汉语中往往越是常用的词，不同的用法就越多，兼类现象也就越多。

7.2.2　句法自动处理

就汉语文本而言，经过词汇自动处理，每个词都从连续的汉字流中被切分出来，词与词之间出现了空白，并且都被标注了供机器处理的各种信息。然而，经过词汇自动处理之后，句子中词与词之间的词法关系，句子中词组与词组之间的结构关系，仍然是不清楚的，需要进一步处理，这就是句法自动处理。

下面通过一个简单的乔姆斯基形式语法类型 G 演示计算机自动识别句子的各个句法单位以及他们之间的相互关系的过程，这个过程英文为 parsing，可译为自动句法分析，设语法类型 G 为

G = (VN，VT，S，P)

VN = {S，NP，VP，V}

VT = {熊猫，吃，竹叶}

S = {S}

P：

S→NP + VP		(i)
VP→V + NP		(ii)
VP→V		(iii)
NP→{熊猫，竹叶}		(iv)
V→{吃，玩耍}		(v)

先予以说明：S 是初识符号，它属于集合 VN，集合 VN 中的符号是用来描述语法的，可将 NP、VP、V 依次解释为名词短语、动词短语、动词。VT 是该语言中的词汇，是终极符号。

P 叫做重写规则，共有(i)~(v)五条，箭头→左边的符号简称为规则左边，右边的符号简称为规则右边，VN，VT，S，P 四元组定义了语法 G = (VN，VT，S，P)。我们用该语法 G 分析句子"熊猫吃竹叶"。

首先，从初始状态 S 开始，写出句子"熊猫吃竹叶"的推导过程：

推导过程			所用规则
S			开始
NP	VP		(i)
NP	V	NP	(ii)
熊猫	V	NP	(iv)
熊猫	吃	NP	(v)
熊猫	吃	竹叶	(iv)

上述推导过程，也就是句子的生成过程，可用如图 7-2 所示的句法树形图表示。

其次，我们采用自低向上剖析(buttom-up parsing)方法剖析句子"熊猫吃竹叶"，将句子切分为如下形式：

熊猫|吃|竹叶

根据重写规则(iv)，可得如下剖析图，即

熊猫|吃|竹叶

NP_

图 7-2　句法树形图

然后，剖析符号串"NP|吃|竹叶"，先检查语法 G 中有没有右部为 NP 的重写规则，检查结果是没有。再检查符号串"NP|吃|竹叶"中的第二个词"吃"，根据规则(V)可得如下剖析图，即

熊猫|吃|竹叶

NP_　V_

剖析过程中，要在语法 G 允许的范围内，尽量把符号串的语法符号 NP，V 等组合起来。先检查语法 G 中有没有右部为 NP 的重写规则，检查结果是没有，再检查语法 G 中有没有把 NP 和 V 组合起来的重写规则，检查结果也是没有。随后检查符号串"NP|V|竹叶"中的第二项 V，根据规则(iii)，可得如下剖析图，即

熊猫|吃|竹叶

NP_　V_

　　VP_

继续剖析,此时语法 G 中重写规则(i)的右边为符号串 NP VP,重写规则(iv)的右边为"竹叶",此处该应用重写规则(i)呢还是(iv)呢?经过试验,该应用重写规则(iv),可得如下剖析图,即

```
熊猫|吃|竹叶
NP_   V_ NP_
       VP_
```

继续剖析,可以发现支配 V 的 VP 语法符号不能引导我们找到成功的途径,需要去掉 VP,这叫做采用"回溯"(backtracking)的方法,可得如下剖析图,即

```
熊猫|吃|竹叶
NP_   V_ NP_
```

应用重写规则(ii),可得如下剖析图,即

```
熊猫|吃|竹叶
NP_   V_ NP_
        _VP_
```

再应用重写规则(i),可得如下剖析图,即

```
熊猫|吃|竹叶
NP_   V_ NP_
        _VP_
____S____
```

S 的跨度从句首开始,到句末结束,覆盖了整个句子,因此句子剖析成功。

7.2.3　语义自动处理

语义分析是自然语言处理的最基础的功能模块,本小节只简要介绍义素分析法、语义网络的形式模型。

1. 义素分析法

义素是意义的基本要素,也是词的意义的区别特征,或者说,词的意义是一些语义特征(义素)的总和,例如,"哥哥"的意思是[+人] [+亲属] [+同胞] [+年长] [+男性]等义素的总和,"妹妹"的意思是[+人] [+亲属] [+同胞] [−年长] [−男性]等义素的总和。"+"表示肯定,"−"表示否定,这样[−男性]就是[+女性]。一组词的义素可以用义素矩阵来表示,汉语中表同胞的亲属词的义素矩阵如表 7-1 所示

表 7-1　亲属词义素矩阵

	[人]	[亲属]	[同胞]	[年长]	[男性]
哥哥	+	+	+	+	+
弟弟	+	+	+	−	+
姐姐	+	+	+	+	−
妹妹	+	+	+	−	−

可见,义素矩阵反映了相应亲属词的基本语义特征,义素分析法是语义形式化描述的一种好办法。

2. 语义网络

语义网络可以较好地描述人类的联想记忆，可用有向图表示，该有向图由三元组(结点1，弧，结点2)连接而成的，如图7-3所示，可将该三元组视为构图的积木。

结点表示概念，弧是有方向、有标记的，弧的方向体现了结点1为主，结点2为辅，弧上的标记表示结点1的属性或结点1与结点2之间的关系。从逻辑表示的方法来看，语义网络中的一个三元组相当于一个二元谓词，语义网络内各个概念之间的关系，主要由ISA，PART-OF，IS等谓词来表示，因此命题"墙上有黑板"，可以表示为如图7-4所示的关系。

图7-3 语义网络三元组的表示法　　　　　图7-4 PART-OF 关系

当用语言网络来表述事件时，语义网络中结点之间的关系，还可以是施事(AGENT)、受事(PATIENT)、位置(LOCATION)等。例如，"张忠老师帮助王林同学"这一事件可以表示为图7-5。

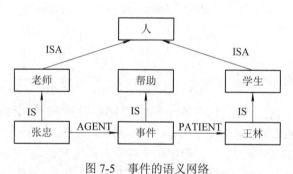

图7-5 事件的语义网络

7.3 文 本 处 理

7.3.1 文本特征

1. 词袋模型

词袋模型是一种常用的提取文本特征的数学模型，它将一篇文档看做是一个装有若干词语的袋子，这样就仅考虑了词语在文档中出现的次数，而忽略了词语的顺序以及句子的结构，这种简化是建模所必要的，事实证明也很有效。例如：

文档1：学校有关于人工智能的书籍，学校开设人工智能课程。

依照汉语理解习惯，我们将文档1拆分成词语并标记词语出现的次数，这样形成的集合：

{(学校：2)，(有：1)，(关于：1)，(人工智能：2)，(的：1)，(书籍：1)，(开设：1)，(课程：1)}

就是文档1对应的"词袋"(bag-of-word)

词袋模型对文档1进行了很大的简化,但仍保留了文档1的关键信息,我们通过"人工智能""书籍""课程"等词语仍然可以知道文档1与学习人工智能有关,这正是词袋模型的用处。

例7.1　写出文档2对应的词袋。

文档2:学校推动教学改革,推动人工智能课程改革。

解　{(学校:1),(推动:2),(教学:1),(改革:2),(人工智能:1),(课程:1)}

2. 语料库和词典

文档是文本文件的内容,先看单篇文档的词典,文档词典决定词频向量。有了中文分词的技术,可以形成词袋,有了词袋,可以构造包含词袋里词语的词典。像通常的字典、词典一样,词典里的词语是按顺序排列的,例如文档2的词典为

序号:　1　　　　2　　　　3　　　4　　　5　　　　6

词语:　学校　推动　教学　改革　人工智能　课程

上述词典里的每个词语在词袋中都有标记的次数,将这个次数按照词典中词语的顺序排列起来,就得到这篇文档的词计数向量。文档2的词计数向量为(1,2,1,2,1,1),对词计数向量进行归一化,得到词频向量(term frequency vector):

$$f = \left(\frac{1}{8}, \frac{1}{4}, \frac{1}{8}, \frac{1}{4}, \frac{1}{8}, \frac{1}{8} \right)$$

例7.2　文档1的词频向量 $f = \left(\frac{1}{5}, \frac{1}{10}, \frac{1}{10}, \frac{1}{5}, \frac{1}{10}, \frac{1}{10}, \frac{1}{10}, \frac{1}{10} \right)$。

文本处理包含像期刊、微信、网页等许多不同种类,实际应用中,通常将要处理的文本收集一起做成语料库,然后提取语料库中所有出现的词语,并形成一个词典。例如增加文档3(文档3:国家推动人工智能产业发展),构建一个包含三篇文档的语料库:

文档1:学校有关于人工智能的书籍,学校开设人工智能课程。

文档2:学校推动教学改革,推动人工智能课程改革。

文档3:国家推动人工智能产业发展。

根据语料库提取所有出现过的词语形成词典:

1　　2　3　　　4　　　5　6　　7　　8　　9　　10　　11　12　13　14

学校　有　关于　人工智能　的　书籍　开设　课程　推动　教学　改革　国家　产业　发展

"的""了""也"等这类不携带任何主题信息的高频词称为停止词,构建词典时我们通常不会去除停止词。

统计每篇文档中每个词语出现的次数,如表7-2所示。

表7-2　词典中文档词语出现的次数

	学校	有	关于	人工智能	的	书籍	开设	课程	推动	改革	教学	国家	产业	发展
文档1	2	1	1	2	1	1	1	1	0	0	0	0	0	0
文档2	1	0	0	1	0	0	0	1	2	2	1	0	0	0
文档3	0	0	0	1	0	0	0	0	1	0	0	1	1	1

上述统计结果即是三篇文档的词计数向量,即

文档1：(2，1，1，2，1，1，1，1，0，0，0，0，0，0)
文档2：(1，0，0，1，0，0，0，1，2，2，1，0，0，0)
文档3：(0，0，0，1，0，0，0，0，1，0，0，1，1，1)
语料库词典统一了各文档词计数向量的维数。

3. 词频率(tf)与逆文档频率(idf)

前面已经计算出了一篇文档的词频率 tf(term frequency)。词频率越大，这个词语在这篇文档中出现的次数就越多，这个词语对这篇文档的重要性就越大。信息检索中，就是要在大量文档形成的语料库中，查找出那些对关键词语重要的文档。词频率 tf 只包含词语的信息，未包含语料库的信息，这个包含语料库信息的指标叫逆文档频率 idf (inverse document frequency)。

假定语料库中总共有 D 篇文档，语料库形成的词典中第 i 个词语在某篇文档中出现过，计数一次，假设共有 D_i 篇文档出现了第 i 个词语，那么第 i 个词语的文档频率即为 $df_i = D_i/D$，这个词语的逆文档频率为文档频率的负对数，即 $idf_i = -\log D_i/D$，由于 $D_i \leq D$，负号保证了 idf 大于等于 0。

例7.3 计算前述语料库中词语的文档频率和逆文档频率。

解 文档总数 $D = 3$，在去除"的""也""了"之类的停止词后，三个文档都可以表示成一个 13 维的词计数向量，如下所示：

文档1： $\boldsymbol{n}_1 = (2，1，1，2，1，1，1，0，0，0，0，0，0)$
文档2： $\boldsymbol{n}_2 = (1，0，0，1，0，0，1，2，2，1，0，0，0)$
文档3： $\boldsymbol{n}_3 = (0，0，0，1，0，0，0，1，0，0，1，1，1)$
词语出现次数 $D_i = (2，1，1，3，1，1，2，2，1，1，1，1，1)$
文档频率 $D_i/D = \left(\dfrac{2}{3}，\dfrac{1}{3}，\dfrac{1}{3}，1，\dfrac{1}{3}，\dfrac{1}{3}，\dfrac{2}{3}，\dfrac{2}{3}，\dfrac{1}{3}，\dfrac{1}{3}，\dfrac{1}{3}，\dfrac{1}{3}，\dfrac{1}{3}\right)$

动手计算： $-\log\dfrac{1}{3} = \log3 = 1.584963$

$$-\log\dfrac{2}{3} = \log3 - 1 = 0.584963$$

$$\log1 = 0$$

所以所求的逆文档频率为

(0.59，1.59，1.59，0，1.59，1.59，0.59，0.59，1.59，1.59，1.59，1.59，1.59)

进一步分析发现，"人工智能"一词在三篇文档中都出现，结果"人工智能"一词的逆文档频率为 $\log\dfrac{3}{3} = \log1 = 0$，说明这个语料库最恰当的命名是人工智能语料库，这是一个围绕着人工智能构建的语料库。

4. 文档特征

将一个词语在某篇文档中的词频率 tf 与该词语的逆文档频率(idf)相乘，就是该词语在这篇文档中的词频率-逆文档频率(tf-idf)，词频率-逆文档频率是对词频率的一种修正。

一篇文档，将该文档的词频向量中的频率值修正为词频率-逆文档频率，得到这篇文档的词频率-逆文档频率向量，它就是文档的特征。

例 7.4　计算文档 1、文档 2、文档 3 的特征。

解　三篇文档的词频率向量统一维数后依次为

$$f_1 = \left(\frac{1}{5}, \frac{1}{10}, \frac{1}{10}, \frac{1}{5}, \frac{1}{10}, \frac{1}{10}, \frac{1}{10}, 0, 0, 0, 0, 0, 0\right)$$

$$f_2 = \left(\frac{1}{8}, 0, 0, \frac{1}{8}, 0, 0, \frac{1}{8}, \frac{1}{4}, \frac{1}{4}, \frac{1}{8}, 0, 0, 0\right)$$

$$f_3 = \left(0, 0, 0, \frac{1}{5}, 0, 0, 0, \frac{1}{5}, 0, 0, \frac{1}{5}, \frac{1}{5}, \frac{1}{5}\right)$$

例 7.3 这三篇文档的词频率向量 tf 对应的逆文档频率 idf 为

idf: (0.59，1.59，1.59，0，1.59，1.59，0.59，0.59，1.59，1.59，1.59，1.59，1.59)

所以，三篇文档的文档特征依次是(手动计算)：

tf-idf$_1$: (0.118，0.159，0.159，0，0.159，0.159，0.059，0，0，0，0，0，0)

tf-idf$_2$: (0.07375，0，0，0，0，0，0.07375，0.1475，0.3975，0.19875，0，0，0)

tf-idf$_3$: (0，0，0，0，0，0，0.118，0，0，0.318，0.318，0.318)

7.3.2　文档相似性

如何找出两个文档之间的距离，或者以搜索引擎为例，如何找到最相关的文档。两个文档或者文档与查询之间的距离最小，意味着它们一定是最相似或者最相关的。文本处理中，两个文档的距离是计算两个 tf-idf 文档向量夹角的余弦值。文档与查询之间的距离计算也与之相同，因为查询是作为一个小文档来处理的。

n 维空间中两个向量$(x_1, x_2, \cdots, x_n)$、$(y_1, y_2, \cdots, y_n)$之间的夹角为 θ，那么余弦值：

$$\cos\theta = \frac{x_1 y_1 + x_2 y_2 + x_3 y_3 + \cdots + x_n y_n}{\sqrt{x_1^2 + x_2^2 + x_3^2 + \cdots + x_n^2}\sqrt{y_1^2 + y_2^2 + y_3^2 + \cdots + y_n^2}} \tag{7.1}$$

显然，向量之间的夹角能衡量两个向量之间相近的程度。

两个向量夹角的余弦值按公式(7.1)计算，对两个 tf-idf 文档向量而言，由于 tf-idf≥0，所以余弦值介于 0 到 1 之间。从三角形的基本原理可知，如果两个向量夹角的余弦值越大，那这两个向量代表的文档就越相似。0 度角的余弦值是 1，代表文档是相同的或者非常相似。文档如果表现为正交向量，其值则接近于 0。

利用(7.1)式求余弦值，经常先进行归一化处理，即将 tf-idf$(x_1, x_2, \cdots, x_n)$表示为如下公式：

$$\left(\frac{x_1}{\sqrt{x_1^2 + x_2^2 + \cdots + x_n^2}}, \frac{x_2}{\sqrt{x_1^2 + x_2^2 + \cdots + x_n^2}}, \cdots, \frac{x_n}{\sqrt{x_1^2 + x_2^2 + \cdots + x_n^2}}\right)$$

那么式 (7.1) 就成为两个单位向量 $\left(\dfrac{x_1}{\sqrt{x_1^2 + x_2^2 + \cdots + x_n^2}}, \dfrac{x_2}{\sqrt{x_1^2 + x_2^2 + \cdots + x_n^2}}, \cdots, \right.$

$$\left.\frac{x_n}{\sqrt{x_1^2+x_2^2+\cdots+x_n^2}}\right) \text{和} \left(\frac{y_1}{\sqrt{y_1^2+\cdots+y_n^2}}, \frac{y_2}{\sqrt{y_1^2+\cdots+y_n^2}}, \cdots, \frac{y_n}{\sqrt{y_1^2+\cdots+y_n^2}}\right) \text{的内积：}$$

$$\cos\theta = \frac{x_1}{\sqrt{x_1^2+\cdots+x_n^2}} \cdot \frac{y_1}{\sqrt{y_1^2+\cdots+y_n^2}} + \frac{x_2}{\sqrt{x_1^2+\cdots+x_n^2}} \cdot \frac{y_2}{\sqrt{y_1^2+\cdots+y_n^2}} + \cdots$$

$$+ \frac{x_n}{\sqrt{x_1^2+\cdots+x_n^2}} + \frac{y_n}{\sqrt{y_1^2+\cdots+y_n^2}} \tag{7.2}$$

例 7.5　求文档 1、文档 2、文档 3 之间的相似性。

解　用余弦相似性度量法予以度量三文档之间的相似性，根据例 7.4，先进行归一化处理。

tf-idf$_1$ 归一化：(0.343，0.462，0.462，0，0.462，0.462，0.171，0，0，0，0，0，0)

tf-idf$_2$ 归一化：(0.154，0，0，0，0，0，0.154，0.307，0.829，0.414，0，0，0)

tf-idf$_3$ 归一化：(0，0，0，0，0，0，0.21，0，0，0.565，0.565，0.565)

利用式(7.2)，可得

文档 1 和文档 2 之间的相似性：

$$\cos\theta = 0.079$$

文档 1 和文档 3 之间的相似性：

$$\cos\theta = 0$$

文档 2 和文档 3 之间的相似性：

$$\cos\theta = 0.064$$

据此很容易将文档按余弦值，即相似度大小排序。从网上搜索的角度来看，关键词是简单的文档，按关键词与不同网页的余弦相似度大小予以排序，就是我们搜索的网页顺序排名。这个简单实用的余弦相似性度量法还有下列广泛的应用：教师检查学生作业，学术期刊检查科研论文是否存在抄袭行为，比较文学研究者发现文本之间的关系，网上书店向用户推荐书籍，甚至生物学家据此发现不同基因组之间的关系。

7.4　机　器　翻　译

语言是有限手段的无限运用，人们使用和理解的句子范围都是无限的。机器翻译的实质，就是把源语言中无限数量的句子，通过有限的规则，自动转换为目标语言中无限数量的句子。乔姆斯基说：一个人的语言知识是以某种方式体现在人脑这个有限的机体之中的，因此，语言知识就是一个由某种规则和原则构成的有限系统。但是一个会说话的人却能讲出并理解他从未听到过的句子，而且这种能力是无限的，人们使用和理解的句子范围都是无限的。

7.4.1　基于规则的机器翻译

基于规则的机器翻译，采用规则型语言模型，它以生成语言学为基础，人工编制语言规则，这些语言规则主要来自语言学家掌握的语言学知识，难免有主观性和片面性。

一个完整的机器翻译过程可以分为如下六个步骤：

(1) 源语言词法分析；

(2) 源语言句法分析；

(3) 源语言目标语言词汇转换；

(4) 源语言目标语言结构转换；

(5) 目标语言句法生成；

(6) 目标语言词法生成。

这六个步骤形成"机器翻译金字塔(MT pyramid)"，如图 7-6 所示。

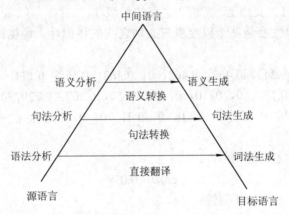

图 7-6　机器翻译金字塔

可以看出，这个机器翻译金字塔的左侧是源语言的分析，右侧是目标语言的生成，中间是源语言到目标语言的转换。源语言的分析独立于目标语言的生成，只是在转换部分才同时涉及源语言和目标语言，这种"独立分析-独立生成-相关转换"的思想，成为了基于规则的机器翻译的原则。

7.4.2　基于统计的机器翻译

基于统计的机器翻译，采用统计语言模型，以分析大规模语料库为基础，计算机利用模型中的概率参数，可以估计出自然语言中语言成分出现的可能性，相对客观和全面。

基于统计的机器翻译，把机器翻译问题看成是一个噪声信道问题，如图 7-7 所示。

图 7-7　噪声信道问题

可以这样来看机器翻译：一种语言 T 由于经过了一个噪声信道而发生了扭曲变形，在信道的另一端呈现出另一种语言 S。语言 T 是信道意义上的输入，在翻译意义上就是目标语言，语言 S 是信道意义上的输出，在翻译意义上就是源语言。从这种观点来看，一种语言中的任何一个句子都有可能是另外一种语言中的某几个句子的译文，只是这些句子的可能性各不相同，机器翻译就是要找出其中可能性最大的句子，也就是对所有可能目标语言 T 计算出概率最大的一个作为源语言 S 的译文。

这样统计机器翻译系统的任务就是在所有可能的目标语言的句子中寻找概率最大的那个句子作为翻译结果，其概率值可以使用贝叶斯公式得到

$$P(T \mid S) = \frac{P(T)P(S \mid T)}{P(S)}$$

作为两门不同的语言，$P(S)$ 与 T 没有什么关系，因此求 $P(T \mid S)$ 的最大值相当于寻找一个 T，使得等式右边分子的两项乘积 $P(T)P(S|T)$ 为最大，即

$$\text{argmax } P(T)P(S \mid T)$$

这个公式叫做统计机器翻译的基本公式。其中 $P(T)$ 是目标语言的语言模型，表征译文的流畅度；$P(S \mid T)$ 是给定 T 的情况下 S 的翻译模型，表征译文的忠实度；如果 $P(T)P(S|T)$ 的值最大，表征译文兼顾忠实度和流畅度，译文质量就高。因此统计机器翻译的基本公式反映了人们对于译文的基本要求，符合人们的翻译直觉。这样统计机器翻译的过程就可以看成一个解码的过程，如图 7-8 所示。

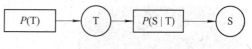

图 7-8　统计机器翻译

图 7-8 中 $P(T)$ 与源语言 S 无关，$P(S|T)$ 是在考虑目标语言 T 的条件下，源语言 S 的条件概率，它是翻译模型，反映了两种语言翻译的可能性，与源语言和目标语言都有关。

统计机器翻译系统要解决三个问题：
(1) 估计语言模型概率 $P(T)$，也就是估计目标语言译文(T)的流畅度；
(2) 估计翻译概率 $P(S \mid T)$，也就是估计目标语言(T)对于源语言(S)的忠实度；
(3) 设计有效快速的搜索算法来求解 T，使得 $P(T)P(S \mid T)$ 最大。
统计机器翻译系统的框架如图 7-9 所示。

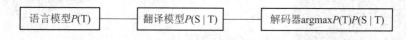

图 7-9　统计机器翻译系统框架

7.4.3　神经网络机器翻译

神经语言模型 NLM(Neural Language Model)使用词的分布式表示对自然语言序列建模，将每个词予以编码，识别两个相似的词，共享一个词(及其上下文)和其他类似词(和上下文之间)的统计强度。统计语言模型为每个词学习的分布式表示，允许模型处理具有类似共同特征的词来实现这种共享。例如，假设词"狗"和"猫"映射到具有许多属性的表示，则包含词"猫"的句子可以告知模型对包含词"狗"的句子做出预测，反之亦然。这些词表示有时称为词嵌入，这样在嵌入空间中，具有相似含义的词彼此邻近。

机器翻译的编码器-解码器框架的总体思想如图 7-10 所示。

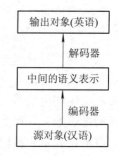

图 7-10　机器翻译的编码器-解码器框架

神经机器翻译系统使用神经语言模型。首先使用 RNN 模型(也可以是 CNN)读取输入序列并产生概括输入序列的数据结构，简称这个概括为上下文 C，上下文 C 可以是向量或者张量，如图 7-10 中的"中间的语义表示"。然后利用另外一个 RNN 模型读取上下文 C 并且生成目标语言的句子。

7.5　语音识别

语音信号是人类交流的主要途径之一，语音识别就是将语音自动转换为文字的过程。随着语音识别技术的发展，传统的信息输入手段正发生着巨大变革，人机交互方式也变得丰富多彩。从我们手机中的智能对话软件、孩子们的智能对话机器人到对我们言听计从的智能音箱，都使用了语音识别技术。语音识别技术的应用如图 7-11 所示。

智能对话软件　　　　　　　　智能对话机器人　　　　　　　　智能音箱

图 7-11　语音识别技术的应用

7.5.1　感知声音

人类利用耳朵来听声音，声波传入耳道后会使鼓膜产生震动，并通过耳内骨骼传递声音并放大到达耳蜗。耳蜗中的液体流动使耳蜗内毛细胞的纤毛受到冲击，毛细胞把声音信号转变成生物电信号，经过听神经传递到大脑。大脑再把送达的信息进行加工、整合就产生了听觉。那计算机是如何来感知声音的呢？

我们需要将声波转换成计算机能够存储和识别的音频文件，这个转换过程将经过采样、量化、编码等步骤。我们在使用手机中的智能对话软件的时候，当我们对着话筒说话，话筒中的传感器就把声波转化为连续的电信号，但计算机是无法存储连续信号的，这就需要将连续的电信号在时间上变得离散，这个过程就是采样。同时，通过量化将电信号在幅度上变得离散，声音就成为了离散的数据点，计算机就可以通过不同的编码方式将它存储为不同的文件格式，比如我们常见的 MP3、WMA、FLAC 等，如图 7-12 所示。

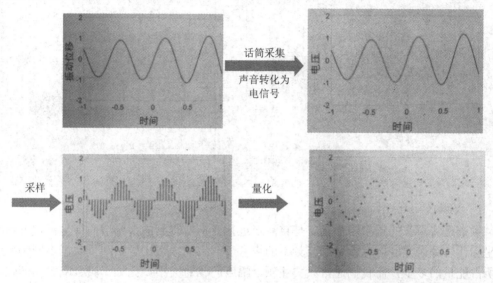

图 7-12　声音的数字化

当我们使用手机中的录音机录音时，会发现声音变成了一连串连续的波形，这是传感器在传导声音时的振动位移，因为振动位移随时间变化在 0 附近反复振荡，因而波形也是随时间变化在 0 附近不断振荡的。传感器传导声音时的振动位移如图 7-13 所示。当采样频率比较高时，波形看起来是近似连续的。采样频率越高，声音还原得也越自然，由于人耳对高频的声音不敏感，因此增加采样频率对于听觉感受的影响很小，但是却会耗费更多的存储空间。

图 7-13　传感器传导声音时的振动位移

7.5.2　理解声音

人类的声音中包含着丰富的情感，我们通过聆听语言或音乐中声音的大小、高低等因素就能分析出声音传达出来的是快乐、悲伤还是冷漠。那如何让计算机"理解"声音呢？

前面我们介绍了音频的波形，就是将声音的振幅图形化。振幅越大的波形表示的声音越大，波形越紧密说明单位时间内振动的次数越多，频率越高，音高就越高。除了波形之外，频谱也是计算机进行音频分析的常用方法。频谱示意图如图 7-14 所示。

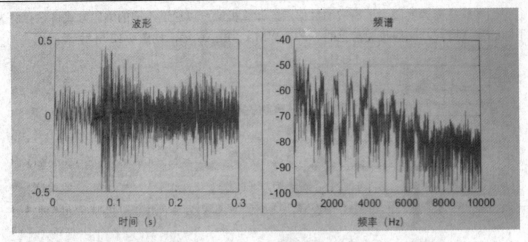

图 7-14　频谱

频谱是将声音的频率图形化，是将波形进行变换后得到的。频谱的横坐标代表频率，纵坐标代表频谱幅度，也就是相应频率的声音所对应的振幅。频谱图反映了不同频率的声音所占能量的多少，而我们通常只关注频谱幅度的相对大小。比如一段合唱中高音强，低音弱，那么在一定范围内频率高的区域对应的频普幅度就大，反之频率低的区域对应的频谱幅度就小。

当我们分析一段音乐时，通常会用响度、音调、音色三个要素来描述音乐的特征。其中，响度代表音乐的强弱，也就是波形中振幅的大小；音调代表音调的高低，声音的频率越高，音调就越高，声音的频率越低，音调就越低，这就对应于频谱；音色是一种由于声带或者乐器在振动发生过程中，除音调所对应的频率外伴随的高频成分所带来的更为复杂的音乐特征。通过分析不同音乐的波形及频谱就能够分析出一段音乐的特点。

人类听音乐时需要凭借感官及经验来理解音乐是摇滚、爵士、美声还是民族的。计算机同样需要通过大量"听"音乐形成它的"经验"。这个经验就需要从音乐中进行特征提取，也就是将音乐中具有辨识性的成分提取出来，比如运用布鲁斯音阶、多变的切分节奏及独特音色的就是爵士乐，但这些是人类对于爵士乐特征的理解，计算机是无法理解的。那如何能提取出便于计算机理解的特征呢？

梅尔频率倒谱系数(MFCC)就是一种常用的声学特征。MFCC 特征可以粗略地刻画出频谱的形状，还可以表现出声音的一个重要特性——共振峰。梅尔频率倒谱系数如图 7-15 所示。

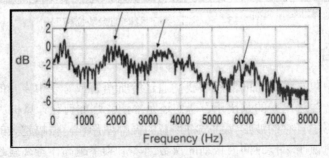

图 7-15　梅尔频率倒谱系数

在上图的语音频谱图中，峰值就是共振峰，它是表示声音的主要频率成分，携带了声音的辨识属性，就像我们的身份证一样，通过它就可以识别不同的声音。在我们发音的过程中，每个韵母在频谱图上的共振峰位置都有明显不同。我们在提取特征的时候不仅要提取共振峰的位置，还要提取它们的转化过程，也就是连接共振峰点的平滑曲线，这就叫做频谱的包络，如图 7-16 所示。

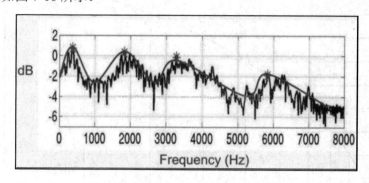

图 7-16　频谱的包络

人类听觉的感知只聚焦在频谱的某些特定区域，而不是聚集在整个频谱包络。科学家对人耳的听觉感知实验观测发现人耳就像一个滤波器组，对频率是有选择性的。它只让某些频率的声音信号通过，而无视它不想感知的某些频率的声音信号。这些滤波器在频率坐标轴上却不是统一分布的，在低频区域有很多滤波器，它们分布比较密集；但在高频区域，滤波器的数目就变得比较少，分布很稀疏。换句话说，人耳对于低频的声音较为敏感，对于高频声音不敏感，如图 7-17 所示。

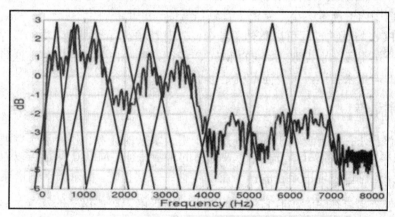

图 7-17　人类听觉感知频谱

科学家们考虑到了人类的听觉特征，便先用梅尔频率对频谱进行处理，得到一组 26 维的特征，然后再计算它的倒谱得到最终的 13 维 MFCC 特征。

具体步骤如下：

第一步，将普通频率转化到梅尔频率。

如图 7-18，梅尔频率是一种特殊的频率刻度，它与普通频率的函数关系为 $\mathrm{mel}(f) = 1125 \times \ln(1 + f/700)$。梅尔频率刻度下等长的频率区间对应到普通频率下变为不等长的区间：低频部分分辨率高；高频部分分辨率低。这与人耳的听觉感受是相似的，在每一个频率区间对

频谱求均值，它代表了每个频率范围内声音能量的大小。一共有 26 个频率范围，从而得到
26 维的特征。

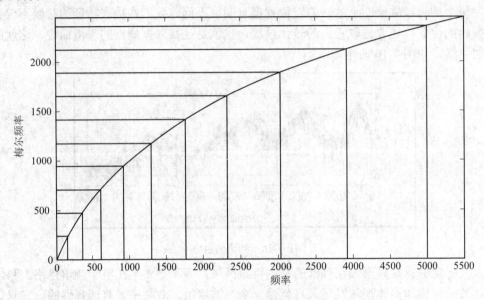

图 7-18　梅尔频率

第二步，倒谱分析。

由上述 26 维特征再做数学变换后进一步把特征维数降低到 13 维，这样我们就得到了
MFCC 特征。具体的变换过程较为复杂，需要了解的是，这 13 维特征仍然反映了音频信号
在不同频率范围内的能量大小，保留了音频信号的一些重要特点。

提取 MFCC 特征的过程可以具体总结为：先对音频进行预加重，并分为等间隔的若干
小段，对每一个小段分别提取 13 维的 MFCC 特征，并输出为特征向量，这段音频就可以
通过一系列的向量来描述，每个向量就是每小段 MFCC 特征。

7.5.3　识别语音

相比理解音乐，让计算机识别语音是一个更为复杂的任务。语音识别需要对每一个音
进行分类，而文字又有成千上万，可能的组合也非常庞大。但是人类的语音是有一定规律
的，这也给语音识别带来了一些便利之处。

第一，每种语言在声音上有它自己的特点，以汉语为例，汉字的发音是通过拼音拼出
来的，拼音中声母一共 23 个，韵母一共 24 个，数量远少于汉字的数量，因此，我们可以
通过汉语的声音特征来进行语音识别。

第二，汉语在语言表达上也有一定的规律，对于识别出来的某些词，能够较为容易地
找到对应的汉字，比如识别出的读音为"tai　yang"，那这个词更有可能是"太阳"而不
是"抬样"。

上面的两种语言特点其实包含了两方面的因素，一方面是声音，另一方面是语言。这
也是在语音识别过程中的两种需要建立的重要模型——声学模型和语言模型。

声学模型是通过人工智能算法训练出来的，在训练之前需要选取建模单元，建模单元

可以是音素、音节、词语等，我们一般采用音素，也就是我们常说的声母和韵母作为建模单元。声学模型承载着声学特征与建模单元之间的映射关系。

语言模型就是用来计算一个句子的概率的模型。利用语言模型，可以确定哪个词序列的可能性更大，或者给定若干个词，可以预测下一个最可能出现的词语。比如，输入拼音串为 nixianzaiganshenme，对应的输出可以有多种形式，如"你现在干什么"、"你西安再赶什么"，等等，利用语言模型，我们可知道前者的概率大于后者，因此转换成前者在多数情况下会比较合理。语音识别的具体流程如图 7-19 所示。

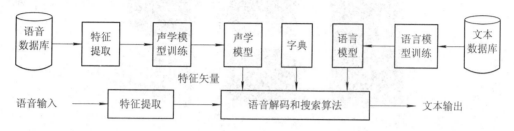

图 7-19　语音识别的具体流程

语音识别的具体步骤如下：

第一步，把一段语音进行滤波及分帧处理，分成若干小段；

第二步，利用声学特征进行特征提取工作，为声学模型提供合适的特征向量；

第三部，利用声学模型中根据声学特性计算每一个特征向量在声学特征上的得分；

第四步，利用语言模型计算该声音信号对应可能词组序列的概率；

第五步，根据已有字典，对词组序列进行解码，得到最后可能的文本表示。

下面这个例子，展示了语音识别的模拟流程。

(1) 语音信号，音频文件等(我是机器人)；

(2) 特征提取，提取特征向量[1 3 2 5 4 6 8 9 0 1]

(3) 声学模型，[1 3 2 5 4 6 8 9 0 1] ——> w o s i j i q i r n

(4) 字典，窝：wo；我：wo；是：si；机：ji；器：qi；人：rn；级：ji；忍：rn；

(5) 语言模型，我：0.0786，是：0.0546，我是：0.0898，机器：0.0967，机器人：0.6785；

(6) 输出文字，我是机器人。

7.6　应用案例——讯飞翻译机 2.0

讯飞翻译机 2.0 是科大讯飞公司于 2018 年 4 月 20 日推出的新一代人工智能翻译机器产品，如图 7-20 所示。讯飞翻译机 2.0 的体积为 145.5 mm × 52.5 mm × 13.4 mm，比较小巧，重量仅有 120 g，随身携带非常方便，金属的外壳使得其在耐用性上也有不错的表现。讯飞翻译机 2.0 后置一颗 1300 万像素摄像头，专门用来进行拍摄翻译使用。摄像头的下方是一颗"SOS"紧急呼救按钮。

讯飞翻译机 2.0 采用语音识别技术、自然语言理解、NMT 翻译技术、语音合成以及四麦克风阵列等多项人工智能技术，如图 7-21 所示。讯飞翻译机 2.0 支持在六麦克风、双麦克风和单麦克风场景下的语音分离和英文识别任务，支持语种覆盖近 200 个国家和地区，包括 AI+翻译(语音对话翻译、离线翻译、拍照翻译、人工翻译、方言翻译)及增值服务(全球上网、SOS 紧急救援、AI 语音助手、口语学习)两大功能。

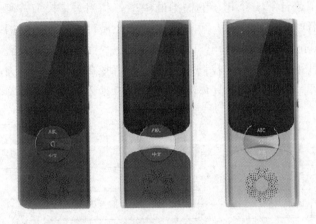

图 7-20　讯飞翻译机 2.0

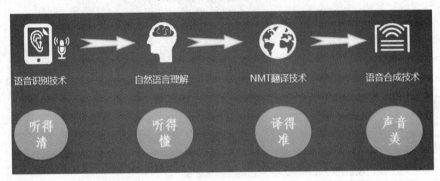

图 7-21　讯飞翻译机 2.0 采用的技术

(1) 语音对话翻译。讯飞翻译机 2.0 支持 33 种语言即时互译，可在 1 秒内给出翻译结果。它基于 4000 万句对话，贴合原意翻译结果，中英语音识别准确率达 98%。通过四麦列阵的方式实现录音高清降噪，过滤环境音的效果，大大提升语音翻译时的录词准确性。帮助你快速学习各种常用的情景对话，出行会话、购物会话、餐饮会话、住宿会话、观光会话、生活服务，这些场景内的常用对话都能协助用户来理解和学习。

(2) 离线翻译。讯飞翻译机 2.0 在没有信号的情况下，离线翻译自动生效。支持中英离线翻译，语种持续增加，达到日常交流跟在线翻译无差异。2018 俄罗斯世界杯前支持中俄离线翻译。

(3) 拍照翻译。讯飞翻译机 2.0 支持手写字体拍摄翻译，并且支持 12 种语言(英、日、韩、泰、法、德、西、俄、意、葡、阿拉伯等)的拍照翻译。即使出国旅游走进外国餐厅，你也可以从容地用讯飞翻译机 2.0 拍摄翻译出外文菜单，不仅是菜单，外语的商品标签、各种指示牌、外语地图、说明书等都可以实现拍照翻译。

(4) SOS 紧急救援。讯飞翻译机 2.0 的 SOS 紧急求救键也非常实用。首先预设好紧急联系人信息，一旦出现意外或者紧急情况，长按 SOS 键 5 秒以上就可以发出"求救"信号，对于出国在外游玩的人，这样的功能非常实用。

习　题

1. 简述机器翻译的方式。
2. 简述文本的特征。
3. 说一说语音识别的过程是怎样的。

第八章　智　慧　物　联

从早期的电子邮件沟通地球两端的用户,到超文本标记语言(HTML)和万维网(WWW)技术引发的信息爆炸,再到多媒体数据的丰富展现,网络深刻地改变着人们的生活方式。进入 21 世纪以来,随着感知识别技术的快速发展,信息从传统的人工生成单通道模式转变为人工生成和自动生成的双通道模式。以传感器和智能识别为代表的信息自动生成设备可以实时准确地开展对物理世界的感知、测量和监控。

物理世界的联网需求和信息世界的扩展需求催生了一类新型网络——物联网(Internet of Things)。物联网技术最初被描述为物品通过射频识别等信息传感设备与互联网连接起来,实现智能化识别与管理,其核心是物与物之间广泛而普遍的互联。物联网技术通过对物理世界的信息化、网络化,使传统上分离的物理世界和信息世界实现互联和整合。

继计算机、互联网和移动通信之后,业界普遍认为物联网将引领信息产业革命的新一次浪潮,成为未来经济发展、社会进步和科技创新最重要的基础设施,也关系到未来国家物理基础设施的安全利用。由于物联网技术融合了半导体、传感器、计算机、通信网络等多种技术,它即将成为电子信息产业发展的新的制高点。

物联网技术是一种非常复杂、形式多样的系统技术,根据信息生成、传输、处理和应用的原则,可以把物联网分为 4 层:感知识别层、网络构建层、管理服务层和综合运用层。

我国高度重视物联网产业的发展,于 2017 年 1 月发布《信息通信行业发展规划物联网分册(2016—2020 年)》,提出产业规模突破 1.5 万亿的发展目标,并制定"强化产业生态布局"等重点任务。

8.1　智慧物联应用场景——基于 RFID 的车辆管理系统

基于 RFID 的车辆管理系统是以 RFID 电子标签作为车辆信息的载体,结合数据通信技术、自动控制技术、计算机网络技术、信息发布技术等现代化科技的智能交通综合解决方案,该系统可以提供涉及公安、交通、环保、税务等部门的 80 多种服务,为车辆信息化、交通智能化奠定坚实的基础。

基于 RFID 的车辆管理系统的优势如下:

(1) 自由流多车道稳定运行。多阅读器、多天线协同工作,保证多车道情况下的区域覆盖和高速信息采集,支持车速高达 180 km/h 的稳定识别。

(2) 可靠的安全保障机制。专用信息加密机制使得电子车牌具有难复制、防篡改的特点,同时保障了监察基站与电子标签之间的信息可以准确读取。

(3) 系统兼容性。硬件上可兼容现有设备，共同应用于交通管理中；软件上也可与现存的管理系统进行对接，构建灵活，兼容性强。

(4) 信息整体性。各类交通管理都可通过识别车辆电子车牌进行信息采集，保证各个应用系统信息的共享、互通，从而可以建立一个整体统一的信息化智能交通系统。

(5) 系统可靠性。军工级产品设备，电信级网管系统，全力打造高可靠性、高性能的智能交通系统，实现任何环境下 24 h 稳定运行。

8.2 智慧物联感知技术

物联网的目标是将物理世界与数字世界融合。物联网的感知层主要完成信息的采集、转换和接收，其关键技术主要为传感器技术和网络通信技术，例如利用射频标识(RFID)标签来识别 RFID 信息的扫描仪、视频采集的摄像头和各种传感器的传感与控制技术。

8.2.1 传感器技术

传感器技术是测量技术、半导体技术、计算机技术、信息处理技术、微电子技术、光学、声学、精密机械、仿生学和材料科学等众多学科相互交叉的综合性技术，是高新技术密集型的前沿技术之一，是现代新技术革命和信息社会的重要基础，是自动检测和自动控制技术的重要组成部分。

1. 传感器的概念

传感器(Transducer/Sensor)是一种检测装置，能感受到被测量信息，并能将感受到的信息按照一定规律变换成电信号或其他形式的信息输出，以满足信息的传输、处理、存储、显示、记录和控制等要求，是实现自动检测和自动控制的首要环节。国家标准(GB7665-87)对传感器下的定义是，能感受规定的被测量并按照一定的规律转换成可用信号的器件或装置，通常由敏感元件和转换元件组成。从定义可以看出，传感器包含如下的概念：

(1) 传感器是测量装置，能完成检测任务。

(2) 它的输入量是某一被测量，可能是物理量，也可能是化学量、生物量等。

(3) 它的输出量是某种物理量，这种量要便于传输、转换、处理、显示等，这种量可以是气、光、电量，但主要是电量。

(4) 输出输入有对应关系，且应有一定的精确程度。

2. 传感器的性能指标及要求

传感器的质量优劣一般通过相关性能来衡量。在检测系统中除一般所用的如灵敏度、分辨率、准确度、线性度、频率特性等参数外，还常用阈值、过载能力、稳定性、漂移、可靠性、重复性等与环境相关的参数及使用条件等作为衡量指标。

(1) 阈值：指零点附近的分辨率，即传感器输出端产生可测变化量的最小值。

(2) 漂移：在一定时间间隔内传感器输出量存在着与被测输入量无关的、不需要的变化，包括零点漂移与灵度漂移。

(3) 过载能力：传感器在不致引起规定性能指标永久改变的条件下，允许超过测量范围的能力。

(4) 稳定性：传感器在具体时间内保持其性能的能力。

(5) 重复性：传感器输入量在同一方向做全量程内连续重复测量所得输出输入特性曲线的重合程度。

(6) 可靠性：通常包括工作寿命、平均无故障时间、保险期、疲劳性能、绝缘电阻、耐压性等。

(7) 传感器工作要求：主要有高精度、低成本、灵敏度高、稳定性好、工作可靠、抗干扰能力强、良好的动态特性、结构简单、功耗低、易维护等。

3. 传感器的组成

传感器通常由敏感元件、转换元件和转换电路组成。有些传感器，它的敏感元件与转换元件合并在一起，例如，半导体气体传感器、湿度传感器等。传感器的组成框架如图 8-1 所示。

图 8-1　传感器的组成框架图

(1) 敏感元件，即直接感受被测量，并输出与被测量成确定关系的物理量，能敏锐地感受某种物理、化学、生物的信息，并将其转变为电信号的特种电子元器件。

不同传感器的敏感元件是不同的，通常是利用材料的某种敏感效应制成的。敏感元件可以按输入的物理量来命名，如热敏、光敏、(电)压敏、(压)力敏、磁敏、气敏、湿敏元件。敏感元件是传感器的核心元件，在电子设备中采用敏感元件来感知外界的信息，可以达到或超过人类感觉器官的功能。随着电子计算机和信息技术的迅速发展，敏感元件的重要性日益增大。

(2) 转换元件，是指传感器中能将敏感元件的输出转换为适于测量和传输的电信号的部分。敏感元器件的输出就是它的输入，转换成电路参量。一般传感器的转换元件是需要辅助电源的。

(3) 转换电路。上述电路参量接入转换电路，便可转换成电量输出。

4. 传感器的分类

可以用不同的方法对传感器进行分类，即按传感器的转换原理、传感器用途、输出信号的类型以及传感器的制作材料和工艺等来划分传感器的类型。

按照传感器转换原理可分为物理传感器和化学传感器。

按照传感器的用途可分为压力敏和力敏传感器、位置传感器、液面传感器、能耗传感器、速度传感器、加速度传感器、射线辐射传感器、热敏传感器等。

按照传感器的工作原理可分为振动传感器、湿敏传感器、磁敏传感器、气敏传感器、真空传感器、生物传感器等。

按输出信号类型可以将传感器分为模拟传感器、数字传感器、膺数字传感器、开关传感器。

按照所应用的材料分类：

(1) 按照其所用材料类别可分为金属传感器、聚合物传感器、陶瓷传感器、混合物传感器等；

(2) 按材料物理性质可分为导体传感器、绝缘体传感器、半导体传感器、磁性材料传感器等；

(3) 按材料的晶体结构可分为单晶传感器、多晶传感器、非晶材料传感器等。

按照传感器制造工艺可分为集成传感器、薄膜传感器、厚膜传感器、陶瓷传感器等。

5. 常用传感器

(1) 电阻应变式传感器。

电阻应变式传感器是利用电阻应变片将应变转换为电阻值变化的传感器。应变式传感器由弹性元件、应变片、附件(补偿元件、保护罩等)组成，其原理如图 8-2 所示。

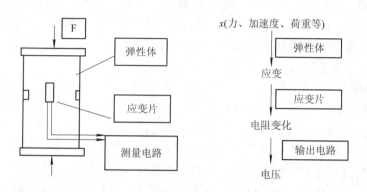

图 8-2　电阻应变式传感器原理图

(2) 电感式传感器。

电感式传感器是基于电磁感应原理，把被测量转化为电感量变化的一种装置，按照转换方式的不同可分为自感式和互感式两种。

自感式电感传感器主要有变间隙型、变面积型和螺管型，均由线圈、铁芯和衔铁三部分组成。其中，铁芯和衔铁由导磁材料制成。

在铁芯和衔铁之间有气隙，传感器的运动部分与衔铁相连。当衔铁移动时，气隙厚度发生改变，引起磁路中磁阻变化，从而导致电感线圈的电感值变化，因此只要测出这种电量的变化，就能确定衔铁位移量的大小和方向。

把被测的非电量变化转化为线圈互感变化的传感器称为互感式传感器。这种传感器是根据变压器的基本原理制成的，并且次级绕组用差动形式连接，故又称为差动变压器式传感器。

差动变压器结构形式有变隙式、变面积式和螺线管式等。

(3) 热电式传感器。

① 热电偶式传感器。热电偶作为温度传感器，测得与温度相应的热电动势，由仪表转化成温度值。它具有结构简单，价格便宜，准确度高，测温范围广等特点，广泛用来测量 $-200 \sim 1300 ℃$ 范围内的温度，特殊情况下，可测至 $2800℃$ 的高温-4K 的低温。由于热电偶是将温度转化成电量进行检测，使得对温度的测量、控制，以及对温度信号的放大、变换变得都很方便，适用于远距离测量和自动控制。

② 热电阻式传感器。电阻温度计是利用导体或半导体的电阻值随温度的变化来测量温度的元件，它由热电阻体(感温元件)，连接导线和显示或纪录仪表构成。习惯上将用作标准的热电阻体称为标准温度计，而将工作用的热电阻体直接称为热电阻。它们广泛用来测量 $-200 \sim 850℃$ 范围内的温度，少数情况下，低温可至 1K，高温可达 $1000℃$。在常用的电

阻温度计中,标准铂电阻温度计的准确度最高,并作为国际温标中 961.78℃以下内插用标准温度计。同热电偶式传感器相比,热电阻传感器具有准确度高、输出信号大、灵敏度高、测温范围广、稳定性好、输出线性好等特性,但结构复杂,尺寸较大,因此热响应时间长,不适于测量体积狭小和温度瞬变区域。

(4) 霍尔传感器。

霍尔传感器是一种磁电式传感器,是利用霍尔元件基于霍尔效应原理而将被测量转换成电动势输出的一种传感器。由于霍尔元件在静止状态下,具有感受磁场的独特能力,并且具有结构简单、体积小、噪声小、频率范围宽(从直流到微波)、动态范围大(输出电势变化范围可达 1000∶1)、寿命长等优点,因此获得了广泛应用。例如,在测量技术中用于将位移、力、加速度等被测量转换为电量的传感器,在计算技术中用于作加、减、乘、除、开方、乘方以及微积分等运算的运算器等。

(5) 光纤传感器。

光导纤维简称光纤,是一种特殊结构的光学纤维,由纤芯、包层和护层组成。光纤传感器原理实际上是研究光在调制区内外界信号(温度、压力、应变、位移、振动、电场等)与光的相互作用,即研究光被外界参数调制的原理。外界信号可能引起光的强度、波长、频率、相位、偏振等光学性质的变化,从而形成不同的调制信号光。

光纤传感器主要有抗电磁干扰、电绝缘、耐腐蚀、灵敏度高、重量轻、体积小、可弯曲、测量对象广泛、对被测介质影响小等特点。

8.2.2　RFID 系统

RFID 技术是一种非接触式的自动识别技术,它通过射频信号自动识别目标对象,可快速地进行物品追踪和数据交换。识别工作无需人工干预,可工作于各种恶劣环境中。RFID 技术可识别高速运动物体,并可同时识别多个标签,操作快捷方便,为 ERP(Enterprise Resource Planning,企业资源规划)和 CRM(Customer Relationship Management,客户关系管理)等业务系统完美实现提供了可能,并且能对业务与商业模式有较大提升作用。近年来,RFID 因其具备的远距离读取、高存储量等特性而备受瞩目。RFID 不仅可以帮助一个企业大幅提高货物信息管理的效率,而且可以让销售企业和制造企业互联,从而更加准确地接受反馈信息,控制需求信息、优化整个供应链。

1. RFID 系统的组成

最基本的 RFID 系统由 3 部分组成:电子标签(Tag)、阅读器和天线。电子标签也就是应答器(Transponder),即射频卡,由耦合元件及芯片组成,标签含有内置天线,用于在射频天线间进行通信。阅读器即读取(在读写卡中还可以写入)标签信息的设备。天线用于在标签和阅读器间传递射频信号。RFID 系统基本组成如图 8-3 所示。

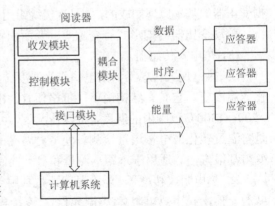

图 8-3　RFID 系统的基本组成框架图

1) 电子标签

在 RFID 系统中，电子标签相当于条码技术中的条码符号，用来存储需要识别和传输的信息，是射频识别系统真正的数据载体。一般情况下，电子标签由标签天线(耦合元件)和标签专用芯片组成(最新提出的无芯片射频标签以及声表面波 SAW 标签未来可能会有较大的发展，目前还处在产品萌芽初期)，其中包含带加密逻辑、串行电可擦除及可编程式只读存储器、逻辑控制以及射频收发及相关电路。电子标签的基本组成如图 8-4 所示。电子标签具有智能读写和加密通信的功能，通过无线电波与阅读器进行数据交换，工作的能量由阅读器发出的射频脉冲提供。当系统工作时，阅读器发出查询信号(能量)，电子标签(无源)收到查询信号(能量)后将其一部分整流为直流电源供电子标签内的电路工作，另一部分能量信号被电子标签内保存的数据信息调制后反射回阅读器。其内部各模块功能如下所述：

(1) 天线。用来接收由阅读器送来的信号，并把所要求的数据送回阅读器。

(2) 电压调节器。把由阅读器送来的射频信号转换成直流电压，并经大电容贮存能量再经稳压电路转变成稳定的电源。

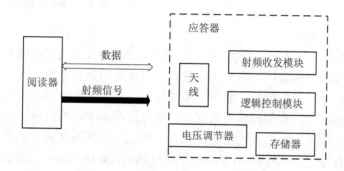

图 8-4 电子标签的基本组成框架图

(3) 射频收发模块，包括调制器和解调器。

① 调制器：逻辑控制模块送出的数据经调制电路调制后，加载到天线送给阅读器。

② 解调器：把载波去除以取出真正的调制信号。

(4) 逻辑控制模块，用来解码阅读器送来的信号，并依其要求送回数据给阅读器。

(5) 存储器，包括 EEPROM 和 ROM，作为系统运行及存放识别数据的空间。

在大部分的 RFID 系统中，阅读器处于主导地位。阅读器与电子标签之间的通信通常由阅读器发出搜索命令开始，当电子标签进入射频区后就响应搜索命令，从而使得阅读器识别到电子标签并与它进行数据通信。当射频区有多个电子标签时，阅读器和电子标签都需要调用防碰撞模块进行处理，多个电子标签将会一起被识别出来，识别的顺序与防碰撞的算法和电子标签本身的序列号有关。电子标签在识别通信的操作过程中基本上有 5 种状态。

① 空闲状态：电子标签在进入射频区前处于空闲状态，内部的信息不会泄漏或遗失。对于无源的电子标签来说，空闲状态也就意味着电路处于无电源的状态。

② 准备状态：进入射频区后，电子标签进入准备状态，准备接收阅读器发过来的指令。

③ 防碰撞状态：当射频区电子标签不止一个时，电子标签就将进入防碰撞状态。防碰撞的完成可能需要多次循环，每次循环识别出一个电子标签，没有被识别出来的电子标签将在下一次防碰撞中继续进行循环。

④ 选中状态：被识别出来的电子标签进入选中状态。阅读器只能对处于选中状态的电子标签进行读写数据。

⑤ 停止状态：阅读器对处于选中状态的电子标签读写完数据后，会发出停止命令控制电子标签进入停止状态。进入停止状态的电子标签停止响应，暂时处于封闭的状态，直到再接到阅读器发送过来的唤醒指令。有些无源 RFID 系统是通过电子标签进入射频区时的上电复位来实现对进入停止状态的电子标签的唤起，这样的策略确保了每个处于射频区的电子标签只能被选中一次。如果要想被第二次选中，电子标签就必须退出射频区后再进入。

在 RFID 系统中，电子标签的工作流程如图 8-5 所示。

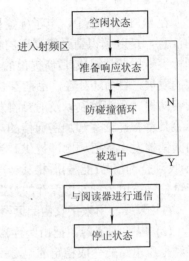

图 8-5　RFID 系统电子标签工作流程图

2) 阅读器

阅读器(Reader)即对应于电子标签的读写设备，在 RFID 系统中扮演着重要的角色，主要负责与电子标签的双向通信，同时接收来自主机系统的控制命令。阅读器通过与电子标签之间的空间信道向电子标签发送命令，电子标签接收命令后做出必要的响应，由此实现射频识别。一般情况下，在射频识别系统中，通过阅读器实现的对电子标签数据的无接触收集或由阅读器向电子标签写入的标签信息，均要回送到应用系统中或来自应用系统。阅读器与应用系统程序之间的接口 API(Application Program Interface)一般要求阅读器能够接收来自应用系统的命令，并且根据应用系统的命令或约定的协议做出相应的响应(回送收集到的标签数据等)。阅读器的频率决定了 RFID 系统的工作频段，其功率决定了射频识别的有效距离。阅读器根据使用的结构和技术不同有读取或读/写装置，它是 RFID 系统的信息控制和处理中心。典型的阅读器包括射频模块(射频接口)、逻辑控制模块以及阅读器天线。此外，许多阅读器还有附加的接口(RS-232、RS-485、以太网接口等)，以便将所获得的数据传向应用系统或从应用系统中接收命令。阅读器的基本组成如图 8-6 所示。

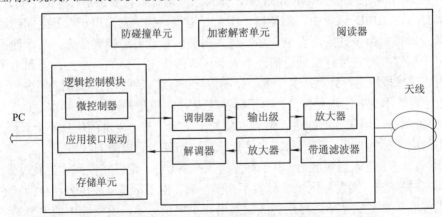

图 8-6　阅读器的基本组成框架图

阅读器内部各模块功能如下所述:

(1) 逻辑控制模块:与应用系统软件进行通信,并执行应用系统软件发来的命令。控制与电子标签的通信过程(主-从原则),将发送的并行数据转换成串行的方式发出,而将收到的串行数据转换成并行的方式读入。

(2) 射频模块:产生高频发射功率以启动电子标签,并提供能量。对发射信号进行调制(装载),经由发射天线发送出去,发送出去的射频信号(可能包含有传向标签的命令信息)经过空间传送(照射)到电子标签上,接收并解调(卸载)来自电子标签的高频信号,将电子标签回送到读写器的回波信号进行必要的加工处理,并从中解调,提取出电子标签回送的数据。

射频模块与逻辑控制模块的接口为调制(装载)/解调(卸载),在系统实现中,通常射频模块包括调制解调部分,并且也包括解调之后对回波小信号的必要加工处理(如放大、整形等)。在一些复杂的RFID 系统中都附加了防碰撞单元和加密、解密单元。防碰撞单元是具有防碰撞功能的 RFID 系统所必需的,而加密、解密单元使得数据的安全性得到了保证。RFID 系统阅读器的工作流程如图 8-7 所示。电子标签与阅读器构成的射频识别系统归根到底是为应用服务的,应用的需求可能是多种多样、各不相同的。阅读器与应用系统之间的接口 API 通常用一组可由应用系统开发工具(如 VC+、VB、PB 等)调用的标准接口函数来表示。

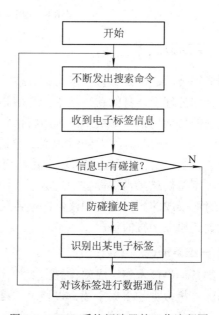

图 8-7 RFID 系统阅读器的工作流程图

(3) 天线。天线在电子标签和阅读器间传递射频信号,是电子标签与阅读器之间传输数据的发射接收装置。天线的目标就是传输最大的能量进出标签芯片。在实际应用中,除了系统功率之外,天线的形状和相对位置也会影响数据的发射和接收,需要专业人员对系统的天线进行设计、安装。

2. RFID 系统的工作原理

RFID 系统的工作原理如下:阅读器将要发送的信息,经编码后加载在某一频率的载波信号上经天线向外发送,进入阅读器工作区域的电子标签接收此脉冲信号,芯片中的有关电路对此信号进行调制、解码、解密,然后对命令请求、密码、权限等进行判断。若为读命令,逻辑控制模块则从存储器中读取有关信息,经加密、编码、调制后通过卡内天线再发送给阅读器,阅读器对接收到的信号进行解调、解码、解密后送至中央信息系统进行有关数据处理;若为修改信息的写命令,有关逻辑控制的内部电荷泵提升工作电压,提供擦写 EEPROM 中的内容进行改写,若经判断其对应的密码和权限不符,则返回出错信息。RFID 系统的工作原理如图 8-8 所示。

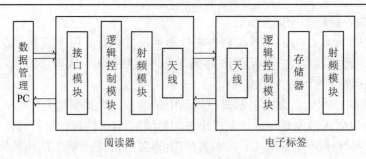

图 8-8　RFID 系统的工作原理图

8.2.3　条形码技术

条形码技术是在计算机技术与信息技术基础上发展起来的一门集编码、印刷、识别、数据采集和处理于一身的新兴技术。其核心内容是利用光电扫描设备识读条码符号，从而实现机器的自动识别，并快速准确地将信息录入到计算机中进行数据处理。条形码是利用条(着色部分)、空(非着色部分)及其宽、窄的交替变换来表达信息的。每一种编码都制定有字符与条、空、宽、窄表达的对应关系，交替排列成"图形符号"，在这一"图形符号"中就包含了字符信息，当识读器划过这一"图形符号"时，这一条、空交替排列的信息通过光线反射而形成的光信号在识读器内被转换成数字信号，再经过相应的解码软件，"图形符号"就被还原成字符信息。

1. 一维条形码

一维条形码技术相对成熟，在社会生活中处处可见，在全世界得到了极为广泛的应用。它作为计算机数据的采集手段，以快速、准确、成本低廉等诸多优点迅速进入商品流通、自动控制以及档案管理等各种领域。一维条形码由一组按一定编码规则排列的条、空符号组成，表示一定的字符、数字及符号信息。条形码系统是由条形码符号设计、条形码制作以及扫描阅读组成的自动识别系统，是迄今为止使用最为广泛的一种自动识别技术。到目前为止，常见的条形码的码制大概有 20 多种，其中广泛使用的码制包括 EAN 码、Code39码、交叉 25 码、UPC 码、128 码、Code93 码以及 CODABAR 码等。不同的码制具有不同的特点，适用于特定的应用领域。下面介绍一些典型的码制。

(1) UPC 码(统一商品条码)。UPC 码在 1973 年由美国超市工会推行，是世界上第一套商用的条形码系统，主要应用在美国和加拿大。UPC 码包括 UPC-A 和 UPC-E 两种系统。UPC 只提供数字编码，限制位数(12 位和 7 位)，需要检查码，允许双向扫描，主要应用于超市和百货业。

(2) EAN 码(欧洲商品条码)。1977 年，欧洲 12 个工业国家在比利时签署草约，成立了国际商品条码协会，参考 UPC 码制定了与之兼容的 EAN 码。EAN 码仅有数字号码，通常为 13 位，允许双向扫描，缩短码为 8 位码，也主要应用在超市和百货业。

(3) ITF25 码(交叉 25 码)。ITF25 码的条码长度没有限定，但是其数字资料必须为偶数位，允许双向扫描。ITF25 码在物流管理中应用较多，主要用于包装、运输、国际航空系统的机票顺序编号、汽车业及零售业。

(4) Code39 码。在 Code39 码的 9 个码素中，一定有 3 个码素是粗线，所以 Code39 码又被称为三九码，除数字 0～9 以外，Code 码还提供英文字母 A～Z 以及特殊的符号，它允许双向扫描，支持 4 组条码，主要应用在工业产品、商业资料、图书馆等方面。

(5) CODABAR 码(库德巴码)。这种码制可以支持数字、特殊符号及 4 个英文字母，由于条码自身有检测的功能，因此无需检查码。它主要用于工厂库存管理、血库管理、图书馆借阅书籍及照片冲洗等方面。

(6) ISBN 码(国际标准书号)。ISBN 码是因图书出版、管理的需要以及便于国际间出版物的交流与统计而出现的一套国际统一的编码制度。每一个 ISBN 码由一组有"ISBN"代号的 10 位数字组成，用以识别出版物所属国别地区、出版机构、书名、版本以及装订方式。这组号码也可以说是图书的代表号码，大部分应用于出版社图书管理系统。

(7) Code28 码。Code28 码是目前中国企业内部自定义的码制，可以根据需要来确定条码的长度和信息。这种编码包含的信息可以是纯数字，也可以包含字母，主要应用于工业生产线领域、图书管理等。

(8) Code93 码。这种码制类似于 Code39 码，但是其密度更高，能够替代 Code39 码。

条形码技术给人们的工作、生活带来的巨大变化是有目共睹的。然而，由于一维条形码的信息容量比较小，例如商品上的条码仅能容纳几位或者几十位阿拉伯数字或字母，因此一维条形码仅仅只能标识一类商品，而不包含对于相关商品的描述，只有在数据库的辅助下人们才能通过条形码得到相关商品的描述。换言之，离开了预先建立的数据库，一维条形码所包含的信息将会大打折扣。基于这个原因，一维条形码在没有数据库支持或者联网不便的地方，其使用受到了相当大的限制。在另一方面，一维条形码无法表示汉字或者图像信息。因此，在一些需要应用汉字和图像的场合，一维条形码就显得很不方便。而且即使建立了相应的数据库来存储相关产品的汉字和图像信息，这些大量的信息也需要一个很长的条形码来进行标识。这种长的条形码会占用很大的印刷面积，给印刷和包装带来很大的困难。

2. 二维条形码

人们希望在条形码中直接包含产品相关的各种信息，而不需要根据条形码从数据库中再次进行这些信息的查询。因此，现实的应用需要一种新的码制，这种码制除了具备一维条形码的优点外，还应该具备信息容量大、可靠性高、保密防伪性强等优点。20 世纪 70 年代，在计算机自动识别领域出现了二维条形码技术，这是在传统条形码基础上发展起来的一种编码技术，它将条形码的信息空间从线性的一维扩展到平面的二维，具有信息容量大、成本低、准确性高、编码方式灵活、保密性强等诸多优点。自 1990 年起，二维条形码技术在世界上开始得到广泛的应用，经过几年的努力，现已应用在国防、公共安全、交通运输、医疗保健、工业、商业、金融、海关及政府管理等领域。

与一维条形码只能从一个方向读取数据不同，二维条形码可以从水平、垂直两个方向来获取信息，因此，其包含的信息量远远大于一维条形码，并且还具备自纠错功能。但二维条形码的工作原理与一维条形码却是类似的，在进行识别的时候，将二维条形码打印在纸带上，通过阅读器来获取条形码符号所包含的信息。

1) 二维条形码的特点

(1) 存储量大。二维条形码可以存储 1100 个字，比起一维条形码的 15 个字，存储量大为增加，而且能够存储中文，其资料不仅可应用在英文、数字、汉字、记号等，甚至空白也可以处理，而且尺寸可以自由选择，这也是一维条形码做不到的。

(2) 抗损性强。二维条形码采用故障纠正的技术，即使遭受污染以及破损后也能复原，在条码受损程度高达 50%的情况下，仍然能够解读出原数据，误读率为 6100 万分之一。

(3) 安全性高。在二维条形码中采用了加密技术，使安全性大幅度提高。

(4) 可传真和影印。二维条形码经传真和影印后仍然可以使用，而一维条形码在经过传真和影印后机器就无法进行识读。

(5) 印刷多样性。对于二维条形码来讲，不仅可以在白纸上印刷黑字，而且可以进行彩色印刷，印刷机器和印刷对象都不受限制，使用起来非常方便。

(6) 抗干扰能力强。与磁卡、IC 卡相比，二维条形码由于其自身的特性，具有强抗磁、抗静电能力。

(7) 码制更加丰富。

2) 二维条形码的分类

二维条码可以直接被印刷在被扫描的物品上或者打印在标签上，标签可以由供应商专门打印或者现场打印。所有条码都有一些相似的组成部分，它们都有一个空白区，称为静区，位于条码的起始和终止部分边缘的外侧。校验符号在一些码制中也是必需的，可以用数学的方法对条码进行校验，以保证译码后的信息正确无误。与一维条形码一样，二维条形码也有许多不同的编码方法，据此，可以将二维条形码分为 3 种类型。

(1) 线性堆叠式二维码。就是在一维条形码的基础上，降低条码行高，换为多行高纵横比的窄长型条码，并将各行在顶上互相堆积，每行间都用一模块宽的厚黑条相分隔。典型的线性堆叠式二维码有 Code16K(是一种多层、连续型可变长度的条码符号，可以表示全 ASCII 字符集的 128 个字符及扩展 ASCII 字符。)、Code49、PDF417 等。

(2) 矩阵式二维码。它是采用统一的黑白方块的组合，能够提供更高的信息密度，存储更多的信息。与此同时，矩阵式的条码比堆叠式的条码具有更高的自动纠错能力，更适用于条码容易受到损坏的场合。矩阵式符号没有标识起始和终止的模块，但它们有一些特殊的"定位符"，在定位符中包含了符号的大小和方位等信息。矩阵式二维码和新的堆叠式二维码能够用先进的数学算法将数据从损坏的条码符号中恢复。典型的矩阵二维码有 Aztec、Maxi Code、QR Code、Data Matrix 等。

(3) 邮政码。通过不同长度的条进行编码，主要用于邮件编码，如 Postnet、BPO 4-State 等。

在二维条形码中，PDF417 码由于解码规则比较开放和商品化，因而使用比较广泛。PDF 是 Portable Data File 的缩写，意思是可以将条形码视为一个档案，里面能够存储比较多的资料，而且能够随身携带。它于 1992 年正式推出，1995 年美国电子工业联会条码委员会在美国国家标准协会赞助下完成了二维条形码标准的草案，作为电子产品产销流程使用二维条形码的标准。PDF417 码是一个多行结构，每行数据符号数相同，行与行左右对齐直接衔接，其最小行数为 3 行，最大行数为 90 行。Data Matrix 码则主要用于电子行业小零件的标识，如 Intel 的奔腾处理器背面就印制了这种码。Maxi Code 是由美国联合包裹服务公司研制的，用于包裹的分拣和跟踪。Aztec 是由美国韦林公司推出的，最多可容纳 3832 个数字、3067 个字母或 1914 个字节的数据。

另外，还有一些新出现的二维条形码系统，例如由 UPS 公司研制的适用于分布环境下运动特性的 UPS Code。这种二维条形码更加适合自动分类的应用场合。而美国的 Veritec Veritec Symbol，是一种用于微小型产品上的二进制数据编码系统，其矩阵符号格式和图像处理系统已获得美国专利，这种二维码具有更高的准确性和可重复性。此外，飞利浦研究实验室的 WILJ WAN GILS 等人也提出了一种新型的二维码方案，即用标准几何形体圆点构成自动生产线上产品识别标记的圆点矩阵二维码表示法。这一方案由两大部分组成，一是源编码系统，用于把识别标志的编码转换成通信信息；另一部分是信道编码系统，用于对随机误码进行错误检测和校正。还有一种二维条形码叫做点阵码，它除了具有信息密度高等特点外，还便于用雕刻腐蚀制板工艺把点码印制在机械零部件上，以便于摄像设备识读和图像处理系统识别，这也是一种具有较大应用潜力的二维编码方案。

二维条形码技术的发展主要表现为三方面的趋势：一方面是出现了信息密集度更高的编码方案，增强了条码技术信息输入的功能；第二方面是发展了小型、微型、高质量的硬件和软件，使条码技术实用性更强，扩大了应用领域；第三方面是与其他技术相互渗透、相互促进，这将改变传统产品的结构和性能，扩展条码系统的功能。

3) 二维条形码的阅读器

阅读器的功能是把条形码条符宽度、间隔等空间信号转换成不同的输出信号，并将该信号转化为计算机可识别的二进制编码输入计算机。扫描器又称光电读入器，它装有照亮被读条码的光源和光电检测器件，并且能够接收条码的反射光，当扫描器所发出的光照在纸带上，每个光电池根据纸带上条码的差异来输出不同的图案，来自各个光电池的图案组合起来，从而产生一个高密度的信息图案，经放大、量化后送译码器处理。译码器存储有需译读的条码编码方案数据库和译码算法。在早期的识别设备中，扫描器和译码器是分开的，目前的设备大多已将它们合成一体。

在二维条形码的阅读器中有几项重要的参数，即分辨率、扫描背景、扫描宽度、扫描速度、一次识别率、误码率，选用的时候要针对不同的应用视情况而定。普通的条码阅读器通常采用以下 3 种技术，即光笔、CCD、激光，它们都有各自的优缺点，没有一种阅读器能够在所有方面都具有优势。

光笔是最先出现的一种手持接触式条码阅读器。使用时，操作者需将光笔接触到条码表面，通过光笔的镜头发出一个很小的光点，当这个光点从左到右划过条码时，在"空"部分，光线被反射；在"条"的部分，光线被吸收，从而在光笔内部产生一个变化的电压，这个电压通过放大、整形后用于译码。

CCD 为电子耦合器件，比较适合近距离和接触阅读，它使用一个或多个 LED，发出的光线能够覆盖整个条码，并将其转换成可以译码的电信号。

激光扫描仪是非接触式的，在阅读距离超过 30 cm 时激光阅读器是唯一的选择。它的首读识别成功率高，识别速度相对光笔及 CCD 更快，而且对印刷质量不好或模糊的条码识别效果好。

射频识别技术改变了条形码技术依靠"有形"的一维或二维几何图案来提供信息的方式，通过芯片来提供存储在其中的数量更大的"无形"信息。在 20 世纪 80 年代，最初应用在一些无法使用条码跟踪技术的特殊工业场合，例如在一些行业和公司中，这种技术被用于目标定位、身份确认及跟踪库存产品等。射频识别技术起步较晚，至今没有制定出统一的国际标准，但是射频识别技术的推出绝不仅仅是信息容量的提升，对于计算机自动识别技术来讲更是一场革命，它所具有的强大优势会大大提高信息的处理效率和准确度。

8.3　智慧物联通信技术

物联网中终端采集到的数据在传输、转发的过程需要有无线传感网络的支持，无线网络采集到的数据可以与智能终端(如智能手机、平板电脑)进行通信，同时智能终端可以对采集数据的终端节点发送控制命令。我们使用的智能手机的通信采用的是移动通信技术。

8.3.1　无线传感网络技术

随着信息时代的发展，无线通信在人们的生活中扮演着越来越重要的角色。用户当前选择无线通信产品尤其是便携式产品的首要条件是低成本、低功耗、微型化。因此，无线通信技术正逐步引起越来越广泛的关注。

1. 短距离无线通信技术

传统意义上的无线传感网络技术指的是短距离无线通信技术。一般来说，如果通信收发双方通过无线电波传输信息，并且传输距离限制在较短的范围内(通常是几十米以内)，此种通信方式称为短(近)距离无线通信。常用的短距离无线通信技术主要包括红外通信技术、Bluetooth、WiFi、ZigBee 等。

1) 红外通信技术

红外线链路数据传输的用途主要应用在近距离的两台硬件之间的通信。如电视机、空调等家电的控制，计算机与外设、通信设备之间等。

红外线数据协会 IrDA(Infrared Data Association)成立于 1993 年，制定了 IrDA 技术标准。起初采用 IrDA 标准的无线设备仅能在 1m 的范围内以 115.2 kbps 的速率传输数据，很快发展到 4 Mbps(Fast Infrared，FIR)甚至 16Mbps(Very Fast Infrared，VFIR)的速率。

IrDA 技术是使用一种点对点的数据传输协议，它代替了设备之间连接的线缆。通信介质是波长 900 nm 左右的近红外线。主要优点是无需申请频率的使用权，红外通信成本低廉，并且 IrDA 还具有移动通信所需的体积小、功耗低、连接方便、简单易用的特点。此外红外线发射角度较小(30°锥角以内)、短距离、点对点直接数据传输、保密性强、传输过程安全性高。

目前，支持 IrDA 的软硬件都比较成熟，在小型移动设备上已被广泛使用，如超市购物结算用到的 PDA，许多手机、笔记本电脑、打印机等产品都支持 IrDA。由于 Internet 的迅猛发展和图形文件的逐渐增多，IrDA 的高速率传输有时在扫描仪和数码相机等图形处理设备中更可大显身手。

另外红外线信号传送在某些领域仍然有独特的优势，这种优势恰恰弥补了无线传输的不足。

2) Bluetooth 技术

蓝牙(Bluetooth)是一种基于 IEEE 802.15.1 无线技术标准，可实现固定设备、移动设备和楼宇个人域网之间的短距离数据交换,使用全球统一开放的 2.4 G 的 ISM(工业科学医学)波段,致力于在 10～100 m 的空间内使所有支持该技术的移动或非移动设备可以方便地建立网络联系、进行语音和数据通信。

　　蓝牙这个标志的设计取自 Harald Bluetooth 名字中的 "H" 和 "B" 两个字母,用古北欧字母来表示,将这两者结合起来,就形成了蓝牙的 Logo,如图 8-9 所示。

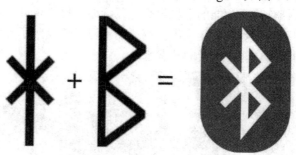

图 8-9　蓝牙 Logo 的由来

　　从目前的应用来看,由于蓝牙体积小、功率低,其应用已不局限于计算机外设,可以被集成到任何数字设备中,特别是那些对数据传输速率要求不高的移动设备和便携设备。蓝牙模块如图 8-10 所示。蓝牙技术的特点可归纳为如下几点:

(1) 可同时传输语音和数据。

(2) 使用公共频段,无需申请许可证。

(3) 低成本、低辐射、低功耗。

(4) 体积很小,便于集成。

(5) 支持点对点及点对多通信。

(6) 具有很好的抗干扰能力,保证传输的稳定性。

图 8-10　蓝牙模块

　　蓝牙应用案例之一:智能门禁。利用蓝牙低功耗技术实现的 MyBeacon 智能门禁系统,具有安装简单、耗电低、环保低碳、无需中间环节的特点。传统门禁系统用得最多的是采用 13.56 MHz RFID 技术来刷卡开门,相关人员需要随身携带刷卡的卡片或者其他身份识别设备。MyBeacon 智能识别门禁系统只需将一个手掌大小的蓝牙基站放在门口或车辆进出口的闸机位置,用户只要将手机随身携带即可实现人走近时自动开门,不合法人员靠近则无反应。同时基站会把来人进入的信息发送到服务器,以实现签到和人员进出记录,方便考勤和出现失窃时的排查。

　　蓝牙应用案例之二：蓝牙智能开关。采用图标+文字按键的显示方式，一个键开一个灯；想在哪里控制就在哪里控制，特别方便；借助专用 APP 使用手机进行控制。从厨房、客厅、卧室、卫生间，所有的灯具开关用户都可以通过手机自由掌控，可以命令打开或者关闭。

　　蓝牙应用案例之三：蓝牙耳机，如图 8-11 所示。曾经蓝牙耳机作为一项高科技出现在人们的视野中，当时带有蓝牙功能的手机寥寥无几，而且价格也高，不能被广大消费者所接受。如今大多数的手机都具有蓝牙功能，蓝牙功能已经普及到了人们的生活中，而蓝牙耳机的价格也已经到了大众能够接受的消费水准。

图 8-11　蓝牙耳机

3) WiFi 技术

　　WiFi(Wireless Fidelity，无线高保真)，实际上是制定 802.11 无线网络协议的组织，并非代表无线网络，但是后来人们逐渐习惯用 WiFi 来称呼 802.11b 协议。笔记本式计算机上的迅驰技术就是基于该标准的，目前无线局域网(WLAN)主流采用 802.11 协议，故常直接称为 WiFi，如图 8-12 所示。

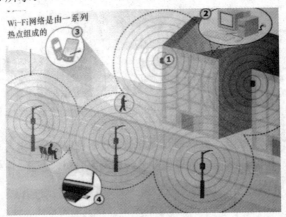

图 8-12　WiFi 技术应用结构图

　　无线电波的覆盖范围广，基于蓝牙技术的电波覆盖非常小，半径大约只有 15 m，而 WiFi 的半径则可达约 100 m，不用说家庭、办公室，即使是小一点的整栋大楼也可以使用。

　　虽然由 WiFi 技术传输的无线通信质量不是很好，数据安全性能比蓝牙差一些，传输质量也有待改进，但是传输速率非常快(如 IEEE 802.11ac 数据传输速率甚至可达到 422 Mbps/867 Mbps)，符合个人和社会信息化的需求。

厂商进入该领域的门槛比较低，只要在机场、车站、咖啡店、图书馆等人群较密集的地方设置"热点"，并通过高速热点线路接入上述场所。这样，由于"热点"所发射的电波可以达到距接入点半径数十米至 100 m 的地方，用户只需将支持 WLAN 的笔记本电脑或 PDA 拿到该区域内，即可接入高速因特网，如图 8-13 所示。也就是说，厂商不用耗费资金来进行网络布线接入，从而节省了大量的成本。

图 8-13 智能手机通过 WiFi 上网

WiFi 技术未来最具潜力的应用将主要在 SoHo、家庭无线网络，以及不便安装电缆的建筑物或场所。目前这一技术的用户主要来自机场、酒店、商场等公共热点场所。

4) ZigBee 技术

ZigBee 的名字来源于蜂群使用的赖以生存和发展的通信方式，即蜜蜂通过跳 ZigZag 形状的舞蹈来分享新发现的食物链的位置、距离和方向等信息。

ZigBee 是建立在 IEEE 802.15.4 标准之上，是一种近距离、低复杂度、低功耗、低速率、低成本的双向无线通讯技术。主要用于距离短、功耗低且传输速率不高的各种电子设备之间进行数据传输以及典型的有周期性数据、间歇性数据和低反应时间数据传输的应用。与其他无线通信协议相比，Zigbee 无线传感器网络具有协议复杂程度低、资源要求少等特点，如表 8-1 所示。

表 8-1 Zigbee 技术与其他无线通信技术参数的比较

参数	Wi-Fi	Bluetooth	Zigbee	IrDA
无线电频段	2.4 GHz 射频	2.4 GHz 射频	2.4 GHz/868. MHz/915 MHz 射频	980 nm 红外
传输速率(bit/s)	18～54 M	18～24 M	20～250 k	4～16M
传输距离(m)	100	10	10～75	定向1
网络节点(个)	32	8	255/65535	2
功耗	高	较低	最低	很低
芯片成本	高 20 美元	4 美元	2 美元	2 美元以下

(1) ZigBee 的技术特点：

① ZigBee 是一种短距离、低功耗、低数据速率、低成本、低复杂度的无线网络技术。

② ZigBee 采用了 IEEE 802.15.4 强有力的无线物理层所规定的全部优点：省电、简单、成本低；ZigBee 增加了逻辑网络、网络安全和应用层。

③ ZigBee 主要应用领域包括无线数据采集、无线工业控制、消费性电子设备、汽车自动化、家庭和楼宇自动化、医疗设备控制、远程网络控制等场合。

(2) ZigBee 的网络拓扑：

首先介绍 ZigBee 的设备类型：协调器(Coordinator)、路由器(Router)和终端设备(End Device)。

协调器(Coordinator)：协调器是 ZigBee 网络的启动或者建立网络的设备。一个网络只有一个协调器，协调器节点需选择一个信道和唯一的网络标识符(PAN ID)，与此网络中的所有路由节点或终端节点通信。协调器设备在网络中还有建立安全机制、网络中的绑定等作用。

路由器(Router)：需要具备数据存储和转发能力以及路由发现的能力。一个路由节点可以与若干个路由节点或终端节点通信，除完成应用任务外，路由器还必须支持其子设备连接、数据转发、路由表维护等功能。

终端设备(End Device)：结构和功能是最简单的，采用电池供电，大部分时间都是处于休眠状态以节约电量、延长电池的使用寿命，只负责数据信息的采集和环境的检测，一般数据量比较多。

ZigBee 支持包含主从设备的星形、树形和网状的网络拓扑结构，如图 8-14 所示，每个网络中都会存在一个唯一的协调器，它相当于有线局域网中的服务器，对本网络进行管理。

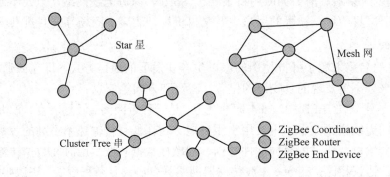

图 8-14　ZigBee 的网络拓扑结构

(3) ZigBee 的应用案例：

① 智能家居中的应用。

利用传感器采集的信息如温度、湿度、光照等通过 ZigBee 无线通信上传到网关中，即传感器将采集到的实时信息打包通过 ZigBee 协议栈发送给协调器，协调器获取到数据包以后进行数据分析，然后发送给网关。ZigBee 无线通信使智能家居里的布局更加简洁、方便，并且降低了设备的成本、功耗。如飞利浦智能家居以及海尔 U-home 智能家居就是其中成功的案例。

② 数字油田中的应用。

基于 ZigBee 技术的油田检测系统，采用大量的传感器进行无线自组网，包括：温/湿度传感器、电机电流传感器、电压传感器、电量传感器、载荷传感器、被监控开关断/合感器等，他们能将油井的工作状态转换成对应的电压值或者电流值通过 ZigBee 无线通信模块送至采油厂的监控中心。

数字油田完全摒弃了传统的单一采用数字电台、有线监控油井的方法，设备费用投入大、运营成本高、维护难度大的问题也迎刃而解，实现了油井井场无线化，大大提高了系统的安全稳定性。

③ 路灯监控中的应用。

ZigBee 模块嵌入在路灯监控终端内的主控制器中，获取到的数据直接通过 2.4 GHz 频率的 ZigBee 网络发送到网关，再通过移动网络(3G 或者 4G 网)把数据传送到远程管理中心，从而进行数据的存储、统计、分析。这样，在出现问题时便于维护管理并且节省了人力、物力，也为智慧城市的发展大添光彩。

④ 医疗检测中的应用。

基于 ZigBee 技术的智慧医疗系统采用的传感器有加速度、陀螺仪、温度、电压等，可实时监测采集心率、呼吸、血压、心电、核心体温、身体姿势等多种身体特征参数。生命体征检测设置内置 ZigBee 模块，病人的数据可实时记录保存，最终通过无线传输到终端或者工作站实现远程监控。救护车在去往医院的途中，可以使用无线通信技术获取实时的病人信息，同时还可以实现远程诊断与初级看护，从而大幅度减少救援的响应时间，为进一步抢救病人赢得宝贵时间。

2. 广域网无线通信技术

物联网的快速发展对无线通信技术提出了更高的要求，专为低带宽、低功耗、远距离、大量连接的物联网应用而设计的 LPWAN(low-power Wide-Area Network，低功耗广域网)也快速兴起。NB-IoT 和 LoRa 是 LPWAN 最具有代表性的无线通信技术，具有不同的技术和商业特性，也是最有发展前景的低功耗广域网通信技术。这两种 LPWAN 技术都有覆盖广、连接多、速率低、成本低、功耗少等特点，适合低功耗物联网应用，都在积极扩建自己的生态系统。

1) LoRa

LoRa(Long Range)是美国 Semtech 公司于 2013 年发布的一种基于扩频技术的超远距离无线传输方案，主要工作在全球各地的 ISM 免费频段(即非授权频段)，包括主要的 433、470、868、915 MHz 等。其最大特点是传输距离远、工作功耗低、组网节点多。

LoRa 采用了高扩频因子，从而获得了较高的信号增益。一般 FSK 的信噪比需要 8 dB，而 LoRa 只需要 −20 dB。其接收灵敏度达到了惊人的 −148 dBm，与业界其他先进水平的 sub-GHz 芯片相比，最高的接收灵敏度改善了 20 dB 以上，体现在应用上就是 5~8 倍传输距离的提升。另外 LoRa 还应用了前向纠错编码技术，在传输信息中加入冗余纠错码，有效抵抗多径衰落。虽然牺牲了一些传输效率，但有效提高了传输可靠性。

相比于 NB-IoT，LoRa 功耗更低，成本更低，能够满足物联网碎片化的应用需求。以"南鹏物联"制作的智慧城市垃圾分类系统为例，如图 8-15 所示，覆盖当地将近 100 多个小区智能垃圾桶，与传统垃圾桶不同的是，它利用智能操作平台和物联网技术，对垃圾箱进行系统化、智能化的管理，将分布于城市各处的垃圾箱连接成有机整体，使环卫工作人员全面掌握垃圾储存情况和清运需求，有效提高城市环卫工作效率。

通过给垃圾桶安装智能载量传感器，感知箱体的剩余高度，监测间隔可根据场景不同自行设定，将监测到的数据(例如：垃圾增长量，回收次数等)通过窄带网络回传至服务器进行功能分类，根据 GIS 地图还可以计算出合理的回收路线等等，一系列功能在平台上得

以实现。其中的智能载量感应器专为恶劣环境设计，能达到二到四年的使用寿命，支持 IP65
防水，工作温度为 −20 到 70 摄氏度，内置 LoRaWAN 低功耗模组，灵敏度更高，覆盖范
围更广，将收集到的数据通过 LoRa 网络传输到网关(或基站)，进而上传到服务器。

图 8-15　智慧城市垃圾桶技术架构

2) NB-IoT

NB-IoT 即基于蜂窝的窄带物联网(Narrow Band Internet of Things)，是万物互联网络的
一个重要分支。NB-IoT 构建于蜂窝网络，只消耗大约 180 kHz 的带宽，可直接部署于 GSM
网络、UMTS 网络或 LTE 网络，以降低部署成本、实现平滑升级。

NB-IoT 采用超窄带、重复传输、精简网络协议等设计，牺牲一定速率、时延、移动性
能，以获取面向 LWPA 物联网的承载能力。各运营商都已经重点投入 NB-IoT 网络的部署。

随着近几年智能家居行业的火爆，智能锁在生活中出现的频率也越来越高，目前智能
锁使用非机械钥匙作为用户识别 ID 的技术，主流技术有感应卡、指纹识别、密码识别、面
部识别等，极大地提高了门禁的安全性，但是以上安全性的前提是通电状态下，如果处于
断电状态下智能锁则形同虚设。由于在智能锁安装后不易拆卸，所以要求智能锁电池使用
寿命长；门的位置处于封闭的楼道中，则需要更强的信号覆盖以确保网络数据实时传输；
智能家居终端数量多，必须保证足够的连接端口；最重要的是在加入以上功能后，还能保
证设备成本控制在可接受范围下。

使用 NB-IoT 技术应用于智能家居系统具有低功耗的特点,仅使用两节 AA 电池可待机
十年，大大减少后期维护成本；超强信号覆盖，可覆盖室内和地下室，保证了信号稳定性；
海量的连接，满足智能家居多个终端同时连接；低成本，单个 NB-IoT 芯片价格低于 1 美金。

LoRa 相对于 NB-IoT 的好处是已经实现成熟的商用，而 NB-IoT 才刚刚开始。LoRa 和
NB-IoT 的应用可能会有很多重叠，如表 8-2 所示。NB-IoT 是由运营商来主导，数据是先
上传到运营商那里，而许多企业不愿意把自己的数据给到别人，所以这些企业宁愿部署自
己的专用物联网络，这时候用 LoRa 就很合适。

表 8-2　两种技术的对照表

	NB-IOT	LoRa
技术特点	蜂窝	线性扩频
网络部署	与现有蜂窝基站复用	独立建网
频段	运营商频段	150 MHz～1 GHz
传输距离	远距离	远距离(1～15 KM)
速率	<100 kb/s	0.3～37.5 kb/s
连接数量	200 k/cell	200～300 k/hub
电池工作时间	约 10 年	约 10 年

从技术和应用范围来看，两者没有太大的差别。区别在于，NB-IoT采用的是运营商统一部署覆盖全国的网络进行收费运营的方式，LoRa可以让企业搭建属于自己的网络实现业务运营。虽然NB-IoT受到了运营商的强力支持，不过并不代表LoRa就会被轻易取代。

8.3.2　移动通信技术

1. 移动通信的发展

人类通信的历史已很悠久。早在远古时期，人们就通过简单的语言、壁画等方式交换信息。千百年来，人们一直在用语言、图符、钟鼓、烟火、竹简、纸书等传递信息，古代人的烽火狼烟、飞鸽传信、驿马邮递就是这方面的例子。现在还有一些国家的个别原始部落，仍然保留着诸如击鼓鸣号这样古老的通信方式。这些传递信息的方式效率极低，而且受到地理环境、气象条件的极大限制，因此，更加快捷高效的通讯就成为人类矢志不渝的追求。

19世纪上半叶科学技术的发展，有力地推动了军事通讯技术的进步。1833年，高斯和韦伯制作出第一个可供实用的电磁指针电报机。此后不久，英国人库克和伦敦高等学院的教授惠斯登发明了新型电报机，并取得第一个专利。1844年，美国人莫尔斯(Samuel F. B. Morse)发明了莫尔斯电码，他用一套点、划符号代表字母和数字，并设计了一套线路，发报端是一个电键，该电键把以长短电流脉冲形式出现的电码馈入导线，在接收端电流脉冲激励电报装置中的电磁铁，使笔尖在不断移动的纸带上记录下电码，实现在电报机上传递了第一条电报，开创了人类使用"电"来传递信息的先河，人类传递信息的速度得到极大的提升，从此拉开了现代通讯的序幕。1864年麦克斯韦从理论上证明了电磁波的存在，1876年赫兹用实验证实了电磁波的存在，1896年意大利人马可尼第一次用电磁波进行了长距离通讯实验，人类开始以宇宙的极限速度——光速来传递信息，从此世界进入了无线电通信的新时代，使神话中的"顺风耳""千里眼"变成了现实。

20世纪80年代初蜂窝移动电话系统的诞生作为第一代通信技术(1G)的发明，拉开了现代移动通信的序幕，并经过三十多年的爆发式增长，极大地改变了人们的生活方式，推动了社会的发展。

1) 第一代移动通信(1G)——大哥大横行的时代

美国摩托罗拉公司的工程师马丁•库珀于1976年首先将无线电应用于移动电话。同年，国际无线电大会批准了800/900 MHz频段用于移动电话的频率分配方案。在此之后一直到20世纪80年代中期，许多国家都开始建设基于频分复用技术(FDMA，Frequency Division Multiple Access)和模拟调制技术的第一代移动通信系统(1G，1st Generation)。1978年底，美国贝尔试验室研制成功了全球第一个移动蜂窝电话系统——先进移动电话系统(AMPS，Advanced Mobile Phone System)。5年后，这套系统在芝加哥正式投入商用并迅速在全美推广，获得了巨大成功。同一时期，欧洲各国也不甘示弱，纷纷建立起自己的第一代移动通信系统。

中国的第一代模拟移动通信系统于1987年11月18日在广东第六届全运会上开通并正式商用，采用的是英国TACS制式。从中国电信1987年11月开始运营模拟移动电话业务到2001年12月底中国移动关闭模拟移动通信网，1G系统在中国的应用长达14年，用户数最高曾达到了 660 万，如图 8-16 所示。

图 8-16　1G 手机——大哥大

　　1G 采用模拟讯号传输，即将电磁波进行频率调制后，将语音信号转换到载波电磁波上，载有信息的电磁波发布到空间后，由接收设备接收，并从载波电磁波上还原语音信息，完成一次通话。但各个国家的 1G 通信标准并不一致，使得第一代移动通信并不能"全球漫游"，大大阻碍了 1G 的发展。同时，由于 1G 采用模拟信号传输，所以其容量非常有限，一般只能传输语音信号，且存在语音品质低、信号不稳定、涵盖范围不够全面，安全性差和易受干扰等问题。如今，1G 时代那像砖头一样的手持终端——大哥大，已经成为了很多人的回忆。

　　2) 第二代移动通信(2G)——诺基亚崛起的时代

　　为了解决全欧移动电话自动漫游，欧洲邮电主管部门会议成员国于 1982 年成立了移动通信特别小组(Group Special Mobile)着手进行泛欧蜂窝状移动通信(GSM)系统标准制定工作。1985 年提出了移动通信的全球化，并对泛欧数字蜂窝状移动通信提出了具体要求。1987年，统一了标准，采用时分多址(TDMA)、规则脉冲激励——长期线性预测编码(RPE-LTP)、高斯滤波最小移频键控调制方式(GMSK)等技术。GSM 数字移动通信自投入商用以来，被全球 100 多个国家采用，我国具有世界上最大的 GSM 网络。

　　2G 移动通信技术采用数字信号传输，比以前的模拟信号传输速度更快、更稳定、距离更长、容量更大，如图 8-17 所示。2G 通信技术以 GSM、IS-95 为代表，相对于模拟移动通信，2G 提高了频谱利用率，支持多种业务服务，并与 ISDN 等兼容，主要是话音和低速数据的传输业务，因此又称窄带数字通信系统。2G 时代的手机可以上网，虽然数据传输的速度很慢(每秒 9.6～14.4 kbit)，但文字信息的传输由此开始了，这成为当今移动互联网发展的基础。在有效性与可靠性方面，2G 移动通信的加密程度较弱，对通信信息保密能力不强，容易被攻击者监听。

图 8-17　2G 手机

3) 第三代移动通信(3G)——移动多媒体时代

2G 时代，手机只能打电话和发送简单的文字信息，虽然这已经大大提升了效率，但是日益增长的图片和视频传输的需要，人们对于数据传输速度的要求日趋高涨，2G 时代的网速显然不能满足这一需求。于是高速数据传输的蜂窝移动通信技术(3G)应运而生，如图 8-18 所示。

图 8-18　3G 手机

第三代移动通信技术简称 3G，是一种真正意义上的宽带移动多媒体通信系统，能提供高质量的宽带多媒体综合业务，并且实现了全球无缝覆盖、全球漫游，数据传输速率高达 2 Mbit/s，其容量是第二代移动通信技术的 2～5 倍。其中，最具代表性的有美国提出的 MC-CDMA(cdma2000)，欧洲和日本提出的 W-CDMA 和中国提出的 TD-CDMA。第三代移动通信最大特点是移动终端智能化，对于通信的加密保护和抗干扰能力方面表现优秀，有效性与可靠性高。

4) 第四代移动通信(4G)——移动互联网时代

在 3G 技术之后人们发明了名为 LTE 的通信技术，但 LTE 并不是 4G(第四代移动通信系统)。LTE 英文全称 Long Term Evolution，即长期演进，是 3G 技术和 4G 技术的过渡，可以称它为 3.9 G。2012 年 1 月 20 号，国际电信联盟 ITU 通过了 4G(IMT-Advanced)标准，共有 4 种，分别是 LTE，LTE-Advanced，WiMAX 以及 WirelessMAN-Advanced。我国自主研发的 TD-LTE 则是 LTE-Advanced 技术的标准分支之一，在 4G 领域的发展中占有重要席位，如图 8-19 所示。

图 8-19　4G 手机

4G 是在 3G 基础上发展起来的，采用更加先进的通讯协议。对于用户而言，2G、3G、4G 网络最大的区别在于传输速度不同。4G 网络作为最新一代通讯技术，在传输速度上有着非常大的提升，理论上网速度是 3G 的 50 倍，实际体验也都在 10 倍左右，上网速度可以媲美 20M 家庭宽带，观看高清电影、大数据传输速度都非常快。

　　如今 4G 移动通信支撑起了现在高度发达的手机和软件产业，成为智能时代的重要基石。4G 已经像"水电"一样成为我们生活中不可缺少的基本资源，微信、微博、视频等手机应用成为生活中的必须，从此，人类进入了移动互联网时代。

　　(5) 第五代移动通信(5 G)——万物互联的时代。

　　随着移动通信系统带宽和能力的增加，移动网络的速率也飞速提升，从 2G 时代的每秒 10 Kb，发展到 4G 时代的每秒 1 Gb，足足增长了 10 万倍。历代移动通信的发展，都以典型的技术特征为代表，同时诞生出新的业务和应用场景。而 5G 不再由某项业务能力或者某个典型技术特征所定义，它不仅是更高速率、更大带宽、更强能力的技术，而且是一个多业务多技术融合的网络，更是面向业务应用和用户体验的智能网络，最终打造以用户为中心的信息生态系统。

　　5G 网络是第五代移动通信网络，如图 8-20 所示，尽管相关的技术还没有完全定型，但是 5G 的基本特征已经明确，即高速率(其峰值理论传输速度可达每秒数 10 Gb，比 4G 网络的传输速度快数百倍)、低时延(网络时延从 4G 的 50 ms 缩减到 1 ms)、海量设备连接(满足 1000 亿量级的连接)、低功耗(基站更节能，终端更省电)。举例来说，一部 1G 超高画质电影可在 3 秒之内下载完成。随着 5G 技术的诞生，用智能终端分享 3D 电影、游戏以及超高画质(UHD)节目的时代已向我们走来。

图 8-20　5 G 时代

　　5G 将渗透到未来社会的各个领域，使信息突破时空限制，提供极佳的交互体验，为用户带来身临其境的信息盛宴，如虚拟现实；5G 将拉近万物的距离，通过无缝融合的方式，便捷地实现人与万物的智能互联。5G 将为用户提供光纤般的接入速率，"零"时延的使用体验，千亿设备的连接能力，超高流量密度、超高连接数密度和超高移动性等多场景的一致服务，业务及用户感知的智能优化，同时将为网络带来超百倍的能效提升，最终实现"信息随心至，万物触手及"。

2. 移动通信的基本概念

　　移动通信网络是一个广域的通信网络，是指通信双方或至少有一方在运动中处于信息传输和交换状态的通信方式。移动通信系统包括无绳电话、无线寻呼、陆地蜂窝移动通信、卫星移动通信等。

　　移动通信技术主要有以下几种：

　　1) 模拟系统

　　模拟系统采用频分多址(FDMA)技术，即将给定的频谱资源划分为若干个等间隔的频道

(或称信道)供不同用户使用。我们可以想象成一个很大的房间被做成很多的隔断，每一个隔断里有一对人正在交谈，由于隔断的分隔，谈话者不会听到其他人的交谈。它的缺点是系统受房间面积(也就是频率)的限制很大，无线频率的利用率很低。在 FDMA 系统中，收发的频段是分开的，移动台之间不能直接通信，必须经过基站中转。

2) GSM 蜂窝数字系统

GSM 蜂窝数字系统采用时分多址(TDMA)技术，即把时间分割成周期性的帧，每一帧再分割成若干个时隙。我们可以想象成把隔断做得大些，这样一个隔断可容纳几对交谈者，但大家交谈有一个原则：只能同时有一对人讲话。如果再把交谈的时间按交谈者的数目分成若干等份，就成为一个 TDMA 系统。这种系统受容量的限制很大，即一个隔断中有几个人是确定的，如果人数已满，则无法进入。

3) CDMA 数字通信系统

CDMA 数字通信系统采用码分多址(Code-Division Multiple Access，CDMA)技术。我们可以想象成一个宽敞的房间内正在进行聚会，宾客在两两一对进行交谈，假设每一对人使用一种语言，有说中文的，有说英语的，也有日语的等等。所有交谈的人都只懂一种语言，于是对于正在交谈的每一对人来说，别人的交谈声就成了一个背景噪音。在这里"宽敞的房间"就是 CDMA 扩频通信所采用的宽带载波，交谈者所用的语言就是区分不同用户的码，交谈者就是 CDMA 的用户，这就构成了一个 CDMA 系统。如果能很好地控制背景噪声，那么这个系统中就可以容纳很多的用户，而且不受容量的限制。

3. 移动通信系统构成及工作方式

1) 移动通信系统构成

移动通信系统一般由移动台(MS)、基站(BS)、移动业务交换中心(MCS)、传输线等组成，如图 8-21 所示。

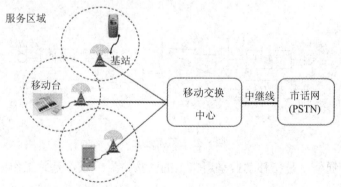

图 8-21 移动通信系统构成

(1) 移动台(MS)。移动台是公用 GSM 移动通信网中用户使用的设备，移动台的类型不仅包括手持台，还包括车载台和便携式台，例如，手机。

(2) 基站(BS)。移动基站是无线电台站的一种形式，是指在一定的无线电覆盖区域中，通过移动通信交换中心，与移动电话终端之间进行信息传递的无线电收发电台。一个完整的基站收发台包括无线发射/接收设备、天线和所有无线接口特有的信号处理部分。以往大家常看到的房顶上的高高的天线就是基站收发台的一部分。

(3) 移动业务交换中心(MSC)。具有一般市话交换机的功能，还有移动业务所需处理的越区切换、漫游等功能。MSC 是网络的核心，它提供交换功能及面向系统其他功能实体，把移动用户与移动用户、移动用户与固定网用户互相连接起来。

(4) 传输线。连接各设备的中继线。MSC 到 BS 之间的传输主要采用微波或光缆方式。

2) 移动通信的工作方式

按照通话的状态和频率使用的方法，移动通信可分为单工、半双工和全双工三种通信方式。

所谓的单工通信方式是指通信双方电台交替地进行收信和发信，根据收、发频率的异同，又可分为同频单工和异频单工，如图 8-22 所示。

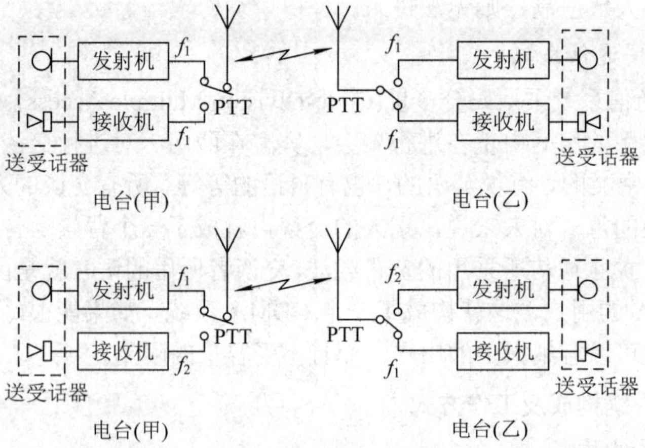

图 8-22　单工通信方式

所谓双工通信，是指通信双方可同时进行传输消息的工作方式，有时亦称全双工通信，如图 8-23 所示。

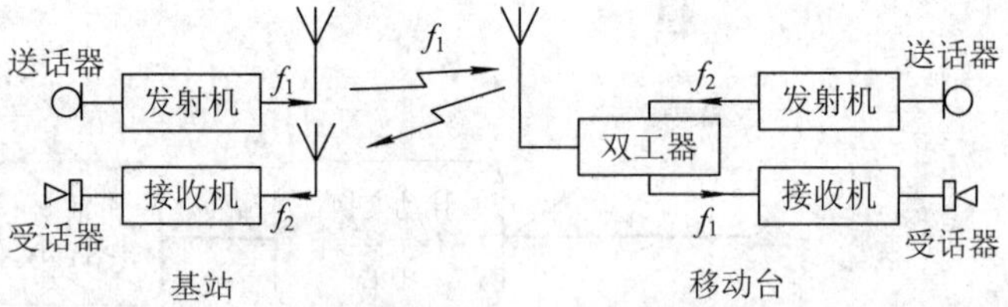

图 8-23　双工通信方式

所谓半双工通信，是指移动台采用单工的“按讲”方式，基站工作情况与双工方式完全相同。

8.4　智慧安防控制系统

8.4.1　智慧安防控制系统的组成

物联网视频监控系统，是一种传统摄像机与互联网技术结合产生的新一代摄像机，主要包括网络摄像机、网络高清硬盘录像机、网络传输、控制器、显示器，即前端摄像部分、中端传输部分、控制部分以及后端显示与记录部分所组成的系统，如图 8-24 所示。物联网视频监控系统只要有网络(无线或有线)再结合录像系统及管理平台就可以构建大规模、分布式的智能网络视频监控系统，可以随时进行远程监控及录像的查看，超越了地域的限制，降低了布线的繁琐程度。

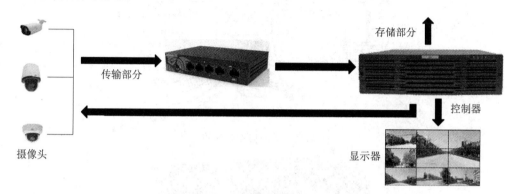

图 8-24 视频监控系统组成

网络摄像机又称 IPC，IP Camera 是视频图像采集的主要设备，内置一个嵌入式芯片，采用嵌入式实时操作系统，集成了视频音频采集、信号处理、编码压缩、智能分析及网络传输等多种功能。图像信号经过摄像镜头，由图像传感器转化为电信号，A/D 转换器将模拟电信号转换为数字电信号，再经过图像编码器按照一定的编码技术标准进行编码压缩，在控制器的作用下，由网络服务器按照一定的网络协议送上局域网，如图 8-25 所示。

图 8-25 网络摄像机工作流程

摄像头工作过程和原理：

(1) 采集视频信号、音频信号、报警信号，经过 A/D 转换后变成数字信号，并对其进行压缩；

(2) 把采集到的信号通过视频、音频传输子系统传输到控制中心进行加工处理；

(3) 通过接口转换器将处理的数字信号转换为模拟信号，通过网络传输发送到客户端或者存放在存储卡；

前端摄像机选型应根据不同应用场景的不同监控需求，选择不同类型或者不同组合的摄像机。室内可以采用红外半球与室内球机搭配使用，确保满足安装的美观与细节的要求。监控摄像头的组成如图 8-26 所示。

构建大规模、分布式的监控系统，交换机/路由器是必不可少的设备，图 8-27 所示。交换机的主要目的是实现电信号转发的网络设备，前端摄像机及网络高清硬盘录像机均连接在一台交换机上。目前市场上接口主要有 8、12、16、24 口，光纤口一般是一到两个，速率可达 1000 M。大规模的监控系统中的交换机一般分为接入层、汇聚层、核心层。接入层交换机的容量需要大于同时接入的摄像机数×所占的带宽；汇聚层交换机是同时处理的摄像机的交换容量之和，即承担监控存储的流量还有承担实时查看调用监控的压力；核心层交换机，需要考虑交换容量及汇聚的链路带宽。因为存储是放在汇聚层的，所以核心交换机没有视频录像的压力，只考虑同时多少人看多少路视频，因此，接入层和汇聚层交换机通常只考虑容量就够了，用户获取视频是通过核心交换机。

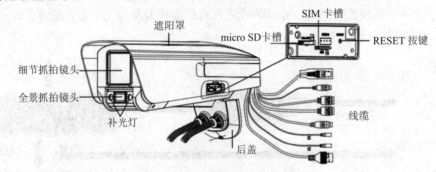

图 8-26　监控摄像头的组成

图 8-27　交换机

　　网络高清硬盘录像机的主要目的是实现对前端网络摄像机的集中管理、设备搜索、图像预览、集中录像和录像回放等功能。由于网络摄像机占用带宽较大，一小时录像在 1G 以上，因此为了保证录像存储时间，网络高清硬盘录像机一般支持多盘位。

　　显示器是监控系统的显示部分，通过 VGA 或 HDMI 接口与网络高清硬盘录像机相连，可以输出网络高清硬盘录像机上的视频，供监控操作人员随时查看传送过来的监控录像。

8.4.2　家用型监控系统

　　小型家用监控系统一般由镜头、红外灯、嵌入式图像传感器、声音传感器、A/D 转换器、图像编码器、控制器、网络服务器等部分组成。客户端可以调整或跟踪摄像头，借助互联网以及云端控制系统进行监控，如图 8-28 所示。

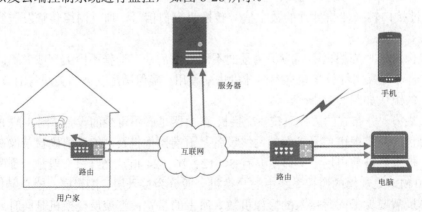

图 8-28　家用监控系统

家用型无线摄像头不需要交换机，录像存储在 TF 卡上或云存储。家用型无线视频监控系统包括四个部分，分别是单片机的硬件、摄像机单片机软件、摄像机客户端监控管理软件和云端控制。通过手机 APP 对家庭的实时监控，是由路由器的串口通信连接摄像头与单片机，手机的 APP 对 WiFi 进行指令的控制，通过串口的连接再传输给路由器，然后传输给单片机，单片机通过相应的运算进行一系列的操作指令，最后在手机 APP 上就可以监控到室内的画面。家用型无线监控系统如图 8-29 所示。若是有陌生人进入室内，则声光报警模块立即发出报警的动作，可以立即通知手机主人，手机主人就可以立即做出相应的措施，以免造成家庭经济损失，而且这种小型的家用无线视频监视成本低，易操作，搭建简单非常实用。

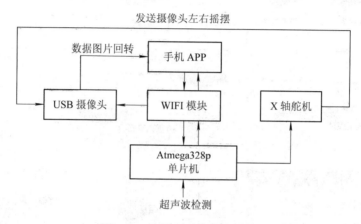

图 8-29 家用型无线监控系统

家用型监控系统采用云管理技术，云存储是在云计算(Cloud computing)基础上延伸和发展出来的一个新的概念，是指通过集群应用、网格技术或分布式文件系统等功能，应用存储虚拟化技术将网络中各种不同类型的存储设备通过应用软件集合起来协同工作，共同对外提供数据存储和业务访问功能的一个系统。所以云存储可以认为是配置了大容量存储设备的一个云计算系统。

8.4.3 大型商用监控系统

随着信息技术的发展，企业管理进入了信息时代，而企业生存发展的需要、信息管理的发展、人工智能思想与技术在企业的延伸共同造就了企业的智能管理。企业的智能管理包括人员管理、业务管理和场地管理等，通过大型商业监控系统采集监控信息，如图 8-30 所示。

1. 系统分布

总控中心：负责对分控中心分散区域高清监控点的接入、显示、存储、设置等功能，主要部署核心交换机、视频综合平台、大屏、存储、客户端、平台、视频质量诊断服务器等。

分控中心：负责对前端分散区域高清监控点的接入、存储、浏览、设置等功能，主要部署接入交换机、客户端等。

监控前端：主要负责各种音视频信号的采集，通过部署网络摄像机、球机等设备，将采集到的信息实时传送至各个监控中心。

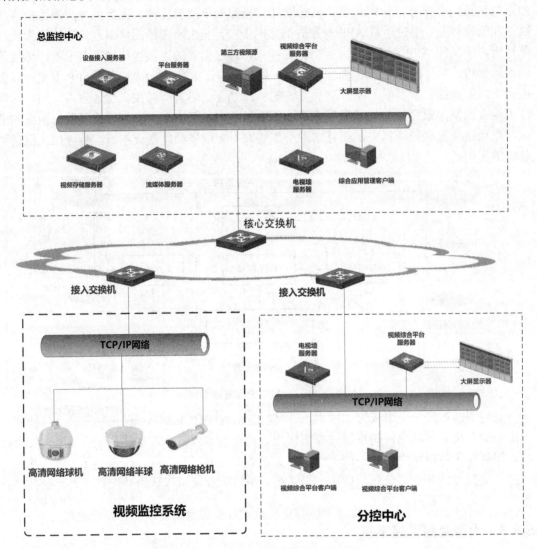

图 8-30　高清监控物理拓扑图

传输网络：整个传输网络采用接入层、核心层两层传输架构设计。前端网络设备就近连接到接入交换机，接入交换机与核心交换机之间通过光纤连接；部分设备因传输距离问题通过光纤收发器进行信号传输，再汇入到接入交换机。

视频存储系统：视频存储系统采用集中存储方式，使用专用视频存储设备，支持流媒体直存，减少存储服务器和流媒体服务器的数量，确保系统架构的稳定性。

视频解码拼控：视频综合平台通过网线与核心交换机连接，并通过多链路汇聚的方式提高网络带宽与系统可靠性。视频综合平台采用电信级 ATCA 架构设计，集视频智能分析、编码、解码、拼控等功能于一体，极大地简化了监控中心的设备部署，更从架构上提升了系统的可靠性与功能性。

大屏显示：大屏显示部分采用最新 LCD 窄缝大屏拼接显示。

视频信息管理应用平台：部署于通用的 x86 服务器上，服务器直接接入核心交换机。

2．网络结构设计

监控传输网络系统主要作用是接入各类监控资源，为中心管理平台的各项应用提供基础保障，能够更好地服务于各类用户。网络结构如图 8-31 所示。

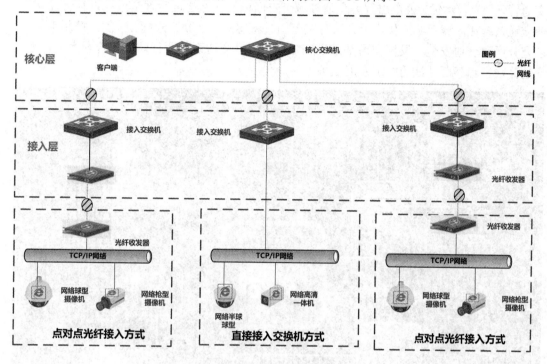

图 8-31　传输网络拓扑示意图

(1) 核心层。核心层主要设备是核心交换机，作为整个网络的大脑，核心交换机的配置性能要求较高。目前核心交换机一般都具备双电源、双引擎，故核心交换机一般不采用双核心交换机部署方式，但是对于核心交换机的背板带宽及处理能力要求较高。

(2) 接入层。

① 前端视频资源接入。前端网络采用独立的 IP 地址网段，完成对前端多种监控设备的互联。前端视频资源通过 IP 传输网络接入监控中心或者数据机房进行汇聚。前端网络接入通常采用以下方式：对于远距离传输，通常为点对点光纤接入的方式；对于近距离接入，可采用直接接入交换机的方式。

② 用户接入。对于用户端接入交换机部分，需要增加相应的用户接入交换机，提供用户接入服务。

8.5　应用案例——智慧交通

智能交通(Intelligent Transport System，简称 ITS)是上世纪 90 年代初美国提出的理念，它是将先进的 GIS(地理信息系统)、通信技术、传感器技术、车辆识别与定位(GPS)、人工智能等技术有效地集成运用于整个地面交通管理系统，建立一种大范围内、全方位发挥作用的实时、准确、高效的综合交通管理系统。

　　智慧交通是在智能交通的基础上，在交通领域中充分运用物联网、云计算、互联网、人工智能、自动控制、移动互联网等技术，通过高新技术汇集交通信息如图8-32所示，对交通管理、交通运输、公众出行等交通领域全方面以及交通建设管理全过程进行管控支撑，使交通系统在区域、城市甚至更大的时空范围具备感知、互联、分析、预测、控制等能力，以充分保障交通安全、发挥交通基础设施效能、提升交通系统运行效率和管理水平，为通畅的公众出行和可持续的经济发展服务。

图 8-32　智慧交通

　　智慧交通的实现以技术发展为基础，共有四个关键技术实现层次：感知层、通讯层、平台层以及应用层，如图8-33所示。围绕这四个层次的技术在近年来已取得了长足进步，并不断改变着整个智慧交通的应用情况。

　　其中，平台层技术与应用层技术在最近5年中已有所突破，并被广泛应用。而感知层技术、通讯层技术亦不断进步，它们是下一步智慧交通突破的关键。更具革命性变化的是，智慧交通已不再仅仅停留在单个应用层面，未来将逐渐走向融合应用的层面。

　　在感知层，激光技术、传感器技术不断突破。作为整套感知体系中所需的毫米波以及视觉传感器技术早已成熟。同时，经过多年积累，交通系统的感知技术也有了长足进步。数字和模拟的可控前端、高清抓拍单元、交通信号控制已被应用在目前的道路监控中。

　　未来，智慧交通将是整合的、立体的、全方位的系统。

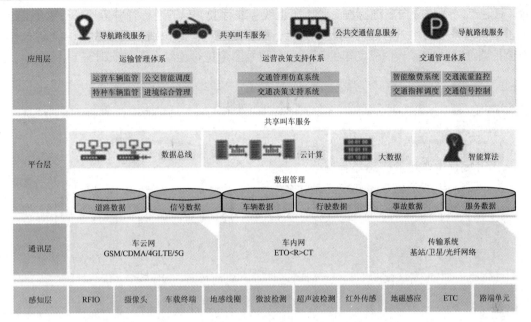

图 8-33 智慧交通系统组成

1. 交通监控系统

智能视频监控是利用计算机视觉技术对视频信号进行处理、分析和理解,在不需要人为干预的情况下,通过对序列图像自动分析,对监控场景中的变化进行定位、识别和跟踪,并在此基础上分析和判断目标的行为。

目前我国视频智能监控技术可以有效完成车辆减超速、车辆逆行、交通堵塞、道路烟雾和火灾等事件的自动监控,并且就车流量、车速、车型、突发事件紧急程度进行预测分析,为道路安全运行与危险情况营救提供必要的数据支持。

2. 交通指挥与诱导系统

智能视频监控最大的优势就是可以实时准确地获取交通状况信息,而这一大优势促成了其在智能交通上的另一大应用——交通指挥与诱导。利用自身的摄影机成像及录像功能,智能视频监控可以对路况进行图像处理与视频分析,并能综合各方面的数据信息得出整体性的道路情况播报,自动完成拥堵、畅通等级的划分。

智能视频监控系统可以自动地对市区内的交通工具,比如私家车、出租车、公交车等交通工具的运行轨迹进行实时监控。一旦发生交通事故,它能马上评测道路交通状况,给出交通指挥建议,生成和发布交通诱导方案和信息,从而更好地服务于交通指挥者和出行者。

3. 交通违章管理

智能视频监控技术也可以应用于交通违章管理中。其主要检测和跟踪运动车辆,通过对这些信息的掌控,能够准确的判断车辆的驾驶行为,详细记录车辆的违章行为。就目前的情况来看,电子警察系统是视频监控技术中很好的应用例子。

电子警察,又称为"闯红灯自动记录系统"。但是它的功能已不再局限于对闯红灯的记录，还包括对不按导向车道行驶、骑压车道线实线行驶、车辆逆行行驶等违章行为的记录。电子警察系统是利用先进的光电、计算机、图像处理、模式识别、远程数据访问等技术，对监控路面过往的每一辆机动车的车辆和车牌号图像进行连续全天候实时记录。

习　题

1. 概述智慧物联。
2. 开闭锁中常用的传感器有哪些？
3. 短距离无线通信技术的定义是什么？
4. 简述智慧安防控制系统的组成。

第九章 数字工厂

9.1 数字工厂应用场景——流程数字化

现代工厂已经实现了装备数字化、管理数字化、设计数字化、产品数字化和生产过程数字化。

装备数字化主要内容有实时硬件装备集成、多源异构数据采集、生产指令传递与反馈。装备数字化能够掌握本系统的加工能力和状态，能够监控和自主优化加工过程，能够自行度量工作(输出)的质量，能够不断持续学习和提高系统的能力，能够实现与企业层和设备控制层实时交换数据，能够形成制造决策、执行和控制等信息流的闭环。

管理数字化让机器学会从目标任务中分解出正确的资源计划，规范化各类管理指令、资源配置信息使之成为智能工厂所能读懂的语言。管理数字化表现为制造执行层数字化、产品经营过程数字化、技术支持与服务过程数字化、信息和知识数字化。

设计数字化使得客户和生产商、供应商的协作研发成为现实，它帮助制造企业通过逆向工程等技术，高效率地开发出先进、实用、高性能价格比的产品。

产品数字化由产品数字仿真原型和虚拟实现技术、虚拟产品样品(Virtual prototyping)、虚拟制造仿真(Virtual Manufacturing，VM)组成，能够将实物原型转化为精准的数字原型，同时对所有实现这一产品的工艺参数进行集成。

9.2 产品设计

9.2.1 自顶向下的设计方法简介

在三维设计软件环境下进行产品开发的过程与传统模式下产品开发的过程，在工作效率、文件管理方面有很大的不同。传统设计模式复杂、效率低下、团队合作困难等问题难以满足现代多变的设计需求。

目前，已有多种设计软件能满足现代多变的设计需求，如 NX、PROE、SOLIDWORKS、CATIA 等，都可以实现从产品概念设计到定型设计、产品加工、模具设计、仿真分析等一系列过程的完整管理与服务。本章节会介绍如何通过团队协作的方式，对一个复杂的项目进行高效的开发与管理。

1. 机械设计过程比较

传统的机械产品设计过程如图 9-1 所示。

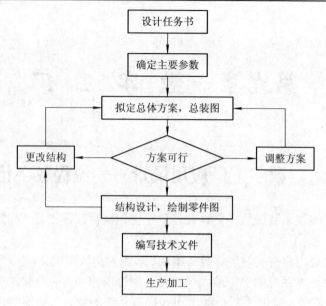

图 9-1　传统的机械产品设计过程

NX 系统下的机械产品设计过程如图 9-2 所示。

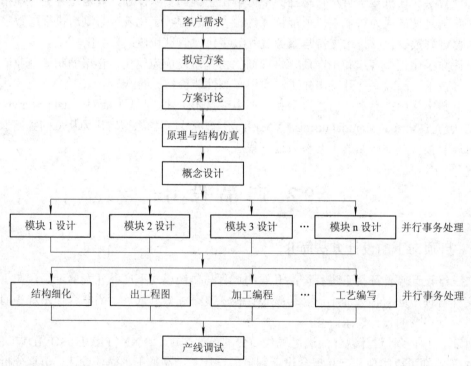

图 9-2　NX 系统下的机械产品设计过程

在图 9-2 中提到的概念设计，对不同领域而言，含义是不同的。在 NX 设计环境下，概念设计可以理解为根据用户对产品的实用性、安全性、经济性等需求，提炼出产品的外观、结构、形状、性能等设计参数，并以模块的形式设计出对应的产品初步模型，然后在这个基础上进一步细化，最终得到产品的每一个细节结构的过程。

2. 自顶向下的产品设计模式

产品设计流程应该以市场与用户需求为依据，用户需求往往确定了产品某些关键尺寸参数，这些关键尺寸参数通常作为产品总布置设计的依据，并且成为了结构细节设计的基础。

以一个项目为例，通常设计整个项目的稳定性，安全性，工作效率，产品的外观造型和价格等多方面的要求。这些要求往往是决定整个项目参数的重要依据。

图 9-3 所示为自顶向下设计总体流程图，可以将需求看作是一种目标，总布局的设置是为了这一目标而形成的一系列约束条件，而最终的设计结果则是产品。

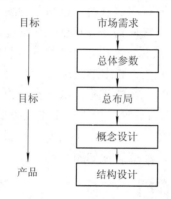

图 9-3　自顶向下设计总体流程图

对于简单或中等复杂产品的设计，自顶向下设计方法是非常实用和高效的。

3. 系统工程产品设计模式

(1) 系统工程的概念。系统工程设计方法与自顶向下设计方法类似，均采用模块化设计技术。系统工程设计模式是将一个大的工程分解为多个有逻辑关系的子系统(或称为模块)，每个子系统有自己的设计准则和设计约束，每个子系统可以相互独立地进行设计，从而实现并行工程。

(2) 系统工程设计模式下的产品设计过程。一个产品的开发，首先要满足市场与社会的需求，这种需求会以一定的形式反映到产品的参数中，从而制约产品的设计。

9.2.2　设计工具介绍

1. 三维建模概述

三维建模是计算机绘图的一种方式。

"二维"、"三维"的"维"，简单地说，就是物体的自由度数，点是零维物体，线是一维物体，面是二维物体，体是三维物体。可以这样理解"维"的概念：如果一只蚂蚁在爬行，无论爬行轨迹是直线、平面曲线还是空间曲线，蚂蚁都只能前进或者后退，所以曲线的自由度是一维的。如果蚂蚁在一个面上爬行，则无论面是平面还是曲面，蚂蚁只有前后、左右可以选择，所以曲面的自由度是二维的。而体的概念就像是一只蜜蜂在封闭的空间内飞行，则它可以选择上下、左右、前后，所以体的自由度是三维的。二维绘图和三维建模中的"维"与图形对象的"维"概念不同。二维绘图和三维建模中"维"的概念是指绘制图形所在的空间的维数，而非图形对象的维数。比如二维绘图只能在二维空间制图，图形对象只能是零维的点、一维的直线、平面曲线等，二维图形对象只有区域填充，没有空间曲线、曲面、体等图形对象。而三维建模在三维空间建立模型，图形对象可以是任何维度的图形对象，包括点、线、面、体。

　　人们生活在三维世界中，采用二维图纸来表达几何形体显得不够形象、逼真，三维设计技术的发展和成熟应用改变了这种现状，使得产品设计实现了从二维到三维的飞跃，在未来三维技术必将越来越多地替代二维图纸，最终成为工程领域的通用语言。因此三维设计技术也成为工程技术人员必须具备的基本技能之一。

　　目前我们能够看到的几乎所有印刷资料，包括各种图书、图片、图纸，都是二维的。而现实世界是一个三维的世界，任何物体都具有三个维度，要完整地表述现实世界中的物体，需要用 X、Y、Z 三个量来度量。所以这些二维资料只能反映三维世界的部分信息，必须通过抽象思维，三维世界才能在人脑中形成印象。

　　工程界也是如此。多年来，二维的工程图纸一直作为工程界的通用语言，在设计、加工等所有相关人员之间传递产品的信息。由于单个平面图形不能完全反映产品的三维信息，人们就约定一些制图规则，如将三维产品向不同方向投影、剖切等，形成若干由二维视图组成的图纸，从而表达完整的产品信息，如图 9-4 所示。

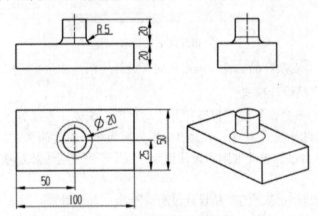

图 9-4　二维图纸

　　图 9-4 中是用四个视图来表达产品的。图纸上的所有视图，包括反映产品三维形状的轴测图(正等轴测图、斜二测视图或者其他视角形成的轴测图)，都是以二维平面图的形式展现从某个视点、方向投影过去的产品的情况。根据这些视图以及既定的制图规则，借助人类的抽象思维，就可以在人脑中重构产品的三维空间几何结构。因此，不掌握工程制图规则就无法制图、读图，也就无法进行产品的设计、制造，更无法与其他技术人员沟通。

　　毋庸置疑，二维工程图在人们进行技术交流等方面起到了重要的作用。但用二维工程图形来表达三维世界中的物体，需要把三维物体按制图规则绘制成二维图形(制图过程)，其他技术人员再根据这些二维图形和制图规则，借助抽象思维在人脑中重构三维模型(读图过程)，这一过程复杂且易出错。因此以二维图纸作为传递信息的媒介，实属不得已而为之。

　　2. 三维设计的定义

　　什么是三维设计呢？三维设计在现实中非常常见，如孩子们玩的泥塑、积木的搭建都是三维设计的过程；也包括厨房的雕花、制作陶瓷艺术品等，也都是三维设计的过程。

人脑中的物体形貌在真实空间再现出来的过程，就是三维设计的过程。广义地讲，所有产品制造的过程，无论是手工制作还是机器加工都是将人们头脑中设计的产品转化为真实产品的过程，所以都可称为产品的三维设计过程。计算机在不到一百年的发展时间里，几乎彻底改变了人类的生产、生活和生存方式，人脑里想象的物体，几乎都能够通过电脑来实现了。在计算机中通过三维设计建立的三维数字形体，称为三维数字模型，简称三维模型。本小节所介绍的三维设计是指在计算机上建立完整的产品的三维数字几何模型的过程，与广义的三维设计概念有所不同。

在三维模型的基础上，人们可以进行许多后续的工作，如 CAD、CAM、CAE 等。虽然三维模型显示在二维的平面显示器上，与真实世界中可以触摸的三维物体有所不同，但是三维模型具有完整的三维几何信息，还可以有材料、颜色、纹理等其他非几何信息。人们可以通过旋转模型来模拟现实世界中观察物体的不同视角，通过放大/缩小模型，来模拟现实中观察物体的距离远近。除了不可触摸，三维数字模型与现实世界中的物体没有什么不同，只不过它们是虚拟的物体。

3．UG NX 软件概述

UG 是 Unigraphics 的简称，起源于美国麦道航空公司，UG NX 是在 UG 软件基础上发展起来的。UG NX 目前属于德国西门子公司。UG NX 是通用的、功能强大的三维机械 CAD/CAM/CAE 集成软件。UG NX 软件集 CAD/CAM/CAE/PDM/PLM 于一体，CAD 功能使工程设计及制图完全自动化；CAM 功能内含大量数控编程库(机床库、刀具库等)，数控加工仿真、编程和后处理比较方便；CAE 功能提供了产品、装配和部件性能模拟能力；PDM/PLM 帮助管理产品数据和整个生命周期中的设计重用。

4．UG NX 软件的技术特点

UG NX 不仅具有强大的实体造型、曲面造型、虚拟装配和产生工程图的功能，而且在设计过程中可以进行机构运动分析、动力学分析和仿真模拟，提高了设计的精确度和可靠性。同时，可用三维模型直接生成数控代码，用于产品的加工，其生成的数控代码支持多种类型的数控机床。另外，它所提供的二次开发语言 UG/OPEN GRIP、UG/OPENAPI 简单易学，实现功能多，便于用户开发专用的 CAD 系统。具体来说，该软件具有以下特点：

(1) 具有统一的数据库，真正实现了 CAD/CAE/CAM 各模块之间数据交换的无缝接合，可实施并行工程。

(2) 采用复合建模技术，可将实体建模、曲面建模、线框建模、显示几何建模与参数化建模融为一体。

(3) 将基于特征(如：孔、凸台、型腔、沟槽、倒角等)的建模和编辑方法作为实体造型的基础，形象直观，类似于工程师传统的设计方法，并能用参数驱动。

(4) 曲线设计采用非均匀样条作为基础，可用多样方法生成复杂的曲面，特别适合于汽车、飞机、船舶、汽轮机叶片等形状复杂曲面的设计。

(5) 出图功能强，可以十分方便地从三维实体模型直接生成二维工程图。能按 ISO 标准标注基本尺寸、尺寸公差、形位公差、汉字说明等，并能直接对实体进行局部剖、旋转剖、阶梯剖和轴测图挖切等视图的生成，生成各种剖视图，增强绘图功能的实用性。

(6) 以 Parasolid 为实体建模核心,实体造型功能处于领先地位。目前著名的 CAD/ CAE/ CAM 软件均以此作为实体造型的基础。

(7) 内嵌模具设计导引 MoldWizard,提供注塑模向导、级进模向导、电极设计等,是模具行业设计者的首选软件。

(8) 提供了界面良好的二次开发工具 GRIP 和 UFUNC,使 UG NX 的图形功能与高级语言的计算机功能紧密结合起来。

(9) 具有良好的用户界面,绝大多数功能都可以通过图标实现,进行对象操作时,具有自动推理功能,同时在每个步骤中,都有相应的信息提示,便于用户做出正确的选择。

5. UG NX 常用的功能模块介绍

UG NX 系统由大量的功能模块组成,如图 9-5 所示。这些模块几乎涵盖了 CAD/CAM/CAE 各种技术。本节主要介绍基本环境、建模、制图以及装配四个模块,重点是建模模块。

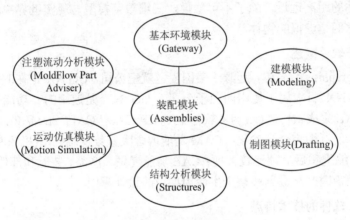

图 9-5　UG NX 系统功能模块组成

(1) 基本环境模块(Gateway)。启动 UG NX 后,首先进入的就是 Gateway 模块。Gateway 模块是 UG NX 的基础模块,它仅提供一些最基本的功能,如新建文件、打开文件,输入/输出不同格式的文件、层的控制、视图定义等,是其他模块的基础。

(2) 建模模块(Modeling)。该模块提供了构建三维模型的工具,包括:曲线工具、草图工具、成形特征、特征工具、曲面工具等。曲线工具、草图工具通常用来构建线框图;特征工具则完全整合基于约束的特征建模和显示几何建模的特性,因此可以自由使用各种特征实体、线框架构等功能;曲面工具是架构在融合了实体建模及曲面建模技术基础之上的超强设计工具,能设计出如工业造型设计产品般的复杂曲面外形。

(3) 制图模块(Drafting)。该模块使设计人员能方便地获得与三维实体模型完全相关的二维工程图。三维模型的任何改变会同步更新二维工程图,不仅减少了因三维模型改变更新二维工程图的时间,而且确保了二维工程图与三维模型完全一致。

(4) 装配模块(Assemblies)。该模块提供了并行的自上而下和自下而上的产品开发方法。在装配过程中可以进行零部件的设计、编辑、配对和定位,还可对硬干涉进行检查。

(5) 结构分析模块(Structures)。该模块能将几何模型转换为有限元模型,可进行线性静力、标准模态与稳态热传递、线性屈曲分析,同时还支持对装配部件(包括间隙单元)的分析，分析的结果可用于评估各种设计方案，优化产品设计，提高产品质量。

(6) 运动仿真模块(Motion Simulation)。该模块可对二维或三维机构进行运动学分析、动力学分析和设计仿真，可以完成大量的装配分析，如干涉检查、轨迹包络等。还可以分析反作用力，并用图表示各构件位移、速度与加速度的相互关系等。

(7) 注塑流动分析模块(MoldFlow Part Adviser)。使用该模块可以帮助模具设计人员确定注塑模的设计是否合理，检查出不合适的注塑模几何体并予以修正。

6. UG NX 产品设计流程

基于 UG NX 的产品设计流程，通常先对产品的零部件进行三维造型，在此基础上再进行结构分析、运动分析等，然后根据分析结果，对三维模型进行修正，最终将符合要求的产品模型定型。定型之后，可基于三维模型创建相应的工程图样，或进行模具设计和数控编程等。因此，用 UG NX 进行产品设计的基础和核心是构建产品的三维模型，而产品三维造型的构建实质就是创建产品零部件的实体特征或片体特征。

实体特征通常由基本要素(如矩形、圆柱体等)、扫描特征等构成，或在它们的基础上通过布尔运算后获得。扫描特征的创建，往往需要先用曲线工具或草图工具创建出相应的引导线与截面线，再利用实体工具来构建。

片体特征的创建，通常也需要先用曲线工具或草图工具创建构成曲面的截面线和引导线，再利用曲面工具来构建。片体特征通过缝合、增厚等操作可创建实体特征，实体特征通过析出操作等也可以获得片体特征。使用 UG NX 进行产品设计的一般流程如图 9-6 所示。

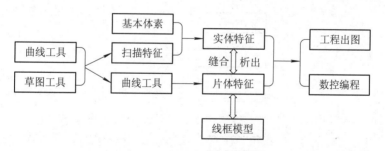

图 9-6　UG NX 产品设计流程

9.2.3　产线设计流程

产线设计抽象分析模型，如图 9-7 所示。

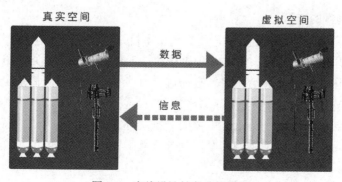

图 9-7　产线设计抽象分析模型

1．产线整体布局

产线布局的确定，由以下三个方面因素来决定。

(1) 根据客户现场具体尺寸和注意事项来排布。

(2) 根据现场的水、电、网来排布设备的位置。

(3) 根据现场场地设计人员行走路线(危险设备避开人行道路)。

2．生产线结构设计流程

生产线结构设计流程如下图 9-8 所示，设计方案往往并不是一次就可以确定的，很多时候需要评审后重新设计整改并再一次接受评审，甚至在调试过程中出现设计缺陷时仍需要修改微调设计。

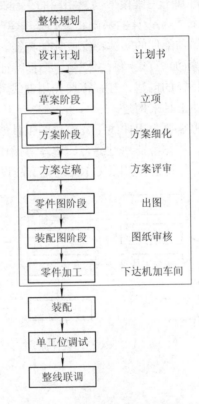

图 9-8　生产线结构设计流程

3．产线外购件的选型

产线外购件主要包括：气缸、同步带、伺服电机、工业机器人等。以气缸的选型为例。气缸是自动化应用中使用较为广泛的一种机械执行元件。气缸的分类如图 9-9 所示。

气缸是通过压缩空气引导活塞在气缸内进行直线往复运动的圆筒形金属机械产品。气缸的形式有整体式和单铸式。单铸式又分为干式和湿式两种。气缸和缸体铸成一个整体称整体式气缸；气缸和缸体分别铸造，单铸的气缸统称为气缸套。为了保持气缸与活塞接触的严密性，减少活塞在气缸中运动的摩擦损失，气缸内壁应有较高的加工精度和精确的形状尺寸。气缸结构如图 9-10 所示。

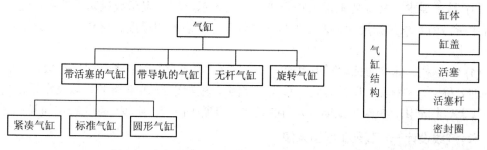

图 9-9 气缸的分类　　　　　图 9-10 气缸结构

根据工作所需力的大小来确定活塞杆上的推力和拉力，选择气缸时应使气缸的输出力稍有余量。若缸径选小了，输出力不够，气缸不能正常工作；若缸径过大，不仅设备笨重、成本高，同时耗气量增大，造成能源浪费。在夹具设计时，应尽量采用增力机构，以减少气缸的尺寸。

4．产线设计——零件工程图认知

零件工程图是用来表示零件结构形状、大小及技术要求的图样，是直接指导制造和检验零件的重要技术文件。在机器或部件中，除标准件外，其余零件一般均应绘制零件工程图。

零件工程图如图 9-11 所示，主要内容如下：

(1) 一组视图。用以完整、清晰地表达零件的结构和形状。

(2) 全部尺寸。用以正确、完整、清晰、合理地表达零件各部分的大小和各部分之间的相对位置关系。

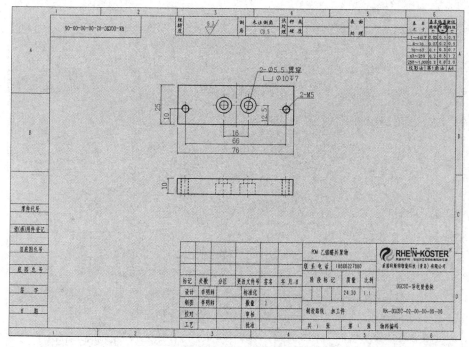

图 9-11 零件工程图

(3) 技术要求。技术要求常用符号或文字来表示，用以表示或说明零件在加工、检验过程中所需的要求，如尺寸公差、形状和位置公差、表面粗糙度、材料、热处理、硬度及其他要求。

(4) 标题栏。标准的标题栏由更改区、签字区、其他区、名称及代号区组成。一般填写零件的名称、材料标记、阶段标记、重量、比例、图样代号、单位名称，以及设计、制图审核、工艺、标准化、更改、批准等人员的签名和日期等内容。学校一般用校用简易标题栏。

5. 产线设计——装配工程图认知

装配工程图是表达机器或部件的工作原理、装配关系、传动路线、连接方式及零件的基本结构的图样。装配工程图与零件工程图相同，是生产和科研中的重要技术文件之一。

装配工程图如图 9-12 所示，主要内容如下：

(1) 一组视图。用来表示装配体的结构特点、各零件的装配关系和主要零件的重要结构形状。

(2) 必要的尺寸。用来表示装配体的规格、性能，装配、安装和总体尺寸等。

(3) 技术要求。用文字、符号等说明对装配体的工作性能、装配要求、试验或使用等方面的有关条件或要求，在装配图的空白处填写(一般在标题栏、明细栏的上方或左面)。

(4) 零件的序号和明细栏。组成机器或部件的每一种零件(结构形状、尺寸规格及材料完全相同的为一种零件)在装配图上，必须按一定的顺序编上序号，并编制出明细。明细栏中注明各种零件的序号、代号、名称、数量、材料、重量、备注等内容，以便读图、图样管理及进行生产准备、生产组织工作。

(5) 标题栏。用以说明机器或部件的名称、图样代号、比例、重量及责任者的签名和日期等。

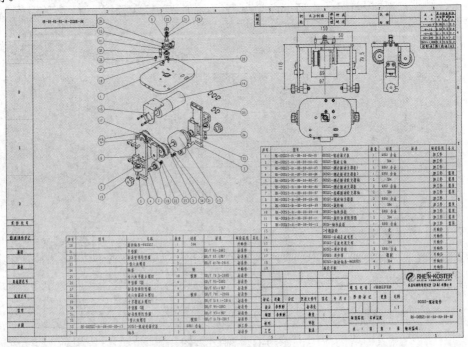

图 9-12　装配工程图

6．机械结构安全防护

机械结构最重要的是安全防护，安全如果保证不了，设计的方案就不会被采用。

机械结构安全防护不只是对人的防护，还包括机械自身的防护。如图9-13所示是一个三轴机械手，三轴机械手通过伺服电机驱动，由PLC控制，如果伺服电机动力输出连接机构——联轴器松动，就有可能导致三轴机械手的位置丢失，引发撞机事故发生，机械机构也可能因此损坏。

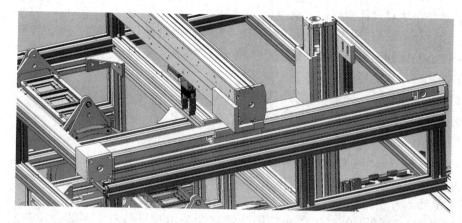

图9-13　三轴机械手

为了防止上述情况的发生，一般会在用单轴直线机构的最大范围之外做一道软限位，即接近限位。如有失灵情况发生，接近开关会先让PLC停止其工作。同时在软限位之外再增加一道硬限位，比如增加液压缓冲器，使高速工作的机械手得到一定的缓冲，从而保护机械结构不受伤害。通过这两道防护，就大大提高了机械自身的安全。

护板内部是同步带轮的传动机构，如没有任何防护，人把手伸进去，可能会出现不可挽回的损伤。如图9-14所示，透明亚克力板就是一种安全防护。

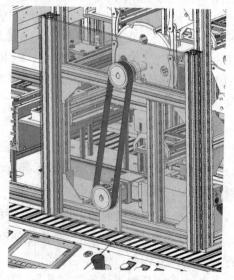

图9-14　安全防护设计

9.2.4　有限元分析

1．运动仿真功能简介

近三十年来，计算机计算能力的飞速提高和数值计算技术的长足进步，促使了商业化的有限元数值分析软件的诞生，并逐步发展成为一门专门学科——计算机辅助工程CAE(Computer Aided Engineering)。这些商业化的CAE软件具有人性化的操作界面和易用性，使得软件使用者由学校或研究所的专业人员逐步扩展到企业的产品设计人员或分析人员。CAE在各个工业领域的应用也得到不断普及并逐步向纵深发展，CAE工程仿真在工业设计中的作用变得日益重要。许多行业中已经将CAE分析方法和计算要求设置在产品研发流程中，作为产品上市前必不可少的环节。CAE 仿真在产品开发、研制与设计及科学研究中已显示出明显的优越性：

(1) CAE 仿真可有效缩短新产品的开发研究周期。

(2) 虚拟样机的引入减少了实物样机的试验次数。

(3) 大幅度地降低产品研发成本。

(4) 在精确的分析结果指导下制造出高质量的产品。

(5) 能够快速对设计变更做出反应。

(6) 能充分与 CAD 模型相结合并对不同类型的问题进行分析。

(7) 能够精确预测出产品的性能。

(8) 增加产品和工程的可靠性。

(9) 采用优化设计，降低材料的消耗或成本。

(10) 在产品制造或工程施工前预先发现潜在的问题。

(11) 模拟各种试验方案，减少试验时间和经费。

(12) 方便进行机械事故分析，查找事故原因。

当前流行的商业化 CAE 软件有很多种，国际上早在 20 世纪 50 年代末至 60 年代初就投入了大量的人力和物力开发具有强大功能的有限元分析程序。其中最为著名的是由美国国家宇航局(NASA)在 1965 年委托美国计算科学公司和贝尔航空系统公司共同开发的 Nastran 有限元分析系统。该系统发展至今已有几十个版本，是目前世界上规模最大、功能最强的有限元分析系统。至今世界各地的研究机构和大学也发展了一批专用或通用有限元分析软件，除了 Nastran 以外，主要还有德国的 ASKA、英国的 PAFEC、法国的 SYSTUS、美国的 ABAQUS、ADINA、ANSYS、BERSAFE、BOSOR、COSMOS、ELAS、MARC 和 STARDYNE 等公司的产品。虽然软件种类繁多，但是万变不离其宗，其核心求解方法都是有限元法(Finite Element Method)。

2．有限元的基本思路

有限元法的基本思路可以归结为：将连续系统分割成有限的分区或单元，对每个单元提出一个近似解，再将所有单元按标准方法加以组合，从而形成原有系统的一个数值近似系统，即形成相应的数值模型。

3．UG NX 计算机辅助工程分析的特点

UG NX 高级仿真模块是一个集成的有限元建模工具。利用该工具能够迅速进行部件和装配模型的预处理和后处理，它提供了一套广泛的工具，辅助用户提取几何图形进行网格化、添加载荷和其他边界条件定义与材料定义，为富有经验的有限元分析师提供全面的有限元模型以及结果可视化的解决方案。UG NX 支持大量通用工程仿真，主要用于线性静态结构分析、非线性分析、模态分析、结构屈曲分析、稳态和瞬态热传递、复合材料和焊接分析。该软件常用的求解器为 NX Nastran，它能够制定有限元模型分析问题的格式并且直接把这些问题提交给 NX Nastran。另外，还能够添加其他解算器，如 ANSYS 和 ABAQUS 等第三方解算器。

UG NX 有限元模型主要包括：主模型文件、理想化模型文件、有限元模型文件、解算文件。

9.3 工厂仿真

越来越复杂的产品和制造过程给世界级制造商提出了"尽快上市"和制造资源优化等挑战。制造工程团队被要求依据成本、质量和投产目标投放无瑕疵的新产品。

为了应对这些挑战，业界领先的制造商利用数字化工厂仿真，通过其结构化的知识积累以及可重用的产品和资源三维模型，来验证产品的制造过程，并结合最新技术高效而且几乎自动地对生产制造进行数千个验证试验，以确保生产以最优化的方式进行。数字化工厂仿真如图9-15所示。

图 9-15　数字化工厂仿真

9.3.1　工厂仿真与数字化工厂的概述

工厂仿真并不是针对一些设备的机械动作的一般仿真，而是指整体系统仿真。

1. 系统仿真的概念

系统仿真是以评估对象系统(如制造系统、物流仓储、生产计划等)的整体能力等为目的的一门专业技术，是利用三维环境进行制造过程验证的数字化制造解决方案。设计生产者可以利用过程仿真在制造过程早期对制造方法和手段进行虚拟验证。数字化制造解决方案通过对产品和资源的三维数据的利用极大地简化了复杂制造过程的验证、优化和试运行等工程任务，保证了更高质量的产品被更快地投入市场。

系统仿真的发展基本上是伴随着仿真软件和优化算法的发展而成长的。随着系统技术的发展和成熟，以及与其他信息技术的集成，这种集成化的仿真技术也是未来发展的主要方向。目前，我们将集成化的系统仿真在制造行业的应用称之为数字工厂。

数字工厂的定义如下：在仿真环境中构建与现实工厂相对应的、完整的数字工厂，实现对实际生产过程的动态监测，同时基于仿真分析系统，实现对规划方案前期的验证和优化，以及生产数据的多维分析，支持资源配置方案评估、多层次计划验证和优化等业务决策。

2. 工厂生产过程仿真的意义

随着全球范围内市场竞争的加剧，缩短产品的设计周期、生产周期、上市周期，降低产品开发成本已成为企业追逐的目标。多功能性、高独立性和产品的短期设计制造都给制造系统的规划和设计提出了更高的要求。

　　据不完全统计，国外复杂的制造系统约有 80% 都没有完全达到设计要求，其中存在的问题 60% 都可以归结为初期规划不合理或失误。一个以批量方式进行生产的制造系统，要把生产设备、生产工具、生产计划、生产调度有机地组织在一起，这是一项非常艰巨的工程。因此，在制造系统建立之前必须进行充分的分析论证和合理的规划设计，这就要求对所研究的制造系统进行合理的建模和分析。建设工厂有无仿真其成本和时间的关系如图 9-16 所示，"实线"是通过仿真技术建设工厂的成本和时间的关系，"虚线"是未通过仿真技术建设的工厂的成本和时间的关系。

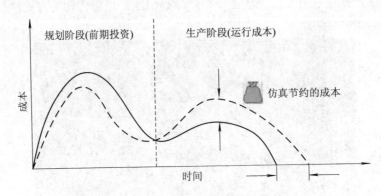

图 9-16　建设工厂有无仿真其成本和时间的关系

　　工厂仿真是数字化与智能化制造的关键技术之一，数字化工厂是现代工业化与信息化融合的应用体现，也是实现智能化制造的必经之路。先进的现代化工厂借助于信息化和数字化仿真技术的集成、仿真、分析、控制等手段，可为现代化制造智能工厂的生产全过程提供全面管控评估，甚至设计一种整体解决方案。

　　仿真数据分析如图 9-17 所示。

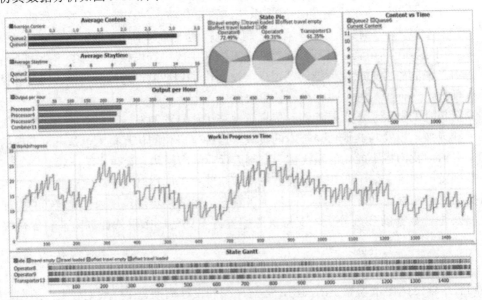

图 9-17　仿真数据分析

3. 工厂仿真技术的先进性

工厂仿真完全可以按照工艺流程来建模，而且可以把各种对生产线有影响的因素都放进模型中，构建一个较精确的、符合实际物理情况的仿真模型。

在工厂仿真的仿真模型里可以分析生产线上的生产计划的执行能力，验证生产任务能否在规定的计划时间前完成，也可以优化生产的批量，特别在混线生产线上可以优化生产品种的投产顺序。

在工厂仿真的仿真模型里各种参数都可以随时更改，参数的更改不影响模型，控制方法中的参数更改不需重新编译即可使用，同时也可以随时进行设定。

9.3.2　现代工厂仿真软件介绍

每个厂商的生产系统仿真软件产品名称各不相同，有些称为生产系统建模与仿真软件，有些则称为生产系统规划与仿真软件，有些又称为生产仿真软件，还有称为数字化工厂仿真软件。现介绍几种优秀的仿真软件如下。

1. DELMIA/Quest

DELMIA 软件是达索公司的产品，如图 9-18 所示。DELMIA 软件包含面向制造过程设计的 DPE、面向物流分析的 Quest、面向装配过程分析的 DPM、面向人机分析的 Human、面向机器人仿真的 Robotics 和面向虚拟数控加工仿真的 VNC 等几个功能模块。Quest 是针对设备建模、实验、分析设备分布和工艺流程的柔性、面向对象的、基于连续事件的专用模拟软件。2D 图表和 3D 模型均可以通过按钮式界面、对话框、扩展标准库而得到，实时交互界面允许在运行期间对变量进行修改并观察各参数的演变。Quest 可单独操作或从 DENEB 的其他产品中输入模型，准确地确定现有的或新系统的优化车间布置、成本、工艺流程。其在周边的机器人仿真器群等方面的功能也很齐备，适用于大型制造业生产线。

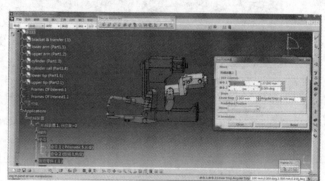

图 9-18　DELMIA 软件

2. Flexsim

Flexsim 是美国 FlexSim 公司开发的三维物流仿真软件，能应用于系统建模、仿真以及实现业务流程可视化，如图 9-19 所示。Flexsim 中的对象参数基本可以表示所有存在的实物对象，如机器装备、操作人员、传送带、叉车、仓库、集装箱等，同时数据信息可以用 Flexsim 丰富的模型库表示出来。Flexsim 具有层次结构，可以使用继承来节省开发时间。Flexsim 是面向对象的开放式软件，这些对象可以在不同的用户、库和模型之间进行交换，再结合对象的高度可自定义性，可以大大提高建模的速度。FlexSim 具有完全的 C++面向对象(object-oriented)性、超强的 3D 虚拟现实(3D 动画)、直观易懂的用户接口以及卓越的柔韧性(可伸缩性)。

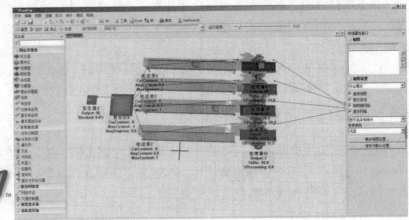

图 9-19　Flexsim 软件

Flexsim 所应用行业包括制造业、物料运输、仓储、矿业、卫生保健、后勤、供应链、航天等。Flexsim 软件物流仿真俯视图如图 9-20 所示。

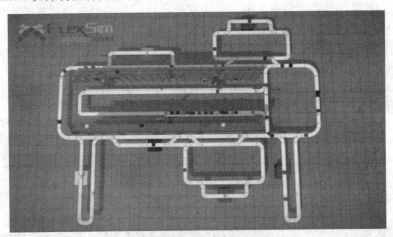

图 9-20　Flexsim 软件物流仿真俯视图

3. Plant Simulation

Plant Simulation 是一款面向对象的集成建模物流仿真优化软件，是西门子 PLM 产品全生命周期解决方案中的一个不可或缺的组成部分，如图 9-21 所示。在规划阶段可通过 Plant Simulation 分析全厂设施规划方案选择、设备投资评估、暂存区、生产线平衡、瓶颈分析、派工模拟、产能分析模拟及企业再造模拟分析等，属于平面离散系统生产线仿真器，配备了周边的机器人仿真器群，可以与 CAD、CAPE、ERP、DB 等软件之间实时通信。Plant Simulation 与周边的机器人仿真器群之间有强有力的关联，在面向大型制造业领域的仿真群中和 DELMIA 软件实力相当，主要与周边系统联合起来灵活使用。

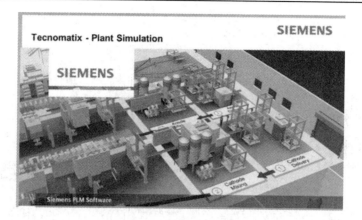

图 9-21　Plant Simulation 软件

工厂和生产线物流过程仿真、优化的软件 Tecnomatix 是 Plant Simulation 的一部分，是用微软 C++语言实现的关于生产、物流和工程的仿真软件(Simulation in Production, Logistics and Engineering & its implementation in C++)，它是面向对象的、图形化的、集成的建模仿真工具，系统结构和实施都满足面向对象的要求。从学术上归类，Plant Simulation 是一类典型的离散事件仿真软件工具，如图 9-22 所示。

图 9-22　Tecnomatix 软件界面

Plant Simulation 能够定义各种物料流的规则并检查这些规则对生产线性能的影响。从系统库中挑选出来的控制规则(Control rule)可以被进一步细化，以便应用于更复杂的控制模型。

用户使用 Plant Simulation 试验管理器(Experiment Manager)可以定义试验，设置仿真运行的次数和时间，也可以在一次仿真中执行多次试验。用户可以结合数据文件，例如 Excel 格式的文件来配置仿真试验。

Plant Simulation 提供了多种仿真优化的工具，包括遗传算法、实验管理器和神经网络，如图 9-23 所示。

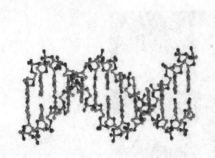
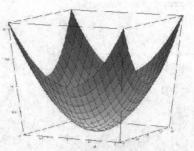

图 9-23　实验管理器和神经网络

Plant Simulation 提供了 3D 可视化的能力并与仿真模型紧密相关，仿真模型在多窗口下可同步显示。观察视角可以在如图 9-24 所示的虚拟的可视化场景中进行漫游，并制成 AVI 或 MPEG 文件。工厂仿真带有大量的三维对象库，并且外部的 3D 图形和图片可以输入系统与三维对象关联。

图 9-24　虚拟可视化场景

9.3.3　工厂生产系统仿真过程

生产系统仿真过程可以分为三个部分，仿真规划、建模、仿真优化。在仿真规划阶段，需要明确仿真要解决的问题，搜集需要的资料。建模阶段则包括设备及流程的建模。仿真优化则是对整个生产系统进行调整优化。

工厂仿真不仅需要工程师掌握仿真软件的操作技术，还需要对工厂的工艺、生产、流程等有深刻的理解，仿真流程如图 9-25 所示。

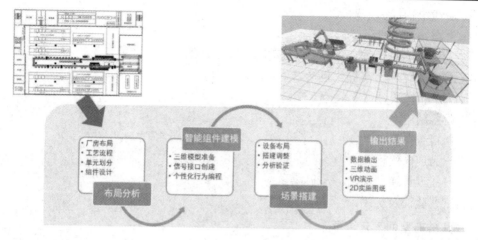

图 9-25 仿真流程

在仿真开始前要对仿真进行准备，准备的内容如表 9-1 所示。

表 9-1 仿真前的准备内容

序号	资料名称	说　明	备注
1	初步布局方案 (dwg)	基于厂房或车间的可用布局空间，结合相关要求初步的布局方案。作为三维设备布局的底图	最好能由 AutoCAD 软件打开
2	主机设备清单及三维模型	将对模型进行处理后并导入仿真场景	最好能够提供三维 CAD 软件装配体模型
3	辅助设备清单及三维模型	如果无法提供模型，将采取 CAD 绘制或者三维扫描方式获得	
4	物流设备清单及三维模型	部分标准设备也可从仿真软件模型中调用	
5	模型材质及显示要求	如对场景显示效果的要求较高，需要进行材质渲染的设置	
6	业务流程说明文件	根据设备在工艺流程中承担的任务，对仿真模型创建或设置相关行为 根据业务的具体情况，在精度可接受范围内，可对业务流程做适当的抽象和简化	
7	仿真要求说明	可包含对仿真交付物的细化要求，以便在项目方案之初选择合适仿真路线	

1. 工厂过程仿真的一般流程

(1) 仿真规划。仿真规划包括以下三点：

① 产线布局规划。

② 物流规划。

③ 生产工艺规划。

(2) 建模。建模规划包括以下三点：

① 产线、物料 3D 建模。

② 生产线流程时序逻辑建模。

③ 人员和设备运动模型、工位运动时序模型建模。

(3) 仿真优化。仿真优化包括以下六点：

① 产线生产瓶颈。

② 设备利用率。

③ 物料缓存量。

④ 产品逆向优化。

⑤ 产线设计逆向优化。

⑥ 工艺验证及优化。

2. 几种典型的工艺仿真

工艺仿真正是利用三维可视化仿真技术，将仿真能力加到生产过程模型中，以便快捷的评价生产计划，检验工艺流程、资源需求状况以及生产效率，从而优化制造环境和生产供应计划。

(1) 生产线的工艺布局优化方案及数据分析。

① 分析生产线空间利用率，做出工艺布局仿真模型，并且为不同的业务决策模拟运行过程。

② 分析生产线的负荷平衡问题，提高各种设备利用率，提高生产线的效率。

③ 研究系统在动态运行时是否会由于布局本身的不周而发生阻塞和干涉。

(2) 工厂布局规划与仿真和建立生产车间的仿真。

工厂布局规划与仿真使用三维虚拟布局平台，以三维沉浸式虚拟环境取代传统的二维环境进行布局规划，建立厂房结构、行车、设备、工装、机器人、物流容器、标识线、输送线等生产资源的三维数字模型，并实现交互式设施布置与漫游，大大提高了布局规划的效率。

① 实体模型指厂区、车间、装配、试验、仓储等工艺布局等的三维模型。

② 工艺流程仿真模型指装配、机加工工艺流程、试验工艺流程、辅助生产工艺流程、物料搬运过程等数据模型。

(3) 生产线装配工艺过程仿真。

装配工艺过程仿真指在三维虚拟环境中，模拟产品或部件的装配操作，包含装配顺序定义、装配路径定义以及人机操作模拟等过程。装配工艺过程仿真通过合理地进行工位内部的设备布局来尽量减少操作时间，满足生产节拍的要求，同时要对工人的装配操作进行人机工程学分析，使操作者不致因疲劳而导致意外的发生。

数字化工厂的集成，首先需要强大的界面和数据库系统，将不同复杂层次之间和不同运作功能领域之间的实际数据和模块进行联合使用，常见的应用有：

① 布局规划与仿真——布局确认与优化。

② 零件流的静态分析与动态仿真。

③ 装配过程平衡。

④ 复杂的物流操作仿真。

⑤ 机器人及复杂运动仿真，如图 9-26 所示。

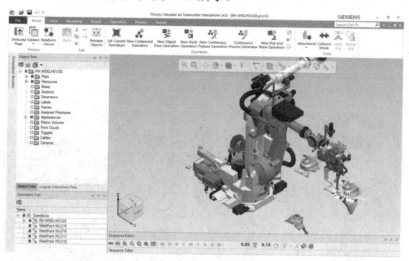

图 9-26 机器人运动仿真

⑥ 零件加工仿真，如图 9-27 所示。

图 9-27 机器人焊接生产线

⑦ 人力资源仿真，如图 9-28 所示。

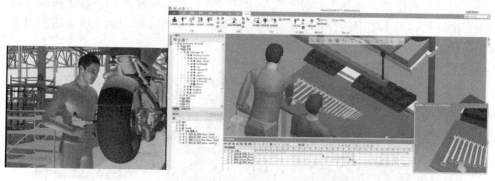

图 9-28 人力资源仿真

⑧ 人机工效仿真及分析，如图 9-29 所示。

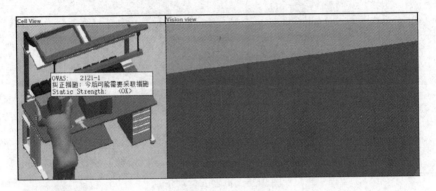

		Left					Right				
?	?	Moment (Nm)	Muscle Effect	Mean (Nm)	SD (Nm)	Cap (%)	Moment (Nm)	Muscle Effect	Mean (Nm)	SD (Nm)	Cap (%)
Wrist	Flex/Ext	0	--	0	0	100	0	--	0	0	100
	Rad/Ulnar dev	0	--	0	0	100	0	--	0	0	100
	Sup/Pro	0	--	0	0	100	0	--	0	0	100
Shoulder	Elbow	-1.4	FLEXN	32.4	8.5	100	-1.1	FLEXN	28.8	7.6	100
	Abduc/Adduc	-5.2	ABDUCT	36.1	9.5	99.9	-8.5	ABDUCT	41.8	11	99.9
	Rotation Bk/Fd	-0.6	FORWARD	40.1	13.6	99.8	1.3	BACKWARD	31.4	9.9	99.9
	Humeral Rot	0	--	0	0	100	0	--	0	0	100
Trunk	Flex/Ext	-77.1	EXTEN	217	74.9	96.8	?	?	?	?	?
	Lateral Bending	12.3	LEFT	201.8	49.4	100	?	?	?	?	?
	Rotation	4.3	CCW	60.4	18.3	99.9	?	?	?	?	?
	Hip	-38	EXTEN	107.9	40.8	95.7	-46.3	EXTEN	107.9	40.8	93.5
	Knee	-22.7	FLEXN	76.2	24.5	98.8	-27.9	FLEXN	76.2	24.5	97.6
	Ankle	-57.2	EXTEN	97.1	26.6	93.3	-89	EXTEN	96.4	26.4	85

图 9-29　人机工效仿真及分析

⑨ 生产物流系统仿真。

⑩ 控制软件测试仿真。

⑪ 生产动作控制仿真。

(4) 生产车间量产后的物流过程仿真。

商品化物流仿真工具可以对生产车间物流规划进行建模与仿真，模拟生产过程中车间内加工设备、物料缓冲区、物流设备等运行情况，分析物料阻塞、节拍不平衡、设备等待等问题，提交分析报告，包括产能分析、物流路径的评估与优化、物料输送系统的选择与控制方案的评估、加工工序的评估、物流路径的流量和瓶颈分析、加工设备的利用率等，物流工厂仿真如图 9-30 所示。

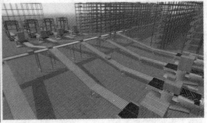

图 9-30　物流工厂仿真

物流过程仿真的作用有:

① 统计相关数据求出物流量和各种路径的物流强度等,提出方案减轻物流量大的路径或单元的压力,达到运输路线的最优化;

② 输出物料配送计划,通过人工修正和补充提出合理的配送计划;

③ 建立物料库存的动态仿真模型,动态模拟库存状态,提出方案减少库存投资和确定合理的库存量。

9.4 VR/AR 的应用

1. 利用 VR/AR 维修保养

AR 走入电梯维修,提升维修效率。德国电梯大厂蒂森克虏伯(ThyssenKrupp)股份公司决定采用微软(Microsoft)头戴式扩增实境(AR)装置 HoloLens,在电梯维修现场导入 AR 技术协助维修保养,如图 9-31 所示。当维修人员戴上 HoloLens 后,HoloLens 能显示 3D 立体电梯结构,在各种零件上标记目前的状态、电梯维修保养纪录,还能与远端技术人员互动讨论,让维修人员能够轻易获得所需资讯,使得电梯保养更有效率。

图 9-31 头戴式扩增实境(AR)装置

微软 HoloLens 被导入工业现场,在制造业的维修保养及后勤支援上扮演关键角色。知名工业软体商 PTC 推出的 VuforiaStudio,可在机器上贴上标签,当工作人员扫描标签之后,可连接至资料库读取机器零件的资料,如压力阀的温度、压力数据等,透过头戴式装置将资料传达给工作人员协助判断。AR 除了显示数据资料以外,亦能显示机器零件的组装或拆解的步骤、图表,连接真实世界的零件与虚拟世界的数据。

2. 通用公司用 AR 修飞机

通用公司用 AR 修飞机效率提高 12%,由于航空工业在实施 MBSE 的进程中不断积累和取得进步,VR/AR 技术广泛地应用在诸多环节上,节省不少人力、物力和财力,具有很高的性价比。

例如为了保证发动机液体线和软管运作良好，机修工需要适当对拧紧 B 型螺母的操作进行人工检修，以确保张力正确。这一过程的重复性很强，为了改善这一过程，通用公司采用 AR 技术进行了一项为期六个月的试验项目——使用 GlassEnterpriseEdition 智能眼镜 (GoogleGlass2.0 版)，并辅以 Upskill 的 AR 设备专门软件 Skylight 和 AtlasCopco 的数字扭矩扳手，将工作程序指令翻译成 Skylight 可识别的电子文件，输入智能眼镜，如图 9-32 所示。根据测试报告显示，机械效率平均提高了 8%～12%。被选中参与试用的 15 名机械师们表示对 AR 非常满意，9 人表示他们愿意使用，85%的机械师认为 AR 简单易用，同时可以降低装配误差。

图 9-32　GlassEnterpriseEdition 智能眼镜

3. 双目 3D+VR 眼睛遥控挖掘机

三一重工挖掘机之所以能制胜市场，技术创新占了很重要的一环。除了其高效省油的动态询优控制技术外，挖掘机遥控技术和无人操作精准施工技术更是体现了三一重工对未来市场趋势的把握，也赢得了行业人士的肯定。

目前，三一重工已成功开发具有远程遥控立体视觉系统的挖掘机，行业首次通过双目 3D 摄像头、随动系统、前置图像、360 度全景图像、音频无线传输，最大程度的模拟现场操作，包括视觉、听觉及安全防护。也就是说，驾驶员无论身处何处，只要拿着遥控器，再戴上一副特殊的 VR 眼镜，就能对挖掘机进行远程操控。同时，遥控挖掘机具有搭载多功能机具(铲斗、破碎锤、振动夯、液压剪)功能，可以达到远程遥控操作与原驾驶室同等效果。

4. VTIAR 智能产线巡线系统

山东万腾电子科技研发的 VTIAR 智能产线巡线系统是为了打通智能制造的生产与人和设备三者之间的数据堡垒，打通三者之间的联系，让生产数据呈现生产状态，通过生产数据进行反馈生产状况来监控设备生产状态，做到数据集成高效监控产线。通过特殊的增强现实(AR)技术来对生产数据进行 3D 可视化呈现，让数据更加直观的表达机械设备的生产状态。产线管理人员佩戴头戴式的 AR 眼镜对产线设备进行扫描获取生产数据，帮助管理人员快速了解产线的生产状况。该系统目前也已经和工业现场数据采集(SCADA)，制造执行系统(MES)，工业大数据分析应用平台无缝集成。

　　智能巡线系统在生产线上的作用是一台头戴式 AR 眼镜集成所有该条生产线的设备生产数据，解决数据集成问题，同时可移动性的数据呈现方式让生产线管理人员有更多的可操作的空间，一对一的数据展示，让每台机械设备的后台生产数据都能得到最大化的利用，帮助管理人员用最快的时间了解整条产线的生产状态，掌控设备的信息并且根据生产数据对生产安全进行可预测性的维护，VTIAR 智能产线巡线系统如图 9-33 所示。

　　该系统是和 AR 眼镜相互协同作业，在 AR 眼镜(Hololens 或者其他安卓 AR 眼镜)的支持下让用户实现更好的交互体验。

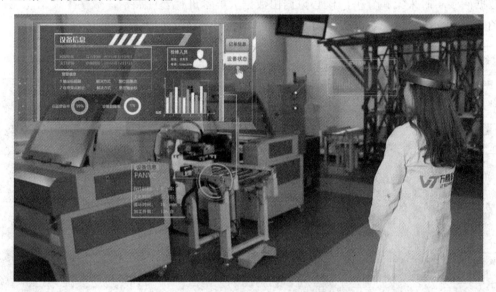

图 9-33　VTIAR 智能产线巡线系统

9.5　数字化工厂案例

9.5.1　数字化工厂概览

　　工厂以墙壁开关柔性自动化生产线为载体，智能物流运输 AGV 为关键链接，生产制造系统和 ERP 管理系统为上层控制，结合数据采集和分析平台，以实际业务单据为驱动，将整个工厂实际生产涉及的各个环节业务完整的结合成一个有机的共同体，自动化和信息化作为数字工厂两个扶手贯穿生产业务和工厂运营始终。

　　数字工厂由立体原料库，智能运输车 AGV，开关柔性定制产线，成品包装线，数字控制中心，数字大屏幕构成如图 9-34 所示。

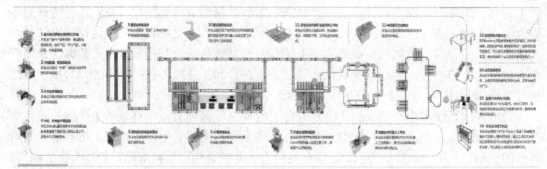

图 9-34　数字工厂布局图

　　信息化建设引入全球占有率最高的 SAP 企业管理软件和 MPDV 生产执行系统，将销售管理，库存管理，采购管理和生产管理的统一集成。同时对现场设备运行数据和订单执行数据同步实时采集和分析，核心数据由数据大屏幕进行宏观展示，数字工厂信息化框架如图 9-35 所示。

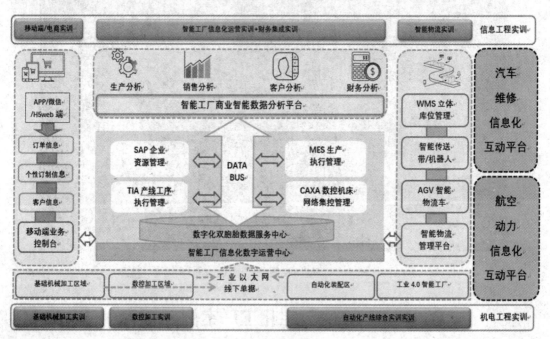

图 9-35　数字工厂信息化框架

　　数字工厂订单业务流程为：客户销售订单下单后自动进行库存原料检查和采购计划提报，SAP 系统基于客户销售订单自动生成计划订单——生产订单——生产入库——特殊库存——外向交货——销售开票，业务流程相应的触发财务结算流程同时计算出产品实际成本。以上过程中生产订单利用 SAP 接口技术实现生产订单自动下发 MES，MES 系统接收订单成功后会返还成功消息，SAP 基于 MES 返回的消息自动更新生产订单的下达状态。生产过程中 MES 会通过接口将原材料投料，WIP 和产成品库位和数量等信息实时传回 SAP 系统，SAP 系统通过回传的信息自动实现库存实时更新，数字工厂订单业务整体流程如图 9-36 所示。

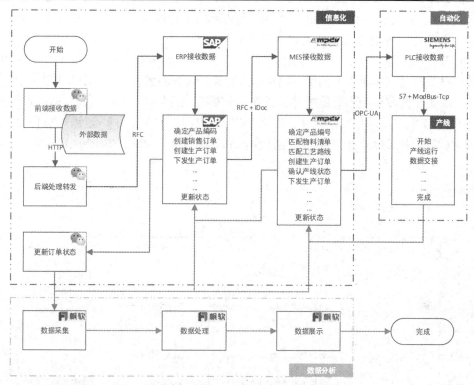

图 9-36　数字工厂订单业务整体流程

9.5.2　数字化工厂内物流

数字化工厂内物流作业标准程序是整个数字化工厂物流核心。从原料入库、存储、分拣、配送以及成品入库到出库的全过程都要进行作业流程的设计与落地，数字化工厂设计时将生产物流的流程与工厂的流程在生产过程中进行融合和升级，形成适合数字化工厂运行的物流流程。

设备方面将物流流程中核心配货任务中的配送、分拣和运输任务分配给以调度系统为中心，生产任务需求为驱动，以智能物流 AGV 为载体的智能化物流管理系统。系统结合效率与成本进行最优化配置，从系统角度看，设备可以抽象为"处理数据"的工具，在此基础上结合实际生产任务匹配和修正对应的物料需求计划。

标准且灵活的物流业务流程和智能化设备及合理的调度算法是智能物流的核心组成，但真正数字化工厂中智能物流如果想具备落地性，设备的维护和性能监测是必不可少的，因此应引入 AGV 小车监控系统，将 AGV 实时运行数据和状态数据进行采集和实时分析，如图 9-37 所示。分析结果数据与实际的智能工厂业务平台相关联，当物流设备中的任何一

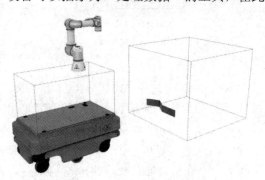

图 9-37　智能 AGV 系统机器人

个环节出现纰漏，业务系统都会第一时间收到故障信息并对生产任务做出及时调整和变更，同时系统会将相应的故障上报相关设备维护人员。

柔性生产线将整个工厂的物流做统一规划，原材料库为统一原料供应中心，每个工站有存放柔性生产过程中所需要的所有物料的线边库，设备系统基于定制订单按需取用，线边库的库存由数据监测系统实时监控并设置有安全库存，触发安全库存后物流调度系统会触发 AGV 为对应工站供料。供料信息在传给 AGV 同时也同步传入原材料仓库，原材料仓库会在小车到达后自动触发出库动作将原料提供给 AGV，智能工厂物流流程图如图 9-38 所示。

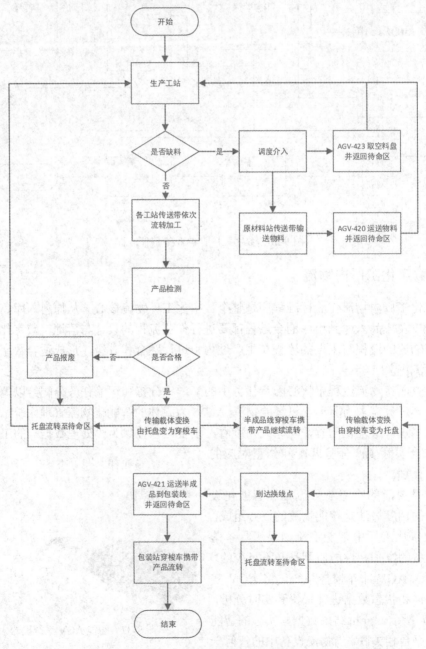

图 9-38　智能工厂物流流程图

9.5.3 模块化设计

模块化是指可组合成系统的、具有某种确定功能和接口结构的典型通用独立单元,在工厂建设中起到举足轻重的作用。因此在项目中进行合理的模块化设计是必不可少的。

数字化工厂信息化建设中通过技术特点和业务流程等因素将系统分为多个模块,如财务管理模块,库存管理模块,MRP 管理模块,生产执行模块,软硬件通信模块等。自动化方案建设中从通信接口到业务流程设计完全统一于信息化系统,同时也从实际参与生产的机械结构触发,将 PLC 程序按模块和工站进行编写,实现自动化层面的模块化编程与设计,每个模块程序出现故障时可与整体产线隔离开来处理,同时各个模块的组合也设计的比较灵活,可以适应个性定制的业务需求。

9.5.4 两化融合——纵横集成

数字化工厂设计过程中需充分梳理业务流程,区分共性需求和个性需求,从软件、电气自动化、机械设计等多方面全局进行考虑,合理设计业务流程和生产工艺,将柔性定制生产和传统量产等多种生产模式有效融合在一个工厂甚至一个生产线中。

信息层将 ERP-MES-OPC 通过各种接口有效的链接为一个系统级的整体平台,平台中基于业务不同,和生产任务不同定义多种生产模式和生产单据类型,确保同一个工厂既能完成个性定制任务也能完成批量生产任务。

在将整个软硬件系统及自动化有效融合的同时,数字化工厂设计过程中引入了生产设备数据采集和状态监控系统,以确保生产任务顺利进行,如果出现故障和设备异常情况下相关人员会第一时间知道。信息化自动化和数据分析监控系统协同工作下,数字化工厂形成一个集生产任务下达、任务执行、执行过程分析、执行能力分析、设备运行分析、生产任务完工的一个生产闭环,为生产任务提供有力保障。

信息化和自动化集成具体实现方案如下:

(1) 库存更新。原材料库和半成品库的库存数量和编码由 PLC 进行更新,发生出入库动作时,发出库存变更标志位。OPC 根据标志位触发更新数据库,并写入更新时间,如图9-39 所示。

图 9-39 库存更新信息化实现流程

(2) 生产工序信息。设备每个工序完成工单后,发出对应标记位。订单完成,完工信号置位后,OPC 传送完工信号和完工时间到数据库,MES 处理登出等相应操作,MES 确认可以继续生产后，复位数据库中的完工标记，OPC 回传给 PLC，PLC 得到确认后，继续执行后续任务，如图 9-40 所示。

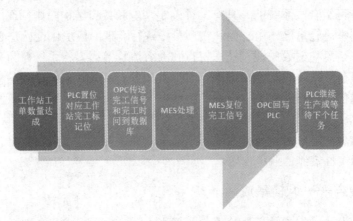

图 9-40　生产工序信息化实现流程

（3）客户定制信息下达。MES 下达对应定制信息，OPC 直接传输到 PLC，如图 9-41 所示。

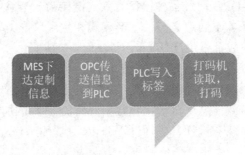

图 9-41　客户定制信息化实现流程

9.5.5　智能数据采集与分析

数据采集以 OPC 技术为基础，支持 modulbus，profinet，西门子 S7 等协议，将生产过程中涉及的设备运行数据，订单执行数据结构化采集、清理和存储。

智能分析平台为工厂整体运营提供决策分析支持，将整个业务流程涉及的所有数据进行采集存储和分析。平台提供强大的扩展功能，可以基于业务需求在后期进行有效的升级扩展且不影响之前已使用的功能模块。数据分析平台以全球首个内存数据库 HANA 数据库作为数据开发平台，数据处理能力比传统数据库高 1000 倍以上。前端报表展示采用 H5 元素开发，支持大屏、PC 和移动端自适应显示，具有一次开发，随处展示优点。大数据商务智能平台支持各种数据源，包括主流数据库数据连接，SAP 应用端连接等。

数字化工厂数据分析模块设计：

（1）客户分析模块。客户分析模块预置四个数据分析场景；地区/年龄、消费密度、消费强度、消费产品类型，通过 4 个场景数据进行分析后可以获得客户肖像，数据样本越多则肖像刻画准确性越高。

（2）销售分析模块。包括销量分析、品类分析、连带率分析三个场景，通过分析可以为市场和销售提供有效数据支持。

(3) 财务分析模块。财务分析作为工厂乃至企业的核心工作，对公司和工厂战略决策起到重要支持作用。大数据平台模块引入先进的 SAP 活力能力分析模型，分析维度细化到销售订单的行项目级别，实现了精确分析的要求的同时保障了分析效率和频率；成本分析利用 SAP 物料账真实还原产品实际成本，与获利能力相结合，满足产品的财务分析几乎所有需要指标；现金流量+资产分析提供工厂和公司在整体运作上的数据支持需求，同时为管理者提供资金资产管理方法。

(4) 库存分析模块。为智能物流系统、ERP 系统和生产执行系统提供有效的库存信息，支持公司生产制造，为需求计划制定提供数据支持，通过流转率分析为企业降低仓储费用，不良品分析为工厂、企业提升仓储管理提供重要支持。

9.5.6 移动终端用户应用

信息技术应用爆发式增长的今天，人们已经习惯一种工作生活方式——手机/Pad 一站式生活。相对个人应用在移动端的发展，企业级应用相对要少很多，满足企业业务需求，方便可行，和企业其他信息资源能无缝对接的移动端应用产品更少，因此直连 SAP、MES 和 PLC 电气设备等企业应用和硬件的移动端应用平台显得尤为重要。

移动端应用平台在融合互联网时代发展的主流技术同时又保证了企业应用的"厚重"管理要求，并创造性的与世界第一 ERP 厂商 SAP 产品无缝对接、数据实时交互。无论在技术实现还是业务流程标准上都拥有一定的优势：

(1) 采用当下最流行 H5 元素开发，应用在 PC 和手机及 PAD 等设备上可以无缝切换，界面自适应对应屏幕变换，无需进行任何开发工作便可以实现"一次开发，随处使用"。

(2) 创造性引入小程序，将枯燥的应用嵌入到人们生活社交软件之中，同时保证了交互界面友好性和实用性，可以通过手机扫码等方式快速体验一些创意功能，适合参观学习互动、教学演示。

(3) 多种形式前端应用采用基于 Java 的统一管理后台进行管理，保证了业务数据的准确性、系统间交互接口的稳定性和业务数据的统一性。

(4) 应用管理平台未来将支持云端部署和本地部署两种方式供用户选择：本地部署需要机房和服务器，数据安全性较高，但外网访问需要一些网络应用部署。云端部署无需提供任何本地服务器和场所，数据安全也有保障，可实现公网直接访问，无需维护人员。

(5) 通过各个平台接口实现移动端应用和整个企业管理及工厂管理软件组合成一个信息化整体，避免了信息孤岛的存在，同时移动端后台会有数据库保存移动端的业务数据，避免网络原因引起的数据丢失无法恢复等情况。

习 题

1. 常用建模软件有哪些？
2. 数字工厂的定义是什么？
3. 概述 AR/VR 在虚拟仿真中的应用。

第十章　智能机器人

10.1　智能机器人应用场景——多种焊接工艺融于一体的智能机器人

如图 10-1 所示，通用单元将一台 KR 6-2 型 KUKA 机器人集成于一个 H 形平台的中央，利用一个回转平台，使生产过程中始终有一个焊接夹具在工作状态，同时第二个夹具由操作员装入工件，这样操作员的操作对节拍没有影响。该单元也可以用于别的场合：既可以单独用一个机器人作为一个非常紧凑的机器人焊接单元使用，也可以配合其他机器人使用，后者可以糅合不同的机器人焊接工艺。

图 10-1　KUKA 机器人

首先，操作员将工件装载到焊接夹具上并且启动系统，回转平台将夹具在机器人下方旋转 180 度至其焊接区，配有 Fronius CMT 焊枪的 KUKA KR 6-2 伸入到夹具中开始焊接工件。接下来，第二台机器人，型号为 KR 210 R2700 extra，配有 X100 气动伺服机器人焊钳，也移动至夹具中用点焊将各工件焊接到一起。焊接完成后，H 型回转平台旋转，将第二个新装载的夹具送入机器人的工作空间。平台的旋转将第一个夹具移回到操作员的工作空间，夹具以气动方式打开，操作员可将焊接好的零件取出。操作员装载/卸载工件的工作不会对节拍产生影响。

把机器人安装在 H 形平台上的布置提高了机器人在夹具工作区内执行焊接时的可达性。安装在平台上的 KR 6-2 型 KUKA 机器人以其 6 kg 的低负载和 1600 mm 的工作半径完美地匹配了标准弧焊任务。机器人腕部的流线型设计确保机器人具有最小的破坏性轮廓线和最高的运动自由度。因此这位焊接专家能够轻松到达工件上的所有焊接位置。KR 210 R2700 extra 机器人能以很高的精度和速度执行点焊任务。与其他 KR QUANTEC 系列机器人一样,其特点是极低的空间要求和广泛的潜在应用范围。210 kg 的有效负荷和 2926 mm 的可达距离,使其成为通用单元中点焊工艺的不二之选。此外,该型号的六轴机器人可以轻松执行搬运或机加任务。这两种机器人确保了机器人单元可以获得完美和可测量的焊接效果。

10.2 常见机器人

10.2.1 智能机器人定义

1. 机器人

联合国标准化组织采纳了美国机器人协会制定的机器人定义:"一种可编程和多功能的操作机;或是为了执行不同的任务而具有可用电脑改变和可编程动作的专门系统。"

机器人是可编程机器,其通常能够自主地或半自主地执行一系列动作。

构成机器人有三个重要因素:

① 机器人通过传感器和执行器与物理世界进行交互。

② 机器人是可编程的。

③ 机器人通常是自主或半自主的。

通常机器人是自主的,但也有一些机器人是完全由操作人员控制的,例如遥控机器人 Telerobots。远程机器人仍然被归类为机器人的一个分支。这是机器人定义不是很清楚的一个例子,让专家们很难定义"机器人"的构成。有人说机器人必须能够"思考"并作出决定。但是,"机器人思维"没有标准的定义,要求机器人"思考"只是表明它具有一定程度的人工智能。

2. 人工智能机器人

人工智能机器人是使用人工智能技术扩展功能后的机器人,比如用户想添加一个相机到机器人,机器人视觉属于"感知"类别,通常需要 AI 算法。

例如用户需要机器人来检测它正在拾取的对象,并将其放置在不同的位置,具体取决于对象的类型,这将涉及训练一个专门的视觉程序来识别不同类型的对象。

利用视觉自主抓取算法的机器人,基于机器学习方法为目标物体抓取检测、机械臂与机械手的运动规划。并为其运动策略执行提供智能化的解决方案,使机器人可自适应于一系列不同物体的自主抓取,如图 10-2 所示。

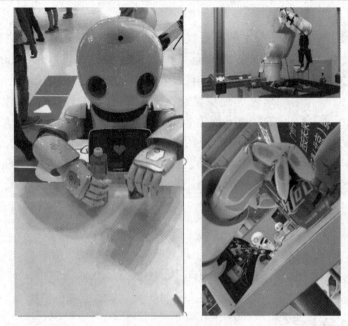

图 10-2

10.2.2　智能机器人的组成

智能机器人由执行机构、驱动系统、传感系统、控制系统四部分组成，如图 10-3 所示。

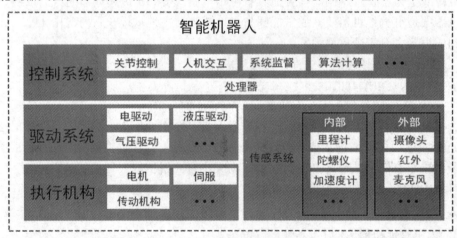

图 10-3　智能机器人的组成

1. 执行机构

执行机构是直接面向工作对象的机械装置，相当于人体的手和脚。根据不同的工作适用的执行机构也各不相同。例如，常用的室内移动机器人一般采用直流电机作为移动执行机构，而机械臂一般采用位置或力矩控制需要使用伺服作为执行机构。

2. 驱动系统

驱动系统负责驱动执行机构，将控制系统下达的命令转换成执行机构需要的信号，相当于人体的肌肉和筋络。不同的执行机构所使用的驱动系统也不相同，如直流电机采用较为简单的 PWM 驱动板，而伺服则需要专业的伺服驱动器，工业上也常用气压、液压驱动执行机构。

3．传感系统

传感系统主要完成信号的输入和反馈，包括内部传感系统和外部传感系统，相当于人体的感官和神经。内部传感系统包括常用的里程计、陀螺仪等，可以通过自身信号反锁检测位状态；外部传感系统包括摄像头、红外、声呐等，可以检测机器人所处的外部环境信息。

4．控制系统

控制系统实现任务及信息的处理，输出控制命令信号，相当于人体的大脑。机器人的控制是指由控制主体、控制客体和控制媒体组成的管理系统。控制系统意味着通过它可以按照所希望的方式保持和改变机器、机构或其他设备内任何感兴趣或可变化的量。控制系统同时是为了使被控制对象达到预定的理想状态而实施的。

各部分之间的控制关系，如图 10-4 所示。

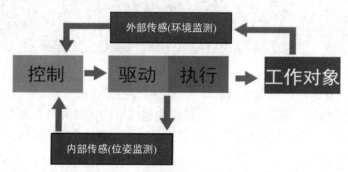

图 10-4　智能机器人四大组成部分之间的控制关系

10.2.3　智能机器人分类

一般将机器人分为三大类，即工业机器人、服务机器人和特种机器人。所谓工业机器人就是面向工业领域的多关节机械手或多自由度机器人。服务机器人是机器人家族中的一个年轻成员，可以分为专业领域服务机器人和个人/家庭服务机器人，服务机器人的应用范围很广，主要从事维护保养、修理、运输、清洗、保安、救援、监护等工作。而特种机器人则是用于非制造业特殊用途的各种先进机器人，包括水下机器人、娱乐机器人、军用机器人、农业机器人、机器人化机器等。在特种机器人中，有些分支发展很快，有独立成体系的趋势，如水下机器人、军用机器人、微操作机器人等。国际上的机器人学者，从应用环境出发将机器人也分为两类：制造环境下的工业机器人和非制造环境下的服务与仿人型机器人。

1．工业机器人

工业机器人是集机械、电子、控制、计算机、传感器、人工智能等多学科先进技术于一体的现代制造业重要的自动化装备。

（1）关节机器人。关节机器人也称关节手臂机器人或关节机械手臂，是当今工业领域中最常见的工业机器人的形态之一。适合用于诸多工业领域的机械自动化作业，比如，自动装配、喷漆、搬运、焊接等工业领域。机器人前 3 个关节决定机器人的空间位置，后 3 个关节决定其姿态，多以旋转关节形式构成，如图 10-5 所示。

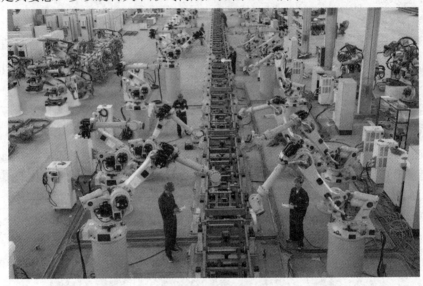

图 10-5　关节机器人

（2）直角坐标机器人。直角坐标机器人也称桁架机器人或龙门式机器人。它能够实现自动控制、可重复编程、多自由度、运动自由度建成空间直角关系、多用途的操作机，如图 10-6 所示。其工作的行为方式主要是沿着 X、Y、Z 轴完成线性运动。特点：简单、控制方便，但占地空间大。

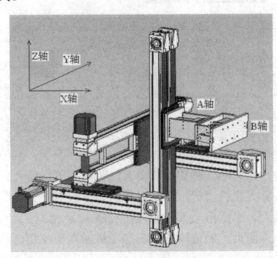

图 10-6　直角坐标机器人

（3）平面 SCARA 机器人。SCARA 机器人有 3 个旋转关节，其轴线相互平行在平面内进行定位和定向。另一个关节是移动关节，用于完成末端件在垂直于平面的运动，如图 10-7 所示。这类机器人的结构轻便、响应快，最适用于平面定位和垂直方向进行装配的作业。

特点：平面内运动、结构简单、性能优良、运算简单，适于精度较高的装配操作。

图 10-7　平面 SCARA 机器人

2．服务机器人

服务机器人主要从事教育、陪护、清扫、安保等工作。阿尔法蛋机器人是一款智能云陪护机器人，如图 10-8 所示。通过 WiFi 互联，阿尔法蛋机器人可以和手机端进行微聊对讲；通过深度优化的点播和语义引擎，可以随心调取云端的海量教育资源。由于搭载了讯飞淘云的类人脑 TY OS 系统，阿尔法蛋机器人可以做到像人类一样思考学习，用眼部动作表达自己的情绪。

图 10-8　阿尔法蛋机器人

3．特种机器人

（1）军用机器人。英国早在 60 年代就研制成功排爆机器人。英国研制的履带式"手推车"及"超级手推车"排爆机器人，已向 50 多个国家的军警机构售出了 800 台以上，如图 10-9 所示。英国又将手推车机器人加以优化，研制出"土拨鼠"和"野牛"两种遥控电动排爆机器人，英国皇家工程兵在波黑和科索沃都用它们探测及处理爆炸物。"土拨鼠"重 35 公斤在桅杆上装有两台摄像机。野牛重 210 公斤可携带 100 公斤负载。两者均采用无线电控制系统，遥控距离约 1 公里。

图 10-9　排爆机器人

　　"大狗"机器人由波士顿动力学工程公司专门为美国军队研究设计。它不仅可以跋山涉水，还可以承载较重负荷的货物，而且这种机械狗比人类还跑得快。"大狗"机器人的内部安装有一台计算机，可根据环境的变化调整行进姿态。"大狗"既可以沿着预先设定的简单路线行进，也可以进行远程控制。"大狗"机器人被称为"当前世界上最先进适应崎岖地形的机器人"，但是我们应当冷静地看待这种机器人，也许这种机器人会执行无情的战争任务，如图 10-10 所示。

图 10-10　"大狗"机器人

　　(2) 水下机器人。水下机器人也称无人遥控潜水器，是一种工作于水下的极限作业机器人，如图 10-11 所示。水下环境恶劣危险，人的潜水深度有限，所以水下机器人已成为开发海洋的重要工具。

图 10-11　水下机器人

　　无人遥控潜水器主要有：有缆遥控潜水器和无缆遥控潜水器两种，其中有缆遥控潜水器又分为水中自航式、拖航式和能在海底结构物上爬行式三种。

(3) 农业机器人。农业机器人是机器人在农业生产中的运用，是一种由不同程序软件控制以适应各种作业，能感觉并适应作物种类或环境变化，有检测(如视觉等)和演算等智能型新一代无人自动操作机械，如图 10-12 所示。

图 10-12　农业机器人

10.2.4　智能机器人的未来发展

1．语言交流功能越来越完美

智能机器人既然已经被赋予"人"的特殊称谓，那当然需要有比较完美的语言功能，这样就能与人类进行简单、甚至完美的语言交流，所以机器人语言功能的完善是一个非常重要的环节。主要是依赖于内部存储器预先储存大量的语音语句和文字词汇语句。语言的能力取决于数据库内储存语句量的大小，以及储存的语言范围。对于未来智能机器人的语言交流功能会越来越完美化，是一个必然性趋势，在人类的完美设计程序下，它们能轻松地掌握多个国家的语言，远高于人类的学习能力。

另外，智能机器人还能进行自我语言词汇重组能力，当人类与之交流时，若遇到语言包程序中没有的语句或词汇时，可以自动地用相关或相近意思词组，按句子的结构重组成一句新句子来回答。这也相当于人类的学习能力和逻辑能力。

2．各种动作的完美化

智能机器人的动作是相对于模仿人类动作来说的，我们知道人类能做的动作是极致多样化的，如招手、握手、走、跑、跳等各种动作，都是人类的惯用动作。不过现代智能机器人虽也能模仿人的部分动作，不过相对有点僵化的感觉，或者动作比较缓慢。未来智能机器人将以更灵活的类似人类的关节和仿真人造肌肉，使其动作更像人类，模仿人的所有动作，甚至做得更有形将成为可能。还有可能做出一些普通人很难做出的动作，如平地翻跟斗，倒立等。

3．外形越来越酷似人类

科学家研制越来越高级的智能机器人主要以人类自身形体为参照对象。有一个很仿真的人形外表是首要前提，在这一方面日本应该是相对领先的，我国也是非常优秀的。对于未来机器人，仿真程度很有可能达到即使你近在咫尺细看它的外在，你也只会把它当成人类，很难分辩是机器人。这种状况就如美国科幻大片《终结者》中的机器人物造型具有极致完美的人类外表。

4. 复原功能越来越强大

凡是人类都会有生老病死，而对于机器人来说，虽无此生物的常规死亡现象，但也有一系列的故障发生时刻，如内部原件故障、线路故障、机械故障、干扰性故障等。这些故障也相当于人类的病理现象。未来智能机器人将具备越来越强大的自行复原功能，对于自身内部零件等运行情况，机器人会随时自行检索一切状况，并做到及时排除。检索功能就像我们人类感觉身体哪里不舒服一样是智能意识的表现。

5. 体内能量储存越来越大

智能机器人的一切活动都需要体内持续的能量支持，这就像人类需要吃饭是同一道理，不吃会没力气，会饿死。机器人动力源多数使用电能，供应电能就需要大容量的蓄电池，机器人的电能消耗是较大的。未来很可能制造出一种超级能量储存器，也是充电的，但有别于蓄电池在多次充电放电后，蓄电能力会逐步下降的缺点，能量储存器基本可永久保持储能效率。且充电快速而高效，单位体积储存能量相当于传统大容量蓄电池的百倍以上，也许这将成为智能机器人的理想动力供应源。

6. 逻辑分析能力越来越强

人类的大部分行为能力是需要借助于逻辑分析，例如思考问题需要非常明确的逻辑推理分析能力，而相对平常化的走路，说话之类看似不需要多想的事，其实也是种简单逻辑，因为走路需要的是平衡性，大脑在根据路况不断地分析判断该怎么走才不至于摔倒，而机器人走路则是要通过复杂的计算来进行。对于智能机器人为了完美化模仿人类，科学家未来会不断地赋予它许多逻辑分析程序功能，这也相当于是智能的表现。如自行重组相应词汇成新的句子是逻辑能力的完美表现形式，还有若自身能量不足，可以自行充电，而不需要主人帮助，那是一种意识表现。总之逻辑分析有助人机器人自身完成许多工作，在不需要人类帮助的同时，还可以尽量地帮助人类完成一些任务，甚至是比较复杂化的任务。

10.3　导航与定位

机器人技术的迅猛发展，促使机器人逐渐走进了人们的生活，服务型室内移动机器人更是获得了广泛的关注，定位与导航是其中的关键技术之一。在这类技术的研究中，需要把握三个重点：一是地图精确建模；二是机器人准确定位；三是路径实时规划。

室外定位与导航可以使用 GPS，但在室内这个问题就变得比较复杂。为了实现室内的定位定姿，一大批技术不断涌现，其中，SLAM 技术逐渐脱颖而出。SLAM(Simultaneous Localization and Mapping，即时定位与地图构建)最早由 Smith、Sef 和 Cheeseman 于 1988 年提出。作为一种基础技术，SLAM 从最早的军事用途到今天的扫地机器人，吸引了一大批研究者和爱好者，同时也使这项技术逐步走入普通消费者的视野。

使用机器人操作系统 ROS 实现机器人的 SLAM 和自主导航等功能是非常方便的，因为有较多现成的功能包可供开发者使用，如 gmapping、hector_slam、cartographer、rgbdslam、ORB_SLAM、move_base、amcl 等。可使用仿真环境和真实机器人实现这些功能。

10.3.1　理论基础

SLAM 可以描述为：机器人在未知的环境中从一个位置开始移动，移动过程中根据位置估计和地图进行自身定位，同时建造增量式地图，实现机器人的自主定位和导航。

想象一个盲人在一个未知的环境里，如果想感知周围的大概情况，那么他需要伸展双手作为他的"传感器"，不断探索四周是否有障碍物。当然这个"传感器"有量程范围，他还需要不断移动，同时在心中整合已经感知到的信息。当感觉新探索的环境好像是之前遇到过的某个位置，他就会校正心中整合好的地图，同时也会校正自己当前所处的位置。当然，作为一个盲人，感知能力有限，所以他探索的环境信息会存在误差，而且他会根据自己确定的程度为探索到的障碍物设置一个概率值，概率值越大，表示这里有障碍物的可能性越大。一个盲人探索未知环境的场景基本可以表示 SLAM 算法的主要过程。这里不详细讨论 SLAM 的算法，只对概念做一个基本理解。图 10-13 所示即为使用 SLAM 技术建立的室内地图。

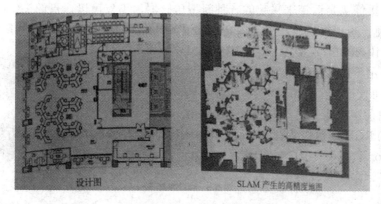

图 10-13　使用 SLAM 技术构建的室内地图效果

家庭、商场、车站等场所是室内机器人的主要应用场景，在这些应用中，用户需要机器人通过移动完成某些任务，这就需要机器人具备自主移动、自主定位的功能，我们把这类应用统称为自主导航。自主导航往往与 SLAM 密不可分，因为 SLAM 生成的地图是机器人自主移动的主要蓝图。这类问题可以总结为：在服务机器人工作空间中，根据机器人自身的定位导航系统找到一条从起始状态到目标状态、可以避开障碍物的最优路径。

要完成机器人的 SLAM 和自主导航，机器人首先要有感知周围环境的能力，尤其要有感知周围环境深度信息的能力，因为这是探测障碍物的关键数据。用于获取深度信息的传感器主要有以下几种类型。

1.　激光雷达

激光雷达是研究最多、使用最成熟的深度传感器，可以提供机器人本体与环境障碍物之间的距离信息，很多常见的扫地机器人就配有高性价比的激光雷达，如图 10-14 所示。激光雷达的优点是精度高、响应快、数据量小、可以完成实时 SLAM 任务；缺点

图 10-14　激光雷达

是成本高，一款进口高精度的激光雷达价格在一万元以上。现在很多国内企业专注高性价比的激光雷达，也有不少优秀的产品已经推向市场。

2．摄像头

SLAM 所用到的摄像头又可以分为两种：一种是单目摄像头，也就是使用一个摄像头完成 SLAM。这种方案的传感器简单、适用性强，但是实现的复杂度较高，而且单目摄像头在静止状态下无法测量距离，只有在运动状态下才能根据三角测量等原理感知距离。另

一种就是双目摄像头(见图 10-15)，相比单目摄像头，这种方案无论是在运动状态下还是在静止状态下，都可以感知距离信息，但是两个摄像头的标定较为复杂，大量的图像数据也会导致运算量较大。

图 10-15　双目摄像头

3．RGB-D 摄像头

RGB-D 摄像头是近年来兴起的一种新型传感器，不仅可以像摄像头一样获取环境的RGB 图像信息，也可以通过红外结构光、Time-of-Flight 等原理获取每个像素的深度信息。

丰富的数据让 RGB-D 摄像头不仅可用于SLAM，还可用于图像处理、物体识别等多种应用。更重要的一点是，RGB-D 摄像头成本较低，它也是目前室内服务机器人的主流传感器方案。常见的 RGB-D 摄像头有 Kinect vl/v2、华硕 Tion Pro 等(见图 10-16)。当然，RGB-D摄像头也存在诸多测量视野窄、盲区大、噪声大等缺点。

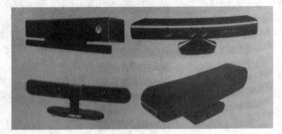

图 10-16　RGB-D 摄像头

10.3.2　主要技术

机器人安装的代表性传感器如表 10-1 所示。

表 10-1　机器人安装的代表性传感器

分类	测量对象	传 感 器
外置传感器	位置	GPS (Global Positioning System)
	距离	超声波 TOF(Time-Of-Flight)/光三角测量光 TOF 光图案照射
	可见光图像/红外光图像	摄像机(摄像元器件:CCDC-MOS 等)
内置传感器	旋转量/旋转角	旋转编码器
	加速度重力方向	加速度传感器
	旋转角速度	陀螺仪

1．GPS

GPS 导航系统的基本原理是测量出已知位置的卫星到用户接收机之间的距离，然后综合多颗卫星的数据就可知道接收机的具体位置。GPS 具体定位解算是以空间位置已知的卫星作为基站，发射无线电信号，地面或近地面的接收机测量无线电信号传播的距离和速度，

计算用户的位置。测距必须知道卫星和接收机的时间，接收到信号从而标记时间，已知卫星的发射时间就可以计算出这个距离，如图 10-17 所示。

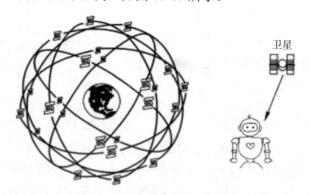

图 10-17　GPS 导航系统的基本原理

2．里程计信息

里程计根据传感器获取的数据来估计机器人随时间发生的位置变化。在机器人平台中，较为常见的里程计是编码器，例如，机器人驱动轮配备的旋转编码器。当机器人移动时，借助旋转编码器可以测量出轮子旋转的圈数，如果知道轮子的周长，便可以计算出机器人单位时间内的速度以及一段时间内的移动距离。里程计根据速度对时间的积分求得位置这种方法对误差十分敏感，所以采取精确的数据采集、设备标定、数据滤波等措施是十分必要的。

3．陀螺仪

所谓陀螺效应，就是旋转着的物体具有像陀螺一样的效应，如图 10-18 所示。陀螺有两个特点：定轴性(见图 10-19)和进动性(见图 10-20)。当高速旋转的陀螺遇到外力时，它的轴的方向是不会随着外力的方向发生改变的，而是轴围绕着一个定点进动。大家如果玩过陀螺就会知道，陀螺在地上旋转时轴会不断地扭动，这就是进动。简单来说，陀螺效应就是旋转的物体有保持其旋转方向的惯性。

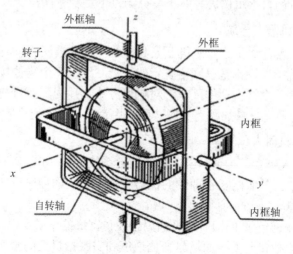

图 10-18　自由度陀螺

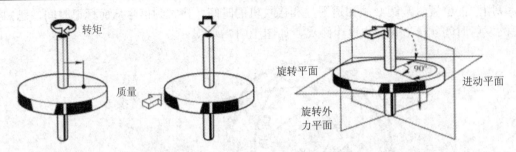

图 10-19　陀螺仪的定轴性　　　　　图 10-20　陀螺仪的进动性

陀螺稳定平台：以陀螺仪为核心元件，使被稳定对象相对惯性空间的给定姿态保持稳定的装置。稳定平台通常利用由外环和内环构成平台框架轴上的力矩器以产生力矩与干扰力矩平衡，使陀螺仪停止旋进的稳定平台称为动力陀螺稳定器。陀螺稳定平台根据对象能保持稳定的转轴数目分为单轴、双轴和三轴陀螺稳定平台。

光纤陀螺仪：光纤陀螺仪是以光导纤维线圈为基础的敏感元件，由激光二极管发射出的光线朝两个方向沿光导纤维传播。光传播路径的变化，决定了敏感元件的角位移。光纤陀螺仪与传统的机械陀螺仪相比，优点是全固态、没有旋转部件和摩擦部件、寿命长、动态范围大、瞬时启动、结构简单、尺寸小、重量轻。与激光陀螺仪相比，光纤陀螺仪没有闭锁问题，也不用在石英块精密加工出光路，成本低。

10.3.3　视觉导航技术

机器人视觉被认为是机器人重要的感觉能力，机器人视觉系统正如人的眼睛一样，是机器人感知局部环境的重要"器官"，同时依据感知的环境信息实现对机器人的导航。机器人视觉信息主要指二维彩色 CCD 摄像机信息，在有些系统中还包括三维激光雷达采集的信息。视觉信息能否正确、实时地处理直接关系到机器人行驶速度、路径跟踪以及对障碍物的避碰，对系统的实时性和鲁棒性具有决定性的作用。视觉信息处理技术是移动机器人研究中最为关键的技术之一。

基于计算机视觉的自主机器人导航主要分为以下三种方法：

1．基于地图的机器人导航

基于地图的导航就是提供给自主机器人其导航环境的模型，在一些早期的视觉系统中，自主机器人导航环境的知识都是以网格表示的，把三维空间中物体按体积垂直投影到二维水平面上，地图中每一个被占用的区域都对机器人施加斥力，而目的地图则对机器人施加引力，所有的这些力通过向量加减运算的共同作用牵引机器人避开障碍物，向目的地运动。

2．基于光流的机器人导航

Santos-Victo 等人研发了一个基于光流的视觉系统 robee[0]，该系统模拟了蜜蜂的视觉行为。该系统认为昆虫的眼睛长在两侧的优势就在于它们的导航机制是基于运动产生的特征，而不是深度信息。

在 robee[0] 中，一个分开的双目视野被用于模仿蜜蜂的中心反射，如果机器人位于环境的中心位置，其左眼拍摄到的画面场景变化速度和右眼拍摄到的画面场景变化速度是一样的，相差几乎为 0，这时机器人就可以知道自己处于环境的中心位置，如果两侧眼睛的场景变化速度不同，机器人就朝向速度变化较慢的那一边运动。在自主机器人导航的实现中，基本思想就是测量两侧眼睛(摄像机)拍摄到画面场景变化速度之差。该导航技术只能用于室内单一背景的直道环境中导航，无法指导机器人改变方向。

3．基于地貌的机器人导航

基于地貌的机器人导航一般多用于室外环境，该类导航的核心问题就是数字图像中的模式识别，更具体地说就是物体颜色和纹理的识别问题。然而，由于光照以及环境色的影响，具有相同本质色的物体在不同的环境下可以呈现出完全不同的颜色，因此就需要对颜色空间进行一定的转化。室外环境的导航涉及障碍物躲避、地标检测、位置估计等，由于很难预知先验知识，所以系统无法建立一幅完整的环境地图，只能实时处理出现在视野中的对象，这对于导航算法的实时性要求很高。室外环境的自主机器人导航又可分为结构化环境中的导航和非结构化环境中的导航。

10.4　智能机器人操作系统

你知道市面上的机器人都采用了哪些操作系统吗？

估计大多数人给出的答案就是 Android 了。从市面上的产品来看，基于 Android 系统开发的机器人确实是主流，但机器人的操作系统还有好多的种类，我们先回顾一下整个操作系统的发展史。

10.4.1　操作系统发展史

我们回顾操作系统的发展历史发现，操作系统已经发展了近半个世纪，其覆盖的范围包括：个人电脑端操作系统、工业应用操作系统以及移动端操作系统。其中，个人电脑端操作系统包括我们熟知和常用的微软 Windows 操作系统、苹果 Mac 操作系统以及 Linux 开源操作系统。

现代所有操作系统的鼻祖可追溯到美国 AT&T 公司和贝尔实验室等共同开发的MULTICS(多路信息计算系统)。自那开始，整个操作系统的演化可分成以下三个阶段：

(1) Unix 初始系统诞生：此时的操作系统主要面向专业人士，无可视化界面，非专业人士不可用。

(2) 可视化操作系统演进：以苹果 Mac、微软 Windows 为代表的可视化操作系统诞生，降低了使用者门槛。

(3) 开源 Linux 诞生与演进：全世界软件人员合力开发的免费开源操作系统诞生并有了长足发展。

下面，我们以操作系统在这三个阶段的发展作为主线，来大致回顾一下计算机操作系统的发展历程。

1．Unix 初始系统诞生

计算机操作系统的鼻祖来自 MULTICS(多路信息计算系统)，我们在这里简称为 M 系统。M 系统是 1964 年由贝尔实验室、麻省理工学院及美国通用电气公司共同参与研发的，其目的是开发出一套安装在大型主机上多人多工的操作系统。因为在当时，计算机一次只能接受一个任务,多人的任务需要排队执行。后来,原 M 系统设计成员 Ken Thompson(肯·汤普森)因为无聊,想把一套名为"太空旅游"的游戏移植到他们实验室的一台机器上而开发了一套软件,该套软件参考 M 系统的思路设计,但是功能目的单一,实验室的人戏称此软件为 Unics(单路信息计算系统)。由于当时的 Unics,每次移植到一个新的机器上,都需要重复在机器上处理,且对不同的机器设备需要额外的编程处理。对于了解计算机的人来讲,就是驱动都要自己写、自己配。那个时候系统的传播受限于硬件和使用者的能力,只能做到供极少部分人来使用。

1971 年肯·汤普森 和 Dennis Ritchie(丹尼斯·里奇)为了使当时的 Unics 具有更好的移植性、适用于不同的硬件设施,创造了 C 语言。他们于 1973 年以 C 语言重新改写与编译 Unics 的核心,并正式命名为 Unix,形成 Unix 的初代版本。该版本由于使用在当时看来是高级语言的 C 来改写,减轻了对底层硬件依赖的问题,从而可以广泛地在各种机器上使用。

初代的 Unix 采用了 200 多条程序命令,虽然内核很小,但是功能极为精简强悍。当时传统需要用 100 行到 1000 行代码完成的程序,用 Unix 不超过 10 条命令就可解决。一天才能做完的工作,用当时的 Unix 几分钟就完成了。

当时的 Unix 属于美国 AT&T 公司的贝尔实验室,但该公司和学术界合作开发(加州伯克利大学),从而快速将其在各大高校开干。随后在 1977 年,伯克利大学的 Bill Joy 在取得了 Unix 的核心原始码后,着手修改成适合自己机器的版本,同时增加了很多功能软件与编译工具,最终将它命名为 Berkeley Software Distribution(简称 BSD)。这个 BSD 是 Unix 很重要的一个分支,苹果的操作系统实际源自此分支。

1979 年 AT&T 公司出于商业的考量,将 Unix 的版权收了回去。因此,AT&T 在 1979 年发行的第七版 Unix 中,特别提到了"不可对学生提供原始码"的严格限制。 这导致后来学术界自力更生,Andrew Tanenbaum(安德鲁·塔能鲍姆)教授参照 Unix 的功能,写了一个 Minix 系统,用于教授学生操作系统。该系统在 1986 年完成并发布,并于次年发布了相关书籍。这是后来大名鼎鼎的 Linus Torvalds(林纳斯·托瓦兹)构建 Linux 初代系统的基础。

2. 可视化操作系统演进

在 1984 年以前,所有的操作系统都是基于企业的大型机或高校科研机构来设计和使用的,还没有普及到普通人能用的地步。当时,大部分的计算机系统都是基于命令行终端,没有图形化的操作界面。这样的操作系统只能被极少部分的高级专业人员和学术界的老师、学生使用。等到 1984 年,一切都发生了变化。

1984 年前后,操作系统发生了哪些变化呢?

(1) VisiCorp 的第一款可视化操作系统 Visi On 发布;

(2) 苹果的第一款可视化操作系统 Mac OS System 1.0 发布;

(3) 微软推出 Windows 1.0 (1985 年);

(4) 日本 NEC 公司宣布基于 ITRON/86 规范,第一个实现了 ITRON 操作系统。

不约而同,世界上几个重要的操作系统都在这个时间段内发布了基于操作系统的商用版本,且都是图形化界面。这四个操作系统近 40 年的演变,几乎影响了我们现代生活的方方面面。

VisiCorp 公司的操作系统专为大型企业设计和使用。

苹果的 Mac OS 实际来源于 Unix(free BSD 版本)，是 Unix 阵营向普通消费者进军的主力，图形化的界面和应用程序，降低了系统和机器的使用门槛。

微软之前一直使用 MS-Dos 命令行系统，在看到苹果的可视化界面后，马上开发出 Windows 系统，共同抢占普通消费者市场，由此也导致了苹果和微软两大公司长达 30 多年相恨相杀的争斗。

ITRON 和日本的精密机械工业相结合，使日本在数据系统、工业机器人、办公机器方面处于世界领先地位。例如日本的本田汽车中的引擎控制系统就是基于 ITRON 的。

3. 开源 Linux 诞生与演进

从上世纪 80 年代中后期开始，大量的基于可视化操作界面的系统问世后，操作系统真正普及开来。不过，可视化的操作系统是直接装在机器上的，它在降低了用户使用门槛的同时，也封闭了内在复杂的软件设计。这对于具有黑客精神的学院派老师、学生来讲，难以看到其被隐藏的具体设计。由此，基于开源的操作系统 Linux 出现了。

1991 年，在赫尔辛基上大学的林纳斯·托瓦兹，参照 Unix 和 Minix，重写了一个初始的 Linux 系统，并于 10 月 5 日发布了第一版 0.01 版。

1993 年，大约有 100 余名程序员参与了 Linux 内核代码编写/修改工作，其中核心组由 5 人组成，此时 Linux 0.99 的代码大约有十万行，用户大约有 10 万左右。到 2019 年，Linux 最新内核发布，此内核有大约 2500 万行代码。

10.4.2 常见的机器人操作系统

机器人操作系统是为机器人标准化设计而构造的软件平台，它使得每一位机器人设计师都可以使用同样的平台来进行机器人软件开发。标准的机器人操作系统包括硬件抽象、底层设备控制、常用功能实现、进程间消息以及数据包管理等功能。

如今主流机器人操作系统有以下几种，且都是依托于 Linux 内核构建起来的：

1. ROS

ROS 是专门为机器人设计的一套开源操作系统，2007 年斯坦福大学人工智能实验室与机器人技术公司 Willow Garage 针对其个人机器人项目(Personal Robots Program)开发了 ROS 的雏形。经过这几年的发展，ROS 从最初的无人问津的小众操作系统，发展到现在已是主流的机器人操作系统之一。

2. Ubuntu

Ubuntu 由全球化的专业开发团队 Canonical Ltd 打造，基于 Debian GNU/Linux 开发，同时也支持 x86、amd64/x64 和 ppc 架构。Ubuntu 的初衷是作为 Debian 的一个测试平台，向 Debian 提供通过测试的稳定软件，并且希望 Ubuntu 中的软件可以很好地与 Debian 兼容。由于它的易用性，而且获得众多社区的支持，Ubuntu 发展成了一款不错且流行的 Linux 发行版本。

Ubuntu 拥有庞大的社区群支持它的开发，用户可以及时获得技术支持，软件更新快，系统运行稳定。Ubuntu 所有系统相关的任务均需使用 Sudo 指令是它的一大特色，这种方式比传统的以系统管理员账号进行管理工作的方式更为安全,这也是 Linux、Unix 系统的基本思维之一。

3. Android

Android 系统平常在手机上见得多,其实在机器人领域它也是主流的操作系统,软银的 Pepper 机器人使用的便是 Android 系统。由于 Android 在应用程序的审核上相对宽松,因此目前来说使用 Android 系统开发智能机器人的企业要占绝大多数。

10.4.3　ROS 操作系统概述

ROS 充当的是通信中间件的角色,即在已有操作系统的基础上搭建了一整套针对机器人系统的实现框架。ROS 还提供一组实用工具和软件库,用于维护、构建、编写和执行多个计算平台的软件代码。

ROS 的设计者考虑到各开发者使用的开发语言不同,因此 ROS 的开发语言独立,支持 C++、Python 等多种开发语言。ROS 的系统结构设计也颇有特色,ROS 运行时由多个松耦合的进程组成,每个进程 ROS 称之为节点(Node),所有节点可以运行在一个处理器上,也可以分布式运行在多个处理器上。在实际使用时,这种松耦合的结构设计可以让开发者根据机器人所需功能灵活添加各个功能模块。

1. ROS 的发展目标

ROS 的首要设计目标是在机器人研发领域提高代码复用率。ROS 是一种分布式处理框架(又名 Nodes)。这使可执行文件能被单独设计,并且在运行时松散耦合。这些过程可以封装到数据包(Packages)和堆栈(Stacks)中,以便于共享和分发。ROS 还支持代码库的联合系统,使得协作亦能被分发。这种从文件系统级别到社区一级的设计让独立地决定发展和实施工作成为可能。上述所有功能都能由 ROS 的基础工具实现。

2. ROS 的特点

(1) 点对点设计。ROS 的系统包括一系列进程,这些进程存在于多个不同的主机并且在运行过程中通过端对端的拓扑结构进行联系。虽然基于中心服务器的那些软件框架也可以实现多进程和多主机的优势,但是在这些框架中当各电脑通过不同的网络进行连接时,中心数据服务器就会发生问题。ROS 的点对点设计以及服务和节点管理器等机制可以分散由计算机视觉和语音识别等功能带来的实时计算压力,能够适应多机器人遇到的挑战,如图 10-21 所示。

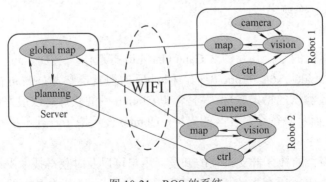

图 10-21　ROS 的系统

(2) 多语言支持。ROS 现在支持许多种不同的语言，例如 C++、Python、Octave 和 LISP，也包含其他语言的多种接口实现。

(3) 精简与集成。ROS 建立的系统具有模块化的特点，各模块中的代码可以单独编译，而且编译使用的 CMake 工具使它很容易就能实现精简的理念。 ROS 基本将复杂的代码封装在库里，只创建了一些小的应用程序为 ROS 显示库的功能，就允许对简单的代码超越原型进行移植和重新使用。

(4) 具有丰富的工具包，且免费开源。

3．ROS 的核心模块

ROS 的核心模块包括通信结构基础、机器人特性功能以及工具集。通信结构基础包括消息传递、记录和回放消息、远程过程调用、分布式参数系统。机器人特性功能包括标准机器人消息、机器人几何库、机器人描述语言、抢占式远程过程调用、诊断、位姿估计、定位与导航。工具集包括命令行工具、可视化工具以及图形化接口。ROS 核心模块如图 10-22 所示。

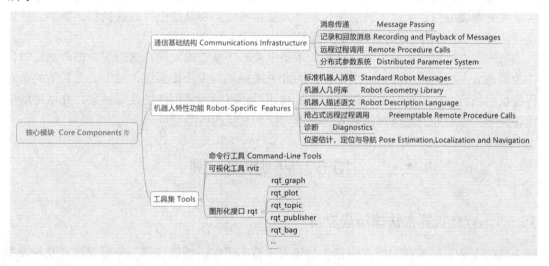

图 10-22　ROS 的核心模块

10.4.4　智能机器人操作系统的未来

1．机器人操作系统领域的发展状况

日本很早就在国家战略层面提出了机器人操作系统的事情，在日本的先进技术部门引导下，他们也形成了 Open Robot 的平台。意大利也是使用 YARP 的开源系统来提供全新的开发环境。美国的投入更大，包括鼎鼎大名的微软开发平台 ROBOTIES、Player Stage 以及最知名的 ROS 系统。ROS 是从斯坦福大学实验室走出去的机器人操作系统。

ROS 采用了 BSD 开发架构，开发任何一个部件都可以商业化，除了微软是不开源，其他开源平台的 License 都是这样的，这就阻碍了作为商业平台发展的趋势。

MIT 曾经对机器人操作系统进行评价：30 年前，DOS 引爆个人电脑，在 30 年之后，机器人操作系统的出现会对机器人技术有很大的推进，正如 DOS 在 30 年前所做的事情一样，使得能够用很简短的代码实现机器人的功能。目前 ROS 是大家评价的在机器人领域的事实标准。

2. 操作系统的进步推动机器人向智能化迈进

ROS 于 2007 年发布第一个版本，经过十余年发展，业界对于机器人操作系统的需求也发生了很多变迁。结合目前的发展趋势，未来机器人操作系统发展会着重于如下的一些方向：

第一，消息传递机制更关注于效率与安全。基于机器人产品的特性，分布式的模块化设计与信息传递将是设计的重点。而对于机器人产品化的过程中，消息的传递将首先以安全为重。

第二，跨平台。机器人系统并不会独立存在，往往会依托于已有生产、服务系统，做智慧化或功能化的扩展。如此一来，就要求机器人系统尽可能多地支持既有系统。

第三，支持物联网设备和小型系统。未来的机器人势必要和其他产品或设备协同工作，来达到更高级别的智能性。同时，在机器人普及的趋势下，机器人与机器人之前的协作、沟通也变得更迫切。因此未来的操作机器人操作系统需要具备更好的连接性、更小的模块设计，符合协同工作、万物互联的大趋势。

第四，支持可扩展的智能化需求。不论是业界还是普通人的直觉理解，都会把智能化作为机器人发展的很重要的一个标识。因此未来的机器人操作系统，对于人工智能的兼容程度也相当重要，提供必要的运行时支持与相对标准的神经网络的接口抽象，并尽可能多地将给予人工智能的高速算法融入到机器人操作系统的核心领域。

10.5　应 用 案 例

10.5.1　智能机器人法律场景应用

法律服务机器人在软件方面包含法律人工智能平台、智能法律服务管理平台及各类型软件端、移动端平台。法律人工智能平台包含自然语义处理、法律知识图谱、数据采集系统、神经网络、机器学习算法，主要实现人与计算机之间用自然语言进行有效通信的各种理论和方法，并通过法律知识图谱、数据采集系统、神经网络、机器学习算法及人工干预的形式不断地收集、丰富、完善法律领域的语料，从而实现真正的法律人工智能。智能法律服务管理平台将公共法律服务中心的大部分业务通过与已有的各类政务平台的逐步对接、整合，实现在线预约、办理。

10.5.2　智能机器人场馆导览应用

在博物馆和展览馆里，机器人也是不可或缺的一员。它可以独立完成展位引导、智能解说、规范提示、安全检查等工作，全面提升观展体验。

10.5.3　智能机器人酒店行业应用

在星级酒店里，机器人是一名出色的大堂经理和会议接待人员。它可以帮助顾客完成扫码登记，利用人脸识别技术记忆客人信息，为客人提供咨询、向导、介绍等服务。

在未来的 15 年里，机器人会变得更加普及，它们可以做运送包裹和办公室清洁等工作。移动芯片制造商已经在尝试将上世纪的大型超级计算机的力量压缩到一枚芯片上，而这将极大提升机器人的计算能力。

通过云数据连接的机器人将能够共享数据以加速学习。如微软的 Kinectwill，这样低成本的 3D 传感器将加速人工智能感知技术的发展，而语音理解的进步将增强机器人与人类的互动。

但是，可靠性硬件的成本和复杂性，以及在现实世界中实现感知算法的困难度，意味着这类多功能的智能机器人走进我们生活还有一段距离。机器人目前很有可能只会在有限的商业应用中得到出场机会，以备于发展其未来更多的用途。

习　　题

1. 简述 ROS 操作系统及其应用。
2. 谈谈生活中你见过的智能机器人。
3. 简述导航与定位的主要技术。

第十一章　智慧城市

　　人工智能是一种全新的工程技术体系，它像之前的流水线生产技术、集成电路生产技术一样，正在催生一个新的主导产业，深刻改变着人们的社会生活方式。从现在开始的数十年间，城市将拥有数不清的自治权力；智慧化运行的 IT 体系将对居民习惯和能量消耗了解得更加全面和细致，将提供更优的服务。智慧城市的目标是通过自动化的 IT 体系对资源进行最好的调控。

11.1　智慧城市应用场景——综治大数据

　　cVideo 是南京云创存储公司自行研发和设计的大规模高清视频监控解决方案。智慧南京中心应用 cVideo 云视频监控系统，实现了与青奥专网、交管局、交通局、公安局、城市高点监控、道路图像监控"320"工程等现有视频监控平台的对接，为南京青奥会安保、交通、环境监测、应急指挥等多个领域提供强大的视频讯息。在 cVideo 云视频技术支持的"我的南京" APP 上，也可清晰查看南京主干道实时路况，如图 11-1 所示。

图 11-1　"我的南京"城市智能门户监控和分析平台

　　"我的南京"应用终端还将进一步开发建设社交体育信息服务(整合体育场馆、俱乐部、会员、教练等资源，搭建集健身、交友、购物于一身的体育社交平台)、智慧医疗信息服务(将患者、医护人员、医疗机构等角色统一纳入建立最贴近市民的健康保障系统)、政务公开信息服务、智能交通出行规划、在线支付平台对接、地理位置服务等。

此外，2014年，江苏省开发了全省综治信息系统，构建纵向覆盖从省、市、县到镇、村直至网格单元的六级综治机构，横向连接各职能部门的信息化应用平台，包括十个基本业务模块和五个辅助模块。南京市已经接入省综治信息系统，重点打造秦淮区大综治系统，构筑一套完整的工作体系与工作流程，提供统一的数据采集通道、信息展示渠道、信息处理中心以及指挥协调中心。

秦淮大综治建设在江苏省综治信息系统的基础上，进行了业务功能拓展和业务深度应用，并主要集中于以下五个建设重点：一是重点部门实现资源整合，实现部门间数据的共享共用；二是重点区域或场所的管控，如通过智能视频技术，实现对商业街道、重点河道、小区、人员密集场所的视频监控；三是重点人员的管控，基于现有数据与人像识别技术，实时掌控重点人员的动态；四是重点敏感问题的预防；五是市民重点关心的问题，比如停车难、空气污染、黑臭河、治安等多种问题，逐步实现多方面的城市精细化管理。

值得一提的是，对道路交通与行人的实时全景监控已经日渐成为城市综合治理与平安建设的前提与基础，而2018年数字经济大会发布的智慧路灯伴侣又为实时全景监控提供了解决之道。智慧路灯伴侣通过6个摄像头，可以对道路与行人进行360°无死角监控，并可在其平台上进行实时展示，为管理人员进行实时巡检提供前提。

同时，集成多种传感器的智慧路灯伴侣，不仅能够实时动态监测PM2.5、PM10等空气污染变化，动态分析城市污染发展过程，以实现污染源定位与防治，还能提供应急充电、流量监控、便民信息互动等多种功能，有助于实现路线查询、呼救响应，便于查找走失人口和犯罪嫌疑人。

毋庸置疑，随着类似于智慧路灯伴侣应用的不断涌现，未来平安城市建设应用场景将日趋丰富，从而进一步帮助实现公安、城管、交通、环保等城市管理升级，加强治安管控，打击违法犯罪，同时跟踪环境变化，使得城市管理更安全、更有序、更便捷。

11.2 智慧城市发展

11.2.1 智慧城市的背景

我国的智慧城市视频监控建设起源于"科技强警"战略和城市报警与监控系统建设（"3111"试点工程)两大项目。智慧城市建设项目作为一个特大型、综合性非常强的管理系统，集安全防范技术、计算机应用技术、网络通信技术、视频传输技术、访问控制等高新技术为一体，是一项总体投资大、技术要求高、涉及用户广、链接环节多的系统工程。历经从"智慧城市"到"智慧中国"的战略提升，我国的智慧城市建设已走过十余个年头，各类公安自建监控点位数量稳步提升，视频图像信息在公安机关打击犯罪、治安防控以及城市管理等各项业务工作中已发挥了不可替代的重要作用，智慧城市视频图像监控系统建设已取得了令人瞩目的阶段性成果。

然而，不容忽略的是，当前智慧城市系统的建设依然存在着前端建设缺乏场景式科学布建指导，海量视频信息数据未能有效结构化，系统间数据无法进行比对碰撞和深度挖掘，上层业务应用智能程度不够等亟待解决的问题。新时期智慧城市系统的建设需要积极适应云计算、大数据、智能视频分析等前沿技术的发展形势，加强顶层设计，加快推进信息资源的整合共享，让海量的信息数据真正成为实现预防预警、精确防控的源头活水，切实解决好信息壁垒、系统繁杂、共享不够等突出问题，努力打造以科技信息化为牵引的立体化社会治安防控体系。

11.2.2　智慧城市的政策

智慧城市建设是关系到国家长治久安、社会稳定的一项重要工程。我国经济进入新常态以来，面对社会治安日益严峻和复杂的形势，党中央、国务院密集出台了一系列政策，对社会治安防控体系和智慧城市建设提出了新的要求，具有很强的指导意义，如表 11-1 所示。

表 11-1　近期热点政策一览表

中央层面	
《关于加强社会治安防控体系建设的意见》	中共中央办公厅 国务院办公厅
国家部委层面	
《关于加强公共安全视频监控系统联网应用工作的若干意见》	九部委
公安部层面	
《公安发展"十三五"规划》	公安部
《全面深化公安改革》第 41 项任务	公安部
《公安部关于大力加强基础信息化工作的意见》	公安部

2015 年 4 月，为有效应对影响社会安全稳定的突出问题，创新立体化社会治安防控体系，中共中央办公厅、国务院办公厅印发了《关于加强社会治安防控体系建设的意见》(以下简称"意见")。《意见》共有 21 条，从加强社会治安防控网建设、提高社会治安防控体系建设科技水平、完善社会治安防控运行机制、运用法治思维和法治方式推进社会治安防控体系建设、建立健全社会治安防控体系建设工作格局等五大方面提出了具体措施。《意见》还要求将社会治安防控信息化纳入智慧城市建设总体规划，充分运用新一代互联网、物联网、大数据、云计算和智能传感、遥感、卫星定位、地理信息系统等技术，创新社会治安防控手段。并对视频监控系统的建设提出了"高起点规划、有重点有步骤地推进公共安全视频监控建设、联网和应用工作，提高公共区域视频监控系统覆盖密度和建设质量"的建设要求。

同年 5 月，中央综治办联合国家发改委、科技部、工业和信息化部、公安部、财政部、人力资源社会保障部、住房城乡建设部、交通运输部九部委发布了《关于加强公共安全视频监控建设联网应用工作的若干意见》，提出了"到 2020 年，基本实现'全域覆盖、全网共享、全时可用、全程可控'的公共安全视频监控建设联网应用，在加强治安防控、优化交通出行、服务城市管理、创新社会治理等方面取得显著成效"的宏伟目标，为智慧城市公共安全视频监控系统的建设指明了方向。

九部委联合出台的《关于加强公共安全视频监控系统联网应用工作的若干意见》充分表明了国家对公共安全视频监控联网建设的重视，同时进一步肯定了公共安全视频监控建设联网应用在打击犯罪、治安防范、社会管理、服务民生等方面发挥的积极作用，是新形势下维护国家安全和社会稳定、预防和打击暴力恐怖犯罪的重要手段，对于提升城乡管理水平、创新社会治理体制、创建平安中国具有重要意义，同时将进一步推进立体化社会治安防控体系建设。

11.2.3　智慧城市总体架构

新时期智慧城市建设核心理念是以"前端网络立体化，数据处理结构化，上层应用智能化"，基于犯罪地理学的防卫空间理论，开展具有针对性、因地制宜的场景式布建，密织"空中、地面、动态、静态、物联"五张防控网络，实现多角度、多层次、多维度的信息采集，对人、地、事物、组织开展全方位、全天候的整体防控。依托前沿智能视频分析技术将视频流转换为数据流，最大化有价值的视频信息提取，结合云计算、大数据技术运用实现各系统内部、系统之间价值数据的比对碰撞、深入挖掘，并以智能应用为展现方式，服务于公安各项业务，使海量的信息数据真正成为实现预防预警、精确防控的源头活水，推动立体化治安防控体系建设，促进预警预防能力、打击犯罪能力、整体防控能力、基础管控能力显著提升。智慧城市的系统拓扑结构示意图如图 11-2 所示。

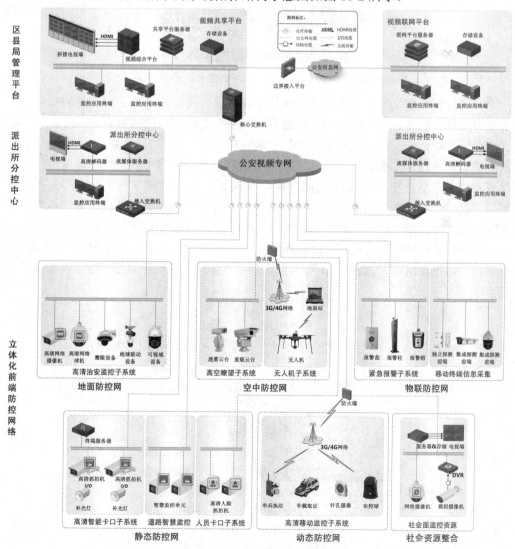

图 11-2　系统拓扑结构示意图

11.3　智慧城市建设

　　智慧城市是一套具有感、传、知、用四个层次的垂直分布系统。在这套垂直分布系统中，前端感知网络具有建设覆盖面广、场景应用特性繁多等特性，一直是智慧城市系统建设中的重点和难点。立体化前端防控网络建设设计思路如图 11-3 所示。

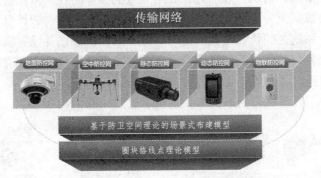

图 11-3　立体化前端防控网络建设设计思路

　　新时期智慧城市系统立体化前端网络的建设，首先需要采用科学、合理的布点方法，对前端网络进行总体、统一的规划，促进后期各张感知网络深度的协同与应用。这一过程包含两个层次：首先，以"圈块格线点"、"渔网理论"为代表的成熟布建模型划分整个城市前端建设点位的基本框架；其次，依托犯罪地理学意义上的"防卫空间理论"和城市功能区域相结合，划分相应的场景(基础网格)，构建城市犯罪及治安问题在空间分布的规律模型，开展因地制宜的前端网络防控布建。根据不同的场景(行政中心区、城市商圈、中央商务区、住宅区、城中村、风景区等)在城市中的功能特性、防控对象特性以及实际的勘察结果，在每个基础网格内构建相应的地面防控网、空中防控网、动态防控网、静态防控网、物联防控网这五张网络，如图 11-4 所示为场景式立体化前端防控网络构建示意图。

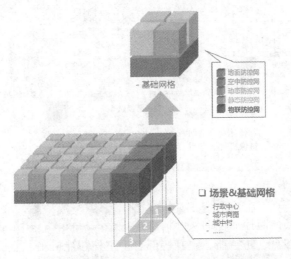

图 11-4　场景式立体化前端防控网络构建示意图

基础网格(场景)内的各张网络，由功能属性各异、侧重点不同的各类前端摄像机和物联网智慧感知前端分别构成。其中，地面防控网主要是基于地面固定区域目标监测的全天候、多环境的城市安全防控网络体系；空中防控网侧重于突破二维平面的限制，拓展对于纵向空间的层次防控；静态防控网主要依托城市道路网，实现在重点部位对可疑布控人员及车辆的有效识别和布控预警，侧重于结构化数据的前端提取，可配合地面防控网，形成对可疑布控目标的交叉跟踪；动态防控网依托各类移动高清设备和方便部署的无线前端设备，实现对固定监控模式的突破，丰富信息获取的手段，赋予信息数据采集动态获取的内涵，提升应急处突能力；物联防控网则是各类固定、静态、动态视频监控点位的有益补充，充分运用物联网技术，实现数据采集的泛在化、规模化，多维化，拓展大数据应用。

　　五张网络平时各司其职，战时协同作战，通过有机结合，将每种防控网的功效都发挥到最大，从而有效提升整个立体化防控网的能力。

11.3.1　地面防控网络建设

　　立体化前端感知网络的地面防控网主要依托原有治安监控系统前端摄像机网络进行构建，对现有的治安监控进行"补漏"(前期建设监控梳理，对重点区域进行扫盲补漏)和"扩展"(加大城乡结合部、农村公共区域视频监控覆盖，逐步实现城乡视频监控一体化)。同时，采用可视域控制系统、全景一体式监控系统、主从跟踪系统等业界前沿设计，实现面向各类治安问题及犯罪高发区域、重点公共区域视频监控的"加密"式部署，开展因地制宜的场景式监控，全面提升立体化防控网络感知水平。如图11-5所示为地面防控网分系统图。

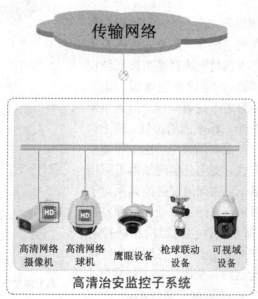

图11-5　地面防控网分系统图

　　地面防控网针对具体监控点位的实际情况，将摄像机设备、补光灯部署于监控立杆，将网络传输设备、光纤盒、防雷器、电源等部署于室外智能机箱。监控网络摄像机前端感知分系统部署架构图如图11-6所示。

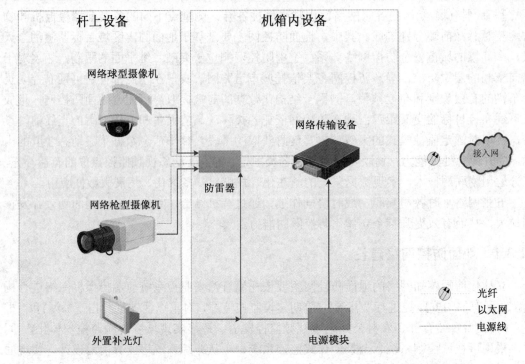

图 11-6　前端感知分系统部署架构图

11.3.2　空中防控网络建设

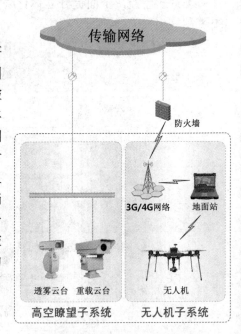

图 11-7　空中防控网分系统图

　　我国经济进入新时期以来，社会治安形势日益严峻，治安复杂地区和高发案点增多，需要防控的范围大、地段多，警力逐渐穷于应付。智慧城市视频监控与物联网系统前端点位的广泛建设虽能够极大地丰富空间防控的区域，弥补警力不足等问题，但其早期部署建设的理念主要关注于二维平面的扩展，缺乏对于纵向空间的层次防控，在很多场景中，由于环境阻挡以及摄像机本身的局限性，要完全实现基本无阻挡的全面监控是相当困难的。立体化治安防控体系对于"全时空"覆盖的建设要求，使得智慧城市视频监控与物联网系统建设迫切需要引入空间层次感防控的理念，铺开建设一张"空中防控网"，与地面防控网相配合，从真正意义上彻底扫除空间防控上的盲区、死角。如图 11-7 所示为空中防控网分系统图。

1. 高空瞭望系统

　　高空瞭望是在距离地面 50 米～100 米，乃至 100 米以上的位置布设云台摄像机，以实现方圆一公里到十几公里范围的视频图像监控。高空瞭望不同于普通的图像监控，它着力于在较高的位置实现大范围的图像精确监控，是一种兼顾大场面，又实现具体目标特写拍摄的视频监控手段。高空瞭望技术可以弥补普通图像监控手段无法避免环境物体阻挡、视野范围较小的缺点，从而实现基本无阻挡的大范围监控，其系统架构如图 11-8 所示。

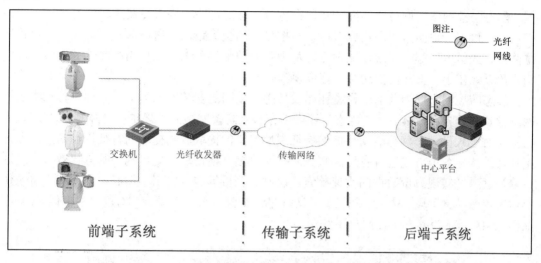

图 11-8 高空瞭望系统架构图

2. 无人机系统

多旋翼无人机因结构简单、操作方便、维修成本不高，具有空中悬停、自动巡航、定点自动降落等诸多功能，是公安机关在信息化条件下，完成打击罪犯、维护稳定、服务人民等警务工作的一大辅助利器。无人机系统配置有图像采集和传输系统，具有空中存储和实时回传两种模式，配有地面接收站、地面定向天线和图传设备等。作为无线监控设备，无人机系统可融合到公安的视频监控系统中，作为视频监控的一环与其他监控设备配合使用，方便搭载，并配合移动指挥车、视频监控车等功能车一起共同执行任务，还可广泛应用于城市交通管理、群体性事件处置、消防与抢险救灾、视频侦查、特警处突抓捕等场景。无人机系统架构如图 11-9 所示。

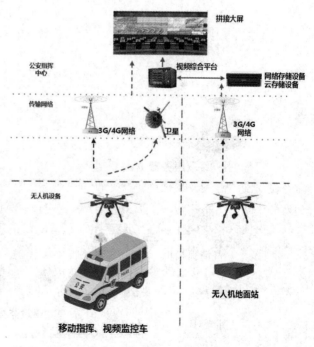

图 11-9 无人机系统架构图

警用无人机一般有两种使用方式，第一种单独使用无人机，依靠无人机自身携带的 3G/4G 模块作为传输链路，将采集到的视频监控传输到公安视频专网。另外一种，将无人机放入移动指挥车或视频监控车，采用车内视频监控设备和传输链路完成视频采集和传输的工作。

11.3.3 静态防控网络建设

  静态防控网依托城市道路网,实现在重点部位对可疑布控人员及车辆的有效识别和布控预警,可配合地面防控网形成对可疑布控目标的交叉跟踪。通过部署车辆卡口、道路智慧监控、人员卡口等子系统前端设备,从视频监控中将车辆、人员相关属性提取转化成结构化数据,便于公安部门快速查找定位视频线索。

  静态防控网不仅因其前端设备在建设形态上以固定安装方式为主,与动态移动类防控网络设备的差异而得名。其"静态"还表现在整张防控网络的效果是以"静"制"动",专门实现对于人员、车辆等活动目标的特征属性信息的提取。其提取的特征属性信息,通过图片及结构化数据方式进行存储。整张防控网络铺开建设后,更可利用其规模效应,通过后端管理系统实现海量数据的快速检索、研判、分析等深度应用,彻底改变人工查看录像等传统视频检索手段,精确实现人员/车辆布控,快速定位案发录像,构建完整事件时间链。如图 11-10 所示为静态防控网分系统图。

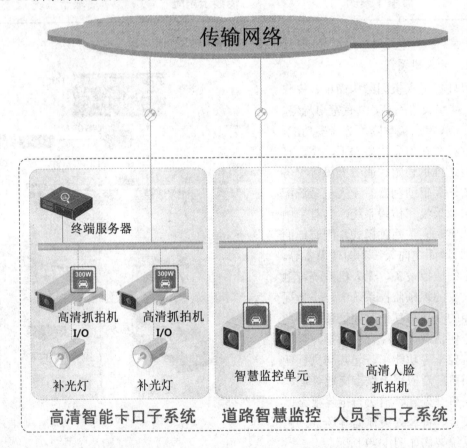

图 11-10 静态防控网分系统图

1. 高清智能卡口子系统

  卡口系统以机动车图片抓拍、车辆号牌识别等车辆特征数据采集,布控比对报警,查报站出警拦截为主要目的，并能为治安案件的侦破提供有力的证据，在城市治安及交通管理过程中发挥了重要的作用。随着公安业务需求的深化，业务部门希望获取更多种类、更全面的混合车道通行数据，掌握更详细的目标信息，以便应对日益复杂的治安形势。为此，我们将先进的全画面智能分析技术融入新一代卡口系统，在完善机动车信息采集防控的基础上，加强对混合车道监控场景内的非机动车、行人信息的采集管控，同时细化机动车目标管理，大幅度提高卡口系统的智能化程度及应用价值。

系统采用先进的基于全画面分析的视频分析算法，对卡口视频采集设备获取的高清画面进行全画面分析，能够识别并提取画面中的对象内容，如机动车、非机动车、行人等，通过模式识别算法应用，应能够对监控画面中出现的对象进行分类记录、存储，并通过平台实现智能化检索，实现以最短的时间定位嫌疑车辆、人员，为治安防控打击犯罪提供有力支持。高清治安卡口系统结构示意图如图 11-11 所示。

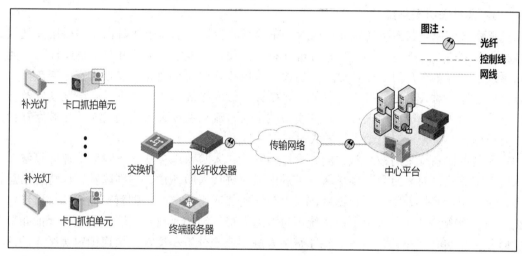

图 11-11　高清治安卡口系统结构示意图

2. 道路智慧监控子系统

城市道路智慧监控系统是一种面向城市治安防控和交通管理的复合型的高清视频监控系统。在满足常规道路监控系统对道路断面全覆盖的视频监控需求，以及全天候的高清录像需求的同时，道路智慧监控系统引入全画面视频检测、视频跟踪、车牌识别等多种业内领先的视频智能技术，使得传统的道路监控系统具备了以下新的功能：

(1) 机动车通行记录、抓拍 1 张图片；

(2) 机动车特征属性(车牌号码、车牌颜色)自动提取；

(3) 特征属性视频标签自动叠加。

道路智慧监控系统提供了车辆号牌等视频结构化数据，在具有道路监控功能的基础上，具有机动车通行记录、机动车特征属性(车牌号码、车牌颜色)自动提取、特征属性视频标签自动叠加等功能，解决了传统的视频监控模式海量视频录像堆砌在中心，需要投入大量人力进行人工查证的问题；同时促成了监控业务模式从事后查证到主动视频防控的质的飞跃。智慧监控子系统结构示意图如图 11-12 所示。

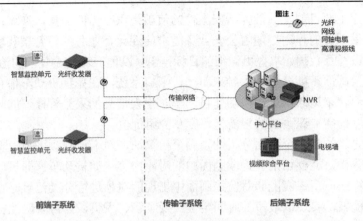

图 11-12　智慧监控子系统结构示意图

3. 人员卡口子系统

智慧城市视频监控系统主要关注人、车等活动目标,刑侦破案时也往往根据关键区域视频监控中的人、车等关键信息来分析疑犯去向和相关线索。虽然针对车辆监控的智能卡口系统已推行多年,但至今针对人员的设卡监控和管理几乎为零,导致公安民警在日常视频监控过程中对人员进行排查时犹如大海捞针,效率极低。随着经济的高速发展以及城镇化进程的加快,我国城市人口日趋密集,城市人口流动性也大大增加,现代化城市社会治安防控体系,亟须针对流动人口的人员卡口监控系统的面世。

人员卡口系统采用技术领先的人脸检测算法、人脸跟踪算法、人脸质量评分算法以及人脸识别算法,对城市各主要场所人员进出通道进行人脸抓拍、识别以及属性特征信息提取,建立全市海量人脸特征数据库,并以公安实战应用为核心,创新实战技法。通过对接公安信息资源数据库,人员卡口系统可对涉恐人员、涉稳人员、犯罪分子进行提前布控和实时预警,实时掌握动态;可对犯罪嫌疑人进行轨迹分析和追踪,快速锁定嫌疑人的活动轨迹;可对不明人员进行快速身份鉴别,为案件侦破提供关键线索。通过人员卡口系统的建设与应用,实现了大数据时代公安工作的跨越式发展,进一步提高了工作效率、节约了资源成本、缩短了破案周期。人员卡口系统拓扑结构示意图如图 11-13 所示。

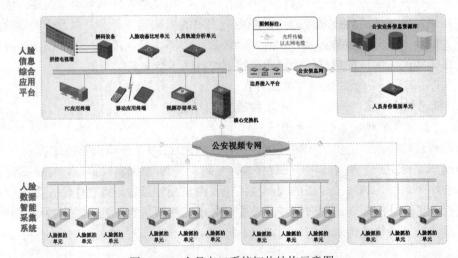

图 11-13　人员卡口系统拓扑结构示意图

11.3.4 动态防控网络建设

动态防控网是主要依托单兵、车载、布控球等高清移动设备构成的移动视频防控网，可实现街面巡逻警力与巡逻车辆的无缝对接，有效提升警力间协同作战能力。其应用场景一般可分为日常巡逻执法应用和应急布控应用两类。在日常巡逻执法应用中，动态防控网能够实现执法现场的高清视频和音频取证，并可通过无线网络进行传输，使得远程中心能实时查看现场情况，配合以地理位置信息等综合信息进行实时研判和快速决策；在应急布控场景中，可充分利用高清移动设备方便部署的特点配合其他无线监控设备，通过运营商网络、移动专网和WIFI网络，实现视频监控设备的快速部署、灵活运用，可在案件侦查、蹲点守候、应急处突、抢险救灾等多种细分场景下发挥极大的优势。

动态防控网建设是对其他防控网络(空中防控网、地面防控网、静态防控网、物联防控网)的极大补充，其为整个立体化防控体系的技防手段赋予了动态、灵活的特征，是防控体系建设不可或缺的一部分。动态防控网分系统图如图11-14所示。

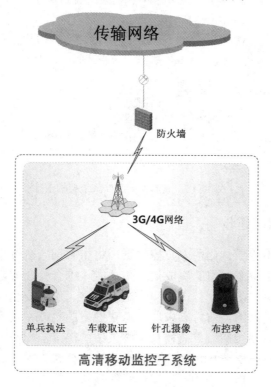

图 11-14 动态防控网分系统图

高清移动监控子系统

地面防控网、静态防控网等前端监控点位绝大多数是固定监控点，仅能实现对固定目标或一个有限监控区域的视频监控，在城市治安管理中不可避免地存在盲点。此外，公安巡警和执勤民警在执行治安任务时，存在执法取证难的问题，执法过程信息不能实时记录，容易引发执法纠纷，且上级领导和监控中心也不能实时了解一线执法情况，只能通过常规的通信手段或逐级上报的方式了解情况，严重影响了重要治安事件的快速决策与指挥调度。

公安移动视频监控取证系统是科技强警战略的一个重要组成部分，也是智慧城市项目的重要建设内容之一。建设公安高清移动视频监控系统能将警力快速调动到一线，执行反恐维稳任务，实时记录执法的过程，实时调度和指挥一线执法力量，达到应急布控和快速执法的目的，获得完整有效的证据，规范整个执法过程，真正意义上满足公安机关的实战应用需求。高清移动监控系统架构图如图 11-15 所示。

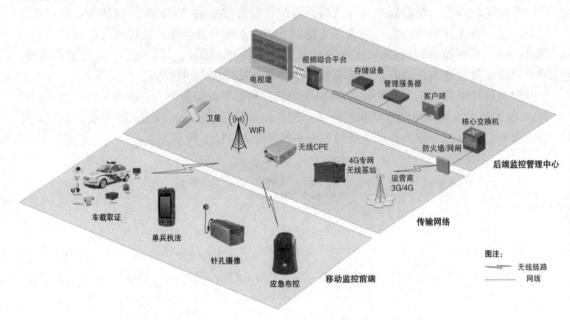

图 11-15　高清移动监控系统架构图

11.3.5　物联防控网络建设

为了构建一个完善的立体化治安防控体系，将新时期智慧城市的建设推向一个更高的层次，建设一个覆盖整个城市的集成化、多功能、综合性治安防控网络，进一步提升公安机关管理社会、治安防控、打击犯罪、维护稳定、保障安全的能力，实现智慧城市的进阶，就必须更好地利用当前方兴未艾、迅猛发展的物联网技术，获取更多维度的智能感知信息，丰富与拓展智慧城市监控与报警系统的深度应用。通过大量的、更多层次的物联信息数据收集与存储分析，能够更为深入地挖掘智慧城市不同系统之间的联系，从而发现与掌握各类人、地、事物、组织运行的规律，为实现智慧决策与行动提供有效的技术支持。

物联防控网指通过广泛部署智能终端信息采集设备和一键报警设备等物联网数据采集报警前端，对城市运行状态实现更为透彻的感知，其获取的数据可用于轨迹展示、报警等直观应用，并依托更全面的互联互通、更智能的分析挖掘，配合视频监控等其他智慧城市子系统，实现更为深层次的智能应用，成为继地面、空中、动态、静态之后的第五张网络，为立体化的感知网络建设起到有益的补充作用。物联防控网分系统图如图11-16 所示。

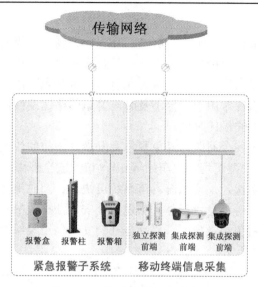

图 11-16　物联防控网分系统图

1. 智能终端信息采集应用系统

智能终端信息采集应用系统是一套集智能终端信息采集、虚拟身份采集、人员轨迹、真实身份研判、策略布控报警等多项功能于一体的大数据分析系统。其能够将前端设备所采集的信息结合案件需要进行充分分析和应用，在实战中能够提供给公安部门更多的研判和管控服务。它主要由采集前端、采集服务器、大数据系统和应用服务器组成。其中，采集前端设备包括独立的智能终端特征采集前端和带智能终端采集功能的 smart 摄像机；采集服务器主要用于采集信息的汇聚；大数据系统支持海量结构化数据的存储、检索与查询；应用服务器用于向用户提供应用服务。智能终端信息采集应用系统架构图如图 11-17 所示。

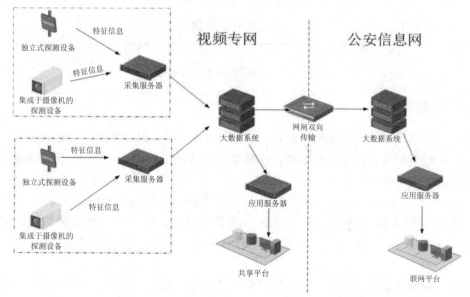

图 11-17　智能终端信息采集应用系统架构图

2. 紧急报警系统

随着治安形势的复杂化、严峻化，从民族分裂势力到个人极端主义，我国不时发生恐怖袭击活动、医患纠纷伤人等极端恶性事件，且有愈演愈烈之势。紧急性突发事件已引起全社会的广泛关注，亦成为横亘在公安机关面前的一道难题。由于环境的恶劣和技术的滞后性，多地发生的突发事件常由于报警不及时，警讯传播速度慢，警力集中速度过慢的原因，错过了化解恶性事件的最佳时机。

为了有效地解决上述安全问题，避免紧急突发事件态势的快速蔓延，加强各类重要场所(学校、医院、银行、大型商场、火车站等)出入口的安全保障，需要一套适用于这些场所的一键式突发应急联防快速反应系统。该系统可快速、及时地实现报警及警情响应，能基于互联网、传统电信网等信息承载体，实现与公安执法机关的互联互通，有效解决重要场所的报警需求，有效避免巡逻盲区，提高全社会安全保卫及综合管理能力。紧急报警系统架构示意图如图 11-18 所示。

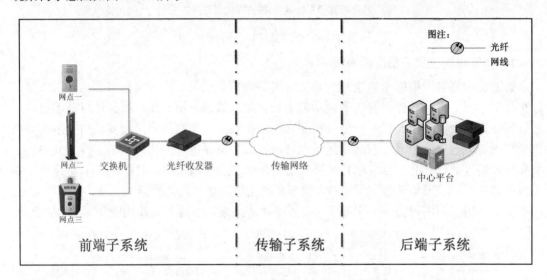

图 11-18　紧急报警系统架构示意图

11.3.6　视频云存储

视频云存储系统采用前端摄像机直写存储设备的方式，使用集群方案解决单节点失效问题，并利用负载均衡技术充分提高各存储节点的性能；采用统一接口与平台对接，降低平台维护和用户管理的复杂度。

平台管理中心仅和云存储系统中的云存储管理集群完成各种具体业务的信令交互工作，其他数据存储和读取工作直接由存储节点完成。采用信令和视频数据的完全分离，降低了整个系统的网络压力，提高了整体性能。视频云存储逻辑架构图如图 11-19 所示。

视频云存储系统面向视频、图片应用定制化开发，提供了丰富的功能接口供上层视频监控平台调用，主要功能如图 11-20 所示。

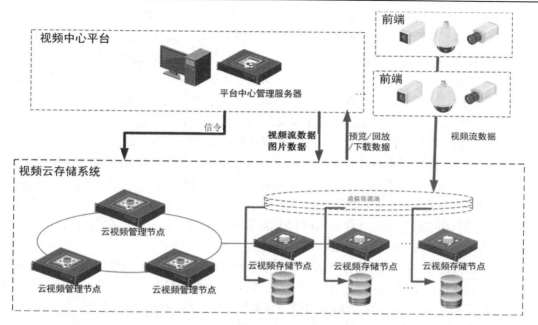

图 11-19　视频云存储逻辑架构图

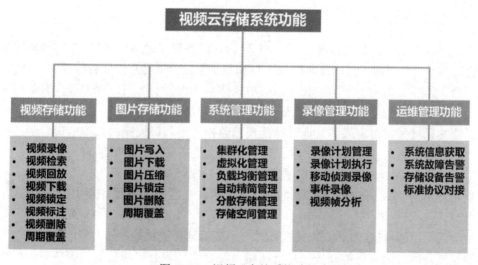

图 11-20　视频云存储系统功能

11.4　新型智慧社区

11.4.1　智慧社区的背景

近年来，随着改革的持续深化，城市规模不断扩张，社区已逐渐成为社会中最重要的基层单位。同时，大量涌入的外来人口，迅猛增长的汽车保有量，以及各类社会矛盾和冲突的激荡均带来了更加复杂的社区治安情势，因此加强社区治安综合治理现实意义凸显。

城乡社区是社会治理的基本单元，智慧安防社区更是建设社会治安防控体系、构建和谐社会和平安社会的重要组成部分。为推进智慧社区建设，构筑基层社会管理和服务体系，国家下发了多个政策文件指导平安建设。中共中央办公厅、国务院办公厅印发的《关于加强社会治安防控体系建设的意见》中提出加强社区治安防控网建设的要求，加强对社区服刑人员、精神病人等特殊人群的管理工作，深化社区警务战略，提出网格化管理和社会化服务，在做好治安防控的同时服务好人民群众。中央综治办等九部委印发《关于加强公共安全视频监控建设联网应用工作的若干意见》，突显公共安全视频监控建设联网应用在治安防范、社会管理、服务民生等方面发挥的积极作用，对于提升城乡管理水平、创新社会治理体制、创建平安中国具有重要意义。中共中央办公厅、国务院办公厅印发的《关于加强和完善城乡社区治理的意见》中指出，需实现党领导下的政府治理和社会调节、居民自治良性互动，全面提升城乡社区治理法治化、科学化、精细化水平和组织化程度，促进城乡社区治理体系和治理能力现代化。同时对于加强城乡社区治安防控网建设，深化城乡社区警务战略，全面提高社区治安综合治理水平提出了要求。

智慧社区建设围绕社区综合治理业务需求和国家政策文件要求，以视频监控系统建设为重点、信息化为支撑、网格化管理为基础，创新社区治理机制。根据社区管理工作的难点，融入人员管理、车辆管控、出入口管理等多种系统模块，为社区管理者打造一个安全、智能、现代的社区安防管理系统。

11.4.2　什么是智慧社区

基于"泛感知、汇数据、智应用，AI 助力社区治理'最后一公里'"的构建理念，以社区物联网平台为基础，打造社区数据中枢和联动枢纽，实现分级信息传递和一体化运作，构建安全、治理、惠民于一体的社区治安防控体系，为公安部门、综治等政府部门和社区居民提供了一整套的全生态"AI+智慧社区"整体解决方案。

泛感知以社区网格为载体，通过社区视频监控、出入口控制、人车卡口、信息卡口、移动巡防、报警联防、消防感知等建设，实现各类泛在感知数据信息的采集汇聚。

汇数据按照数据规范建设社区数据库系统，包括辖区内人员、房屋、车辆、单位事件、轨迹跟踪、物联感知等静态和动态信息，形成社区感知数据中枢，实现数据融合和分类管理。

智应用利用深度 AI 技术、大数据技术，形成信息智能感知，异常智能发现，情报智能研判等智能功能，为人民群众安居乐业、城市综合治理和公安基层智慧警务应用提供应用服务。

社区治理"最后一公里"围绕城市综合治理要素，依托人力、技术、警情、民情、档案等手段，汇聚多网络数据，形成以物联感知、数据应用为主，可视化展现手段为辅，实现社区"人、房、车、场、网"等的管理立体化、可视化和可控化，构建管理、防范、控制于一体的社区治安防控体系，打通社区治理"最后一公里"。

"AI+智慧社区"体系架构设计为"一张感知网、一朵社区云、两个业务平台"模式，即构建一张泛感知智能防控网络，感知数据汇聚至一朵社区云，在公安智慧平安社区平台、综治智慧社区平台两级管理平台进行数据应用。"AI+智慧社区"系统拓扑架构图如图 11-21所示。

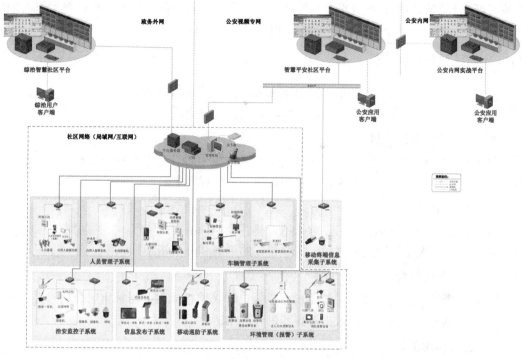

图 11-21 "AI+智慧社区"系统拓扑架构图

1. 前端部分

前端子系统主要将社区视频信息、人员信息、车辆信息、出入口信息、门禁信息、消防智能传感信息等基础数据资源进行充分、准确采集，并汇聚至社区分控中心管理端。前端系统主要包括治安监控子系统、人员管理子系统、车辆管理子系统、移动终端信息采集子系统、环境管理子系统、信息发布子系统、移动巡防子系统。

2. 小区/社区分控平台

社区分控平台作为前端多维感知数据的汇聚地，对汇总的视频类和非视频类数据进行分类存储。对高清视频图像、图片数据的存储主要采用 CVR 主流存储模式。系统可将视频监控、车辆、人脸、环境管理等子系统接入到社区分控平台，实现统一管理、统一切换控制和统一显示，实现对整个系统的统一配置和管理。

3. 公安智慧平安社区平台/综治智慧社区平台

由于社会职能分工不同，导致公安、综治在针对社区治理时的业务应用也有所不同，故对所需要的数据类型也不同。各类数据汇聚到社区分控平台分类存储后，可按需推送到公安智慧平安社区平台或综治智慧社区平台。按需汇聚后的数据经过解析、清洗、分类、碰撞、关联处理后形成人员信息专题库、车辆信息专题库、物联信息专题库等专题数据库。最后将这些专题数据与业务相关联为用户提供人员管控、异常行为分析、预警预测、特殊人群关怀、综合研判等功能应用。

4. 网络部署说明

社区平台端的网络部署可根据项目实际情况而定。当小区/社区平台需同时向公安智慧平安社区平台和综治智慧社区平台推送数据时，建议小区/社区分控平台建设在专属的局域网或互联网，通过联网网关或跨网闸与上级行业平台对接，实现数据传输。

11.4.3　智慧社区大脑

智慧社区大脑通过以人、车、物为重点关注目标的视频图像等多维信息采集，摸清社区实有人口和临时人员底数，实现信息实时采集、及时更新。

1．人员基础信息采集

社区居民、租客、临时出入人员主动到社区分控中心登记个人身份信息、工作信息、居住信息、社会关系、联系方式、人脸照片等，并授权发卡。

2．人脸信息采集

在社区分控中心采集人员信息时抓拍人脸并存档，在重点场所、公共区域、关键路口、出入口，对进出人员进行人脸抓拍、人脸特征的提取和分析识别。

3．虚拟身份采集

在重点场所、公共区域、关键路口、出入口，采用视频与非视频相结合的方式采集监控画面和虚拟身份信息，实现数据汇聚和融合应用。

4．出入信息采集

出入社区的常住租客、临时人员需要进出社区，仅需一张授权卡(包括门禁、人员通道的授权)进行主动刷卡验证权限，或者通过人脸识别等生物识别方式进出，由此完成人员出入信息采集和记录。

5．所拥有车辆及轨迹采集

社区居民、租客等人员所拥有的车辆信息及车辆出入记录、过车记录关联查询。

视频图像解析中心，可实现对视频图像资源的分布式存储，计算能力满足视频图像信息结构化分析、视音频资源快速检索、大数据比对碰撞等服务需求，构建视频图像信息结构化描述数据库，构筑以人、车、物为重点关注目标的视频图像信息线索、案例事件、关联研判等多类专题业务数据库，为社区管理提供视频图像信息、特征信息、布控信息，重点实现重点人员、矛盾纠纷等相关业务数据的解析工作。

11.4.4　智慧社区可视化展示

1．大屏门户

大屏作为展示工具，是指挥中心的重要组成部分，主要用于显示视频，如果要显示其他内容，则需要对输入信号频繁切换，导致人员对大屏的管理混乱，非常不便。

大屏门户应用系统是以视频综合平台为基础，以电子导航为辅助，帮助用户对大屏展示内容进行集中可视化管理，方便用户对大屏显示内容进行切换。大屏门户效果展示如图11-22所示。

大屏门户应用系统由拼接大屏、视频综合平台、大屏门户盒子组成。其中拼接大屏展现最终的界面；视频综合平台负责视频的编解码、拼接上墙等综合处理；大屏门户盒子内置APP，负责将需要展示的内容进行统一编排。大屏门户应用组成如图11-23所示。

图 11-22　大屏门户效果展示

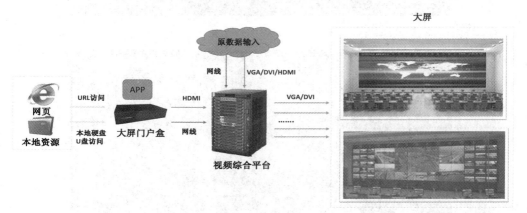

图 11-23　大屏门户应用组成

2. 全景融合展示

全景融合展示采用幻影视频拼接叠加技术，是对传统视频监控应用的创新和扩展，主要实现球机全景图、视频信息叠加、图像比对功能。其中全景图功能是利用球机云台转动抓图并拼接合成球机的全景图画面，包括 3D 图和平面图，并基于全景图实现全景图比对、云台控制等功能；视频信息叠加功能实现在全景图上叠加文字、链接、监控点等图标和响应描述信息，同时支持将添加到全景图上的所有图标内容叠加到视频中进行查看。图像比对功能实现对两个时间点球机全景图绘制区域进行全景图的图像比对。

幻影视频拼接系统改变以往视频监控单调的监控画面，在监控画面中引入图标、动态传感数据、城市部件等丰富监控画面内容，使得以往多系统、多数据才能完成的事情在监控画面上一目了然；利用图像图比对可以快速查看不同时间点画面的差异点，快速锁定画面变化。幻影系统可以广泛应用到城市管理、国土资源管理等业务应用场景。

(1) 人脸联动。人脸联动是指在全景视频中标注人脸标签 🌀，可以在标注的监控点位查看实时抓拍、历史抓拍、历史预警和实时监控视频，以画中画方式在视频地图中显示，如图 11-24 所示。

(2) 布控报警。在全景视频中布控报警可以实时显示人脸和卡口平台布控报警黑名单，同时自动弹出监测设备抓拍的布控目标。

车辆布控会显示车辆图片、车牌号、车道名称、车道方向、车速、过车时间、违法行为数据，车辆布控报警如图 11-25 所示。

图 11-24　人脸联动

图 11-25　车辆布控报警

人脸黑名单布控会实时显示人脸图像比对相似度、性别、年龄、是否戴眼镜、抓拍时间、抓拍地点、姓名、出生日期、证件类型、证件号码、地区，从而实现布控报警可视化管理，人脸布控报警如图 11-26 所示。

图 11-26　人脸布控报警

(3) 高点切换。高点切换指全景视频中可通过右下角二维地图快速切换场景，也可以通过左上角列表进行切换，更方便、更准确、更高效联动，如图 11-27 所示。

图 11-27　高点切换

3．大数据可视化

智能中心通过全面采集和整合海量数据，对数据进行处理、分析、深度挖掘，发现数据的内在规律，为预防、打击犯罪提供强有力的支撑。以大数据推动社区综合治理建设，是提高工作效率的重要途径，也是社区治理信息化应用的高级形态。

数据可视化应用是关于数据之视觉表现形式的研究，主要旨在借助图形化手段，利用丰富的设计语言清晰表达管理者需要的内容，形成鲜明的展示风格，通过直观地传达关键的信息，从而实现对复杂数据集的深入洞察。它是对知识的一种压缩，是通过透彻的理解来更简洁地表达海量的信息。

整体内容呈现指从各系统中提取数据，并统一呈现在大屏上，无需分别到各系统查看数据，实现内容的整体呈现。它帮助用户快速掌握整体情况，快速反应、高效决策。大数据可视化整体内容呈现如图 11-28 所示。

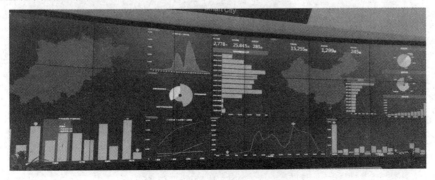

图 11-28　大数据可视化整体内容呈现

4. 大屏直观展示

大屏直观展示通过丰富的图表展示，将数据进行可视化，并呈现在大屏上，使用户对情况一目了然，如图 11-29 所示。

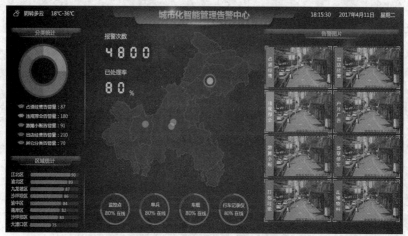

图 11-29　大屏直观展示

5. 动静图表结合

动静图表结合提供多种分析图表，包括动态地图、折线图、柱形图、饼图、明细表等多种展示方式，如图 11-30 所示。

图 11-30　动静图表结合

支持定制的 2D、3D 立体画面动态展示，如图 11-31 所示。

图 11-31　3D 立体画面动态展示

6. 可视布局设置

可视布局设置支持模板布局及自定义布局，支持多个报表在页面上灵活布局，自由组合；提供所见即所得的可视布局设计，无需专业技术人员，用户通过简单的拖拽操作就可灵活自定义生成分析模型及主题展现布局，如图 11-32 所示。

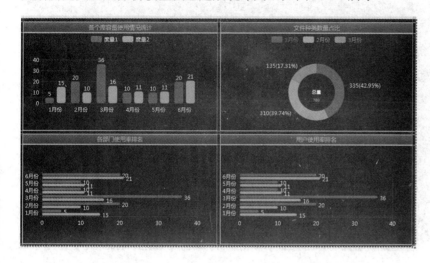
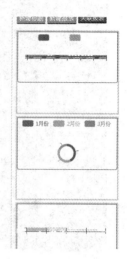

图 11-32　可视布局设置

7. 语音自动播报

语音自动播报提供声音播报功能，可根据业务需求定制声音效果，动态生成声音数据，在前端展示时，同时提供播音效果，使展示更丰富。

8. 多维数据融合

多维数据融合支持多种业务数据源、跨平台、复杂业务数据抽取。在接入各种系统、各类型数据库的基础上，多维数据融合系统提供丰富的统计和分析函数，轻松对数据进行再加工、数据融合、多维数据分析，同时提供多维度多形态呈现数据，如图 11-33 所示。

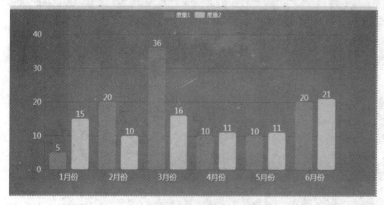

图 11-33　多维数据融合

9. 人员管控成效

(1) 人员管控总体分析。统计分析全年的陌生人总数、预警人员总数、抓拍总数，以及各个社区陌生人人数，预警总数的数量和占比，人员管控成效如图 11-34 所示。

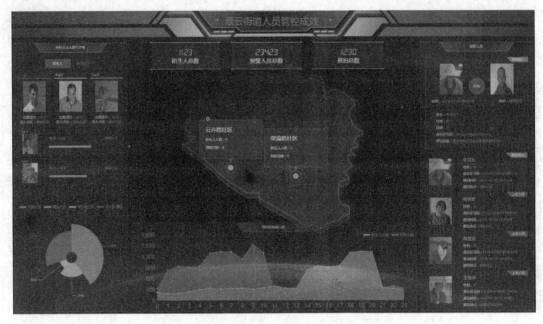

图 11-34　人员管控成效

(2) 陌生人频次分析。从高到低显示当天陌生人出现的频次。

(3) 夜间出行分析。从高到低显示在夜间特定时段的人员出现的频次。

(4) 重点人员出行分析。实时显示在布控点抓拍到的重点人员的信息。

(5) 智能感知总体分析。智能感知分析利用饼状图、环形图、柱状图，按时间、按地区、按类型、按来源统计事件数量，其成效如图 11-35 所示。

图 11-35　智能感知分析成效

说明：智能感知成效部分展示的内容(如三实数据、案件数据)需接入管理部门相关业务数据来使用。

(6) 实时播报。实时显示设备抓拍到的城管违章行为图片和信息。

习 题

1. 谈谈智慧城市给生活带来的便利。
2. 说一说你对智慧社区大脑的理解。
3. 智慧城市的建设有哪些？

参 考 文 献

[1]　汤晓鸥，陈玉琨. 人工智能基础[M]. 上海：华东师范大学出版社，2018.

[2]　李航. 统计学习方法[M]. 北京：清华大学出版社，2012.

[3]　周志华. 机器学习[M]. 北京：清华大学出版社，2016.

[4]　李德毅. 人工智能导论[M]. 北京：中国科学技术出版社，2018.

[5]　刘鹏，张燕. 大数据导论[M]. 北京：清华大学出版社，2018.

[6]　孙元强，罗继秋. 人工智能基础教程[M]. 济南：山东大学出版社，2019.

[7]　廉师友. 人工智能技术导论[M]. 西安：西安电子科技大学出版社，2018.

[8]　IAN G，YOSHUA B，AARON C. 深度学习[M]. 赵申剑，等译. 北京：人民邮电出版社，2017.

[9]　HOWARD M S. 多智能体机器学习：强化学习方法[M]. 连晓峰，译. 北京：机械工业出版社，2017.

[10]　彭博. 深度卷积网络：原理与实践[M]. 北京：机械工业出版社，2018.

[11]　DAVID L P，ALAN K M. 人工智能计算 Agent 基础[M]. 董红斌，等译. 北京：机械工业出版社，2015.

[12]　ROBERT S，KEVIN W，ROBERT D. 程序设计导论 Python 语言实践[M]. 北京：机械工业出版社，2016.